Springer-Lehrbuch

Herbert Balke

Einführung in die Technische Mechanik

Festigkeitslehre

3., aktualisierte Auflage

 Springer Vieweg

Herbert Balke
Technische Universität Dresden
Institut für Festkörpermechanik
01062 Dresden

ISSN 0937-7433
ISBN 978-3-642-40980-6   ISBN 978-3-642-40981-3 (eBook)
DOI 10.1007/978-3-642-40981-3

Die Deutsche Nationalbibliothek verzeichnet diese Publikation in der Deutschen Nationalbiblio-
grafie; detaillierte bibliografische Daten sind im Internet über http://dnb.d-nb.de abrufbar.

Springer Vieweg
© Springer-Verlag Berlin Heidelberg 2008, 2010, 2014

Springer Vieweg ist eine Marke von Springer DE.
Springer DE ist Teil der Fachverlagsgruppe Springer Science+Business Media.
www.springer-vieweg.de

Vorwort zur dritten Auflage

Die anhaltende Nachfrage machte eine dritte Auflage des Buches erforderlich. Bei dieser Gelegenheit wurde ein neues Kapitel über die wesentlichen Quellen für die grundlegenden mechanischen Bilanzen angefügt. Die Quellen belegen die Zusammenführung der statischen Gleichgewichtsprinzipien, einschließlich der unverzichtbaren Momentenbilanz nach ARCHIMEDES, und des Bewegungsgesetzes von NEWTON in den Grundgesetzen der Mechanik kontinuierlicher Körper durch EULER. Die in den Grundgesetzen umgesetzten konzeptionellen Ideen sind in meiner dreibändigen „Einführung in die Technische Mechanik" durchgängig berücksichtigt worden.

Die dritte Auflage habe ich benutzt, um noch vorhandene Flüchtigkeitsfehler zu korrigieren und einige textliche Verbesserungen vorzunehmen.

Mein Dank gilt allen Lesern, die mir mit ihren konstruktiven Hinweisen und Diskussionen behilflich waren. Die Herstellung des reproduktionsreifen Manuskriptes lag wieder in den bewährten Händen von Frau K. Wendt. Hierfür bedanke ich mich ganz herzlich. Nicht zuletzt bin ich dem Springer-Verlag für die erwiesene Geduld und die gute Zusammenarbeit verbunden.

Dresden, im Frühjahr 2014   H. Balke

Vorwort zur ersten Auflage

Die „Festigkeitslehre" schließt, wie die schon vorliegende „Kinetik", an die „Statik" des dreibändigen Lehrbuches „Einführung in die Technische Mechanik" an. Ihr vordergründiges Ziel besteht in der Entwicklung der Fähigkeit, Bauteile zu dimensionieren und Tragfähigkeitsnachweise zu führen.

Inhalt und Umfang des Buches entsprechen im Wesentlichen meiner zweisemestrigen Vorlesung im Grundstudium der Studiengänge Maschinenbau, Verfahrenstechnik und Werkstoffwissenschaft an der Technischen Universität Dresden, orientieren sich aber ebenso am Stoff für vergleichbare Studiengänge anderer Technischer Hochschulen und Universitäten. So fließen die Hauptbestandteile des Buches auch in die Lehre der Technischen Mechanik für den interdisziplinären Studiengang Mechatronik unserer Universität ein.

Konzeptionell beruht die Festigkeitslehre in diesem Buch auf den statischen Grundgesetzen, d. h. der Kräftebilanz und der Momentenbilanz als Bedingungen für das Gleichgewicht belasteter Körper einschließlich beliebiger Körperteile, den kinematischen Beziehungen und den Materialgleichungen. Das Konzept ist mit Berücksichtigung von Trägheitslasten widerspruchsfrei auf kinetische Probleme erweiterbar. Es ermöglicht, durch begleitende Beispiele unterstützt, von einfachen Situationen schrittweise zu komplexeren Anordnungen überzugehen und so das für Ingenieure unverzichtbare Abstraktions- und Modellierungsvermögen zu entwickeln. Das Konzept vermittelt einen direkten Anschluss zur modernen Kontinuumsmechanik als Grundlage computergestützter Berechnungsmethoden sowie zu einer allgemeineren Feldtheorie, die neben den mechanischen auch thermodynamische und elektromagnetische Erscheinungen umfasst. Eine solche Theorie erlangt zunehmend Bedeutung, da immer häufiger technische Strukturen aus Werkstoffen mit physikalisch gekoppelten Eigenschaften, so genannte smarte oder intelligente Materialien, zum Einsatz kommen.

Ein nachhaltiges Eindringen in die Inhalte der Festigkeitslehre ist nur durch selbstständige Bearbeitung entsprechender Übungsaufgaben möglich. Deshalb wird dem Leser empfohlen, die Probleme der ausgeführten Beispiele zunächst ohne Zuhilfenahme der angegebenen Ergebnisse zu lösen.

Meinen verehrten Lehrern, den Herren Professoren H. Göldner, F. Holzweißig, G. Landgraf und A. Weigand, bin ich dafür verpflichtet, dass sie meine Begeisterung für das Fach „Technische Mechanik" geweckt haben. Besonderer Dank gilt Herrn Prof. H. Göldner, der als Hauptinitiator der Studienrichtung „Angewandte Mechanik" an der Technischen Universität Dresden nicht nur die organisatorischen Voraussetzungen für mein vertieftes Mechanikstudium geschaffen, sondern auch mit seiner langjährigen Lehrtätigkeit inhaltliche Akzente gesetzt und damit die Stoffauswahl in meinem Buch beeinflusst hat.

In diesem Zusammenhang sei auf den in elf Auflagen erschienenen „Leitfaden der Technischen Mechanik" von H. Göldner und F. Holzweißig verwiesen, dessen bewährte Stoffdarlegung anhand von Beispielen auch von mir bevorzugt wurde. Die im „Leitfaden" wie in vielen einführenden Mechaniklehrbüchern immer wieder anzutreffende Vermischung einer Kontinuumselastostatik mit einer Punktkinetik wurde jedoch in meiner dreibändigen Einführung in die Technische Mechanik bewusst vermieden, weil sie wegen ihrer konzeptionellen Widersprüchlichkeit das Verständnis der Mechanik als Ganzes erschwert. Stattdessen dient die in der Technik praktizierte Kontinuumshypothese durchgängig als allgemein gültige Grundannahme.

Im Entstehungszeitraum des Buches konnte ich zahlreiche fachliche Kontakte nutzen. So haben mich die mir von Herrn Prof. R. Kreißig und Herrn Prof. J. Naumann (Technische Universität Chemnitz) freundlicherweise gewährten Gespräche in der Wahl meines Konzeptes bestärkt.

Mit Herrn Prof. V. Ulbricht stand und stehe ich in einer ständigen Diskussion über die inhaltliche Abstimmung unserer beiden abwechselnd laufenden Großvorlesungen zur Technischen Mechanik. Das gemeinsame Bemühen um methodische und didaktische Verbesserungen der Lehrveranstaltung hat sich auch vorteilhaft auf die Erarbeitung des Buchmanuskriptes ausgewirkt.

Die in der Lehre langjährig erfahrenen Herren Prof. S. Sähn, Dr.-Ing. habil. V. Hellmann, Doz. Dr.-Ing. habil. D. Weber und Dr.-Ing. J. Brummund haben das gesamte Manuskript kritisch gelesen und mir zahlreiche nützliche Anmerkungen übermittelt.

Der Hinweis auf die Analogie zwischen elastostatischen Stabilitätsproblemen und thermodynamischen Phasenumwandlungen stammt von Herrn Dr. rer. nat. H.-A. Bahr, die grafische Darstellung der dazugehörigen Diagramme von Herrn Dipl.-Ing. P. Neumeister. Die numerischen Rechnungen zur Veranschaulichung des Prinzips von DE SAINT VENANT wurden von Herrn Dr.-Ing. V. B. Pham ausgeführt.

Bei der Nachrechnung der Beispiele haben mich die Herren Dipl.-Ing. C. Häusler, A. Liskowsky und P. Neumeister unterstützt. An der Textkorrektur waren Frau Dr.-Ing. K. Thielsch, Frau Dr.-Ing. B. Hildebrandt sowie die Herren Dipl.-Ing. G. Haasemann, M. Hofmann, M. Kästner und A. Liskowsky beteiligt. Die Kontrolllesung der vorletzten Manuskriptversion besorgten die Herren Dipl.-Ing. C. Häusler und P. Neumeister. Dabei hat mich Herr Dipl.-Ing. P. Neumeister noch zu einigen Verbesserungen im letzten Kapitel angeregt. Allen genannten Personen bin ich zu Dank verpflichtet.

Der größte Teil meiner Bildvorlagen wurde von Frau C. Fischer in eine elektronische Form gebracht. Die Herstellung des reproduktionsreifen Manuskriptes lag wieder in den bewährten Händen von Frau K. Wendt. Bei der Text- und Zeichenverarbeitung von Herrn Dipl.-Ing. C. Häusler unterstützt, hat sie mit unermüdlichem Einsatz nicht nur den Schriftsatz realisiert, sondern auch meine zahlreichen ergänzenden Bildvorlagen in die elektronische Fassung eingearbeitet. Hierfür bedanke ich mich ganz herzlich. Nicht zuletzt bin ich dem Springer-Verlag für die erwiesene Geduld und die gute Zusammenarbeit verbunden.

Dresden, im Frühjahr 2008 H. Balke

Inhaltsverzeichnis

Einführung

Die Festigkeitslehre hat die Untersuchung der Tragfähigkeit belasteter Bauteile zum Inhalt. Sie schließt an die Statik an.

In der Statik wurden die als einfache Körper idealisierten Bauteile zunächst als starr angenommen. Die Grundgesetze der Statik, d. h. die Kräftebilanz und die Momentenbilanz als Bedingungen für das Gleichgewicht belasteter Körper und beliebiger Körperteile, verkürzt als Gleichgewichtsbedingungen, Gleichgewichtsbilanzen oder statische Bilanzen bezeichnet, erlaubten die Berechnung der Schnittreaktionen statisch bestimmter Tragwerke. In der Realität verursachen die angreifenden Lasten vermittels der Schnittreaktionen Verformungen der als Kontinuum betrachteten Körper. Diese Verformungen, die Ausdruck der ungleichmäßig verteilten Verschiebungen der Körperpunkte sind, gehen mit den lokalen Beanspruchungen der Körper einher.

Als Beanspruchungen werden die spezifischen Größen Spannung und Verzerrung eingeführt. Erstere ist eine statische Größe und folglich in den Gleichgewichtsbedingungen zu bilanzieren. Letztere ergibt sich kinematisch aus dem Verschiebungszustand der Körperpunkte. Beide sind frei von Körperabmessungen und dürfen gewisse materialspezifische Grenzwerte nicht überschreiten. Sie stehen in einem materialtypischen Zusammenhang, der für viele wichtige Konstruktionsmaterialien innerhalb bestimmter Grenzen linear ist. Die Gleichung, die den materialtypischen Zusammenhang einschließlich seines Gültigkeitsbereiches beschreibt und als Materialgleichung bezeichnet wird, muss an die Ergebnisse von Experimenten angepasst werden.

In den meisten technischen Anwendungsfällen sind die Verschiebungen der gelagerten Körper sehr viel kleiner als die typischen Körperabmessungen. Es werden dann lineare Beziehungen zwischen Verschiebungen und Verzerrungen benutzt, wobei Verzerrungsbeträge bis zu etwa 5 % meist zugelassen werden können, sofern keine material- oder funktionsbedingten Einschränkungen vorliegen. Unter diesen Voraussetzungen sind die Verformungen in den Gleichgewichtsbedingungen bis auf Ausnahmen wie z. B. bei Stabilitätsuntersuchungen vernachlässigbar.

Die Gesamtheit der für den ganzen Körper und beliebige Teile desselben, darunter differenzielle Körperelemente, geltenden statischen Bilanzen sowie der lokal geltenden kinematischen Beziehungen und Materialgleichungen bildet die Grundlage für die Berechnung der im Körper vorliegenden Verteilungen ("Felder") von Spannungen, Verzerrungen und Verschiebungen. Dabei werden in einfacheren Fällen zur Gewinnung leicht handhabbarer analytischer Formeln spezielle statische oder kinematische Annahmen hinzugezogen, so bei der Betrachtung der Stäbe unter Zug bzw. Druck und Torsion sowie der Balken unter Biegung und Querkraftschub. Die genannten Voraussetzungen und Annahmen erlauben die Untersuchung von sowohl statisch bestimmten als auch statisch unbestimmten Anordnungen.

Die Beurteilung der Bauteilfestigkeit bei Kombination verschiedener Beanspruchungen im Vergleich zu Versuchsdaten aus einfachen Experimenten erfordert besondere Festigkeitshypothesen, in denen u. U. inelastisches Materialverhalten berücksichtigt werden muss. Die Bereitstellung dieser Hypothesen ermöglicht zusammen mit der Berechnung von Spannungen und Verzerrungen die Lösung elementarer Dimensionierungsaufgaben.

Häufig interessieren nur die Verformungen an diskreten Punkten von Stabanordnungen einschließlich damit verbundener statisch unbestimmter Reaktionen. Diese lassen sich besonders effektiv unter Nutzung von Energiemethoden bestimmen, welche in anwendungsbereiter Form mitgeteilt werden.

Bauteilversagen kann auch ohne Überschreiten der Materialfestigkeit eintreten, wenn die belastete Anordnung oberhalb einer kritischen Last ihre Stabilität oder ursprüngliche Steifigkeit verliert. Die genannten Phänomene beruhen auf der Geometrieabhängigkeit der Gleichgewichtsbedingungen und Materialgleichungen. Sie sind Ausdruck der Nichtlinearität des Gesamtgleichungssystems. Die damit verbundene Verzweigung der Gleichgewichtslösungen und Unterschiedlichkeit der Gleichgewichtsarten werden an diskreten konservativen Systemen erläutert. Im Fall schlanker elastischer Druckstäbe liefern die Verzweigungslösungen die kritischen Knickkräfte.

Gestützt auf die gewonnenen Erfahrungen bei der Ermittlung der elementaren Spannungs- und Verformungsverteilungen in Stäben und Balken, werden die statischen Bilanzen, die kinematischen Beziehungen und die Materialgleichungen auf rotationssymmetrische Anordnungen, darunter Scheiben, dickwandige Zylinder und Platten, angewendet und die entsprechenden Felder berechnet.

Die ermittelten Ergebnisse für die Scheibe mit Kreisloch unter Zug verweisen beispielhaft auf die Bedeutung von Spannungsüberhöhungen sowie das Abklingverhalten von Gleichgewichtslastgruppen gemäß dem Prinzip von DE SAINT VENANT (1797–1886) und führen auf die Grundidee der Bruchmechanik.

Festigkeitshypothesen, die vor dem Versagen nur einen linear-elastischen Zusammenhang zwischen Spannungen und Verzerrungen berücksichtigen, sind in ihrer Anwendbarkeit begrenzt. Dies wird an den Fällen elastoplastischen und viskoelastischen Materialverhaltens demonstriert und unterstreicht die Bedeutung inelastischer Verzerrungen als mögliche Beanspruchungsparameter.

Der Inhalt des vorliegenden Buches wird hauptsächlich durch die linear-elastische Modellierung der Spannungs- und Verzerrungsfelder einfacher Anordnungen bestimmt. Die Herleitung der entsprechenden analytischen Formeln dient der Entwicklung des Grundverständnisses im Umgang mit den Ausgangshypothesen und -gleichungen. Die gewonnenen Formeln ermöglichen die schnelle Lösung einfacher Festigkeitsprobleme sowie Abschätzungen in komplizierteren Situationen. Auch bei Anwendung kommerzieller Modellierungssoftware sind sie unverzichtbar für den Test der Computerprogramme und die qualitative Kontrolle der Ergebnisse.

Der modernen Modellierungssoftware, die zunehmende Nutzung erfährt, liegen die statischen Bilanzen, die kinematischen Beziehungen und die Materialgleichungen in allgemeiner Form zugrunde. Zweckmäßigerweise wird deshalb ergänzend auf diese allgemeinen Zusammenhänge eingegangen. Dabei werden kinetische Terme in geometrisch linearisierter Form berücksichtigt. Die Kenntnis der angegebenen Gleichungen stellt eine zwingende Voraussetzung für den verantwortungsvollen Umgang mit der auf diesen Gleichungen beruhenden Modellierungssoftware dar.

Die in der Festigkeitslehre berechneten Felder bilden die unverzichtbare Grundlage für die Beurteilung der Tragfähigkeit und Sicherheit von Bauteilen. Das beschriebene Konzept dient darüber hinaus als bewährte Ausgangsbasis für das Eindringen in eine allgemeinere nichtlineare Kontinuumsmechanik von Körpern aus beliebigen Materialien und die Formulierung weitergehender Feldprobleme deformierbarer Körper unter Berücksichtigung thermischer und elektromagnetischer Erscheinungen. Es ermöglicht damit die Nutzung der sich schnell entwickelnden Computersoftware zur numerischen Bearbeitung immer anspruchsvollerer Modelle.

Die für das Verständnis der Festigkeitslehre erforderlichen Voraussetzungen umfassen außer den schon in der Statik benötigten Hilfsmitteln Kenntnisse in folgenden mathematischen Teilgebieten: lineare Transformation von Koordinatensystemen, Hauptachsentransformation symmetrischer Matrizen, homogene lineare Gleichungssysteme, Funktionen von mehreren Variablen, partielle Ableitungen, Linien-, Flächen- und Volumenintegrale sowie gewöhnliche lineare Differenzialgleichungen. Der Rückgriff auf diese Kenntnisse wird jedoch so gering wie möglich gehalten und z. T. im Zusammenhang mit den jeweiligen mechanischen Problemen durch Erläuterungen unterstützt.

Kapitel 1

Zug, Druck und Schub

1

1

1 Zug, Druck und Schub

Wie schon in der Statik werden die in der Technik auftretenden materiellen Objekte (Konstruktionen, Tragwerke, Bauelemente u. ä.) als strukturlose Körper idealisiert, die eine geometrische Gestalt und Abmessungen besitzen, jetzt aber auch materielle Eigenschaften haben. Die unter Belastung eintretende Verformung der Körper wird als kontinuierlich vorausgesetzt. Wir betrachten zunächst die einfachsten Fälle solcher Verformungen.

1.1 Verschiebung, Dehnung und Gleitung

Gegeben sei ein Rechteck der Länge l_0 und beliebiger Höhe (Bild 1.1).

Bild 1.1. Zur Definition der Dehnung

Die senkrechte Seitenlinie bei C werde um Δl gegenüber der Seitenlinie bei B nach rechts verschoben. Die Dehnung ε des Rechtecks ist dann definiert durch

$$\varepsilon = \frac{\Delta l}{l_0} = \frac{l - l_0}{l_0} \; . \tag{1.1}$$

Sie besitzt keine Dimension. In (1.1) wurde die der Verlängerung $l - l_0$ gleichende Verschiebung Δl, wie in der Technik meist üblich, auf die Ausgangslänge l_0 bezogen. Es gibt auch Situationen, in denen der Bezug auf die aktuelle Länge l zweckmäßig ist. Für $|\Delta l| \ll l_0$ führen beide Dehnungsdefinitionen näherungsweise auf das gleiche Ergebnis.

Die Definition der Dehnung nach (1.1) setzt voraus, dass sich bei ihrer Anwendung auf beliebig kleine Teillängen des Rechtecks an allen Punkten des Rechtecks derselbe Zahlenwert ergibt. Die Gleichheit einer Größe an allen Punkten eines Gebietes wird auch als Homogenität bezeichnet.

Bild 1.2 zeigt ein Quadrat mit der Seitenlänge l, das in der Richtung 1 um Δl verlängert und in der Richtung 2 um Δl gestaucht wurde. Dabei ging das gestrichelt eingezeichnete Quadrat von Bild 1.2a in einen Rhombus über, dessen spitze Winkel um die Größe γ gegenüber dem ursprünglich rechten Winkel verringert sind (Bild 1.2b). Diese Abweichung vom rechten Winkel heißt Schubverzerrung oder Gleitung. Für kleine Dehnungen $|\Delta l|/l \ll 1$ ist auch $|\gamma| \ll 1$, und der Flächeninhalt des Rechtecks $(l+\Delta l)(l-\Delta l) = l^2 - (\Delta l)^2 \approx l^2$

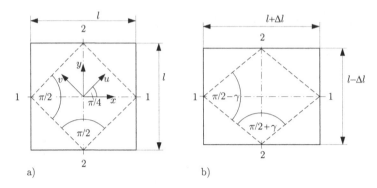

Bild 1.2. Zur Definition der Gleitung

gleicht näherungsweise dem Flächeninhalt des unverzerrten Quadrats. Hinsichtlich des Zusammenhanges zwischen der relativen Längenänderung $\Delta l/l$ und der Abweichung von rechten Winkel γ sei auf das Beispiel 2.3 verwiesen. Dehnungen und Gleitungen werden unter dem Oberbegriff Verzerrungen zusammengefasst. Sie sollen künftig der Voraussetzung

$$|\varepsilon|, |\gamma| \ll 1 \tag{1.2}$$

genügen, die die Modellbildung sehr vereinfacht und für viele Konstruktionen keine erhebliche Einschränkung darstellt.

1.2 Spannung

Wir betrachten jetzt einen gemäß Bild 1.3 bei B eingespannten kreiszylindrischen Stab.

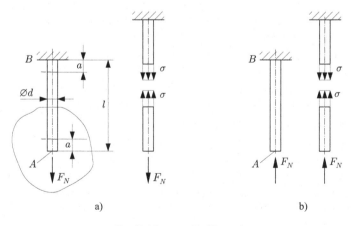

Bild 1.3. Zur Erklärung der Normalspannung

Das Material des Stabes besitze an allen Stabpunkten die gleichen Verformungseigenschaften. Diese Gleichheit wird, wie schon erwähnt, als Homogenität bezeichnet. Darüber hinaus seien die Verformungseigenschaften
bezüglich beliebiger mit dem Material verbundener Richtungen gleich (Isotropie). Homogenität und Isotropie des Materials stellen für die anschließende
Erklärung des Spannungsbegriffes keine notwendigen Voraussetzungen dar.
Sie werden zur Vereinfachung der Erläuterungen und Modelle angenommen.
Normal zum Querschnitt A greife eine Zugkraft F_N an (Bild 1.3a), deren Wirkungslinie auf der Stabachse liegt. Wie sich diese Kraft im Inneren des Stabes auswirkt, erklärt der entsprechend dem Vorgehen in der Statik geführte
Schnitt. Dieser erzeuge eine Schnittebene, welche eine Orientierung senkrecht zur Stabachse besitzt und sich außerhalb der mit der Länge a bemaß-
ten Gebiete im Inneren des Stabes befindet. Die Stablänge l sei wesentlich
größer als der Stabdurchmesser d. Dann existiert erfahrungsgemäß ein Stabbereich der Länge $l - 2a \gg 2a$, in dem die als Schnittreaktion zu erwartende
Längskraft statisch äquivalent durch eine gleichmäßig über der Schnittebene
verteilte normale Flächenkraft σ ersetzt werden kann. In dieses Ergebnis ist
die Symmetrie der Anordnung von Bild 1.3 eingegangen. Es muss hervorgehoben werden, dass mit dieser Flächenkraft (auch als Kontaktkraft oder Spannung bezeichnet) die gesamte Wechselwirkung der beiden Stabteile als an der
Schnittfläche konzentriert vorausgesetzt wird. Zusätzliche Wechselwirkungen
über endliche Längen hinweg (so genannte Fernwirkungen), die z. B. dadurch
entstehen, dass sich die beiden Stabteile infolge Gravitation oder infolge unterschiedlicher elektrostatischer Volumenladungen anziehen, werden hierbei
nicht einbezogen. Fernwirkungen, die von außerhalb des betrachteten Körpers
liegenden Ursachen herrühren, sind besonders zu berücksichtigen, vgl. hierzu
Abschnitt 1.7.1. Diese Betrachtungsweise ist bei rein mechanischen Problemen technischer Anwendungen zulässig.
Von den beiden statischen Grundgesetzen wurde die Momentenbilanz wegen der Symmetrie der Anordnung aus Bild 1.3 bereits erfüllt. In der ursprünglichen (globalen) Kräftebilanz für den Körper mit endlichen Abmessungen

$$\sum_{i=1}^{n} \mathbf{F}_i = \mathbf{0} \qquad (1.3)$$

verbleibt nur eine Einzelkraft, die Zugkraft F_N, während sich der Rest der
Summe hier durch Multiplikation der konstanten Flächenkraft σ mit der
Querschnittsfläche A ergibt. Die Kräftebilanz liefert deshalb die Gleichge-
wichtsgleichung

$$\uparrow : \quad -F_N + \sigma A = 0 \qquad (1.4)$$

bzw.

$$\sigma = \frac{F_N}{A} \ . \tag{1.5}$$

Die Flächenkraft σ in (1.4) heißt Normalspannung. Wenn sie in Verbindung mit ihren Zählpfeilen gemäß Bild 1.3 positiv ist, d. h. $\sigma > 0$ gilt, wird sie als Zugspannung bezeichnet. Dieser Fall liegt in Bild 1.3a für $F_N > 0$ vor. Nach Bild 1.3b wurde der Orientierungssinn des Zählpfeiles der äußeren Kraft geändert. Folglich liefert die Kräftebilanz (1.3) für $F_N > 0$ jetzt

$$\sigma = -\frac{F_N}{A} < 0 \ . \tag{1.6}$$

Die negative Normalspannung wird als Druckspannung bezeichnet.

Sowohl die Zugspannung als auch die Druckspannung von Bild 1.3 sind jeweils in einer Richtung orientiert. Sie charakterisieren deshalb einen einachsigen Spannungszustand.

Die Maßeinheit der Spannung ist mit (1.5) das Pascal Pa, benannt nach PASCAL (1623–1662), wobei 1 Pa = 1 N/m^2 bzw. 1 MPa = 1 N/mm^2 gilt.

Die Länge a, außerhalb derer sich die Wirkung der Einzelkraft in guter Näherung gleichmäßig über dem Querschnitt verteilt, ist für linear-elastisches Material erfahrungsgemäß etwa gleich dem Durchmesser d des Stabes. Sie wird als Abklinglänge bezeichnet, da sie das Abklingen der infolge der Krafteinleitung verursachten Störung der gleichmäßigen Spannungsverteilung beschreibt.

Die Einspannung B kann ebenfalls einen störenden Einfluss auf die gleichmäßige Verteilung der Spannung σ ausüben. Denn sie verhindert eine mögliche längsdehnungsbedingte Querkontraktion des Stabes (vgl. Abschnitt 1.3). Die Abklinglänge a darf wieder etwa gleich dem Stabdurchmesser d gesetzt werden.

Das Abklingen von Lasteinleitungs- und Lagerungseffekten beruht auf dem empirischen Prinzip von DE SAINT VENANT (s. a. Kapitel 10). Von diesem wichtigen Prinzip werden wir sehr oft Gebrauch machen.

Der Querschnitt des Stabes aus Bild 1.3 besaß eine Kreisform mit dem Mittelpunkt als Schwerpunkt der Kreisfläche. Die Wirkungslinie der Kraft F verlief durch alle Querschnittsschwerpunkte des Stabes. Ist dies auch erfüllt, wenn ein zylindrischer Stab mit beliebiger Querschnittsform vorliegt, so entsteht im Stabinneren wieder eine gleichmäßige Spannungsverteilung, und die Momentenbilanzen bezüglich zweier Querschnittsachsen durch den Schwerpunkt werden befriedigt. Denn die statischen Flächenmomente bezüglich des Schwerpunktes verschwinden definitionsgemäß und mit ihnen auch die Momente der konstanten Spannungsverteilung. Die Verbindungslinie der Flächenschwerpunkte des Stabes heißt Stabachse.

Bei konvexen Querschnittsformen dient die größere Querschnittsabmessung als Maß für die Abklinglänge (s. Kapitel 10).

Es sei noch darauf hingewiesen, dass die Bilanz (1.4) an einem Körperteil mit endlichen Abmessungen aufgestellt wurde, was die Berücksichtigung einer Einzellast (hier die Einzelkraft F_N) erlaubte. Eine solche Bilanz heißt global. Das Modell der Einzellast (Kraft oder Moment) charakterisiert die in einem Punkt konzentrierte Wechselwirkung zweier Körper oder Körperteile. In dem Modell kann die Einzelkraft F_N als Verteilung einer normal auf das Flächenelement $\Delta A \to 0$ wirkenden Flächenkraft f_N verstanden werden, so dass die statische Äquivalenz $f_N \Delta A = F_N \neq 0$ erfüllt wird. Die Flächenkraft nimmt deshalb unbeschränkte Werte an, die unphysikalisch sind und außerhalb der Betrachtung bleiben. Ähnliches würde für ein Einzelmoment gelten. Die noch zu besprechenden Situationen, welche anders als in (1.5) auf nicht konstant verteilte Spannungen führen, bedürfen auch der Bereitstellung statischer Bilanzen für differenzielle Körperteile, so genannte lokale Bilanzen. In den lokalen Bilanzen werden Einzellasten nicht zugelassen, weil an ihren Angriffspunkten keine Differenzierbarkeit vorliegt.

Eine bezüglich ihrer Größe in sehr guter Näherung gleichmäßig verteilte tangentiale Flächenkraft kann mittels der Anordnung von Bild 1.4 erzeugt werden.

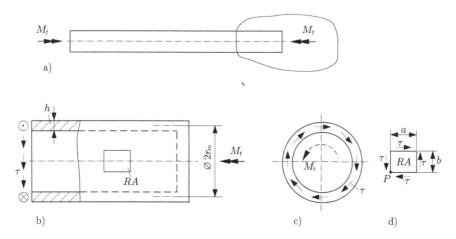

Bild 1.4. Zur Erklärung der Schubspannung

Das an den Enden verschlossene kreiszylindrische Rohr nach Bild 1.4a unterliege einem Torsionsmoment M_t. Wir führen einen Schnitt normal zur Rohrachse und betrachten den gelösten Teil des Rohres in Bild 1.4b mit seiner Seitenansicht gemäß Bild 1.4c. Die Schnittstelle sei weit genug von den Rohrenden entfernt, so dass ähnlich wie beim Zugstab nach Bild 1.3 in der Schnittfläche gleichmäßige Verhältnisse vorliegen. Die Wechselwirkung zwi-

schen den beiden voneinander getrennten Rohrteilen erfolge wieder mittels
der zueinander gehörenden Schnittflächen. Ausgehend von der ursprünglichen
(globalen) Momentenbilanz der Statik für den Körper mit endlichen Abmessungen

$$\sum_{i=1}^{n} \mathbf{r}_i \times \mathbf{F}_i + \sum_{k=1}^{m} \mathbf{M}_k = \mathbf{0} \, , \tag{1.7}$$

nehmen wir an, dass von der zweiten Summe nur das Einzelmoment M_t
verbleibt, während die Einzelkräfte in der ersten Summe durch eine Flächenkraftverteilung ersetzt werden. Für eine im Vergleich zum mittleren Radius
hinreichend kleine Wanddicke $h \ll r_m$ und infolge der eingeprägten Torsionsbelastung M_t kann die Flächenkraft nur tangential zur Schnittfläche
und Umfangsrichtung orientiert sein. Ihre Intensität ist in der angekündigten
Näherung konstant. Sie heißt Tangential-, Schub- oder Scherspannung und
wird mit dem Symbol τ bezeichnet. Ihre Größe ergibt sich wegen ihrer gleichmäßigen Verteilung über der Kreisringfläche $A = h2\pi r_m$ gemäß Bild 1.4 aus
(1.7)

$$\leftarrow : \quad M_t - \tau A r_m = 0 \tag{1.8}$$

zu

$$\tau = \frac{M_t}{r_m A} = \frac{M_t}{2\pi h r_m^2} \, . \tag{1.9}$$

Sie besitzt die gleiche Maßeinheit wie die Normalspannung.
Wir betrachten noch den auf der Vorderansicht des Rohres (Bild 1.4b, d) eingezeichneten rechteckförmigen Ausschnitt RA. Dieser kann für Seitenabmessungen a und b, die viel kleiner als der mittlere Radius r_m sind, näherungsweise als ebene Scheibe der Dicke h angesehen werden. In dem Freischnitt
nach Bild 1.4d entsprechen die vertikal eingetragenen Zählpfeile der Schubspannung τ den Zählpfeilen der Schubspannung τ von Bild 1.4b. Die vertikale
Kräftebilanz des Ausschnittes RA wird offensichtlich erfüllt. Für die horizontalen Schubspannungszählpfeile wurde bereits der gleiche Wert τ angegeben.
Damit ist auch die horizontale Kräftebilanz erfüllt und das Momentengleichgewicht gesichert, wie z. B. die Bilanz bezüglich P

$$\stackrel{\frown}{P} : \quad \tau a h b - \tau b h a = 0 \tag{1.10}$$

zeigt.
Die Beziehung (1.10) ist Ausdruck des Hebelgesetzes von ARCHIMEDES
(287–212 v.Chr.). Das Hebelgesetz gilt erfahrungsgemäß für beliebig deformierbare Körper unter der Wirkung von Kräften. Dabei ist jeweils die aktuelle
Konfiguration zu berücksichtigen, welche hier wie auch schon für die Bilanzen

(1.4), (1.6) und (1.8) näherungsweise der undeformierten Ausgangskonfiguration gleichgesetzt wurde. In der Statik starrer Körper können zur Erfüllung der Gleichgewichtsbedingungen des ganzen Körpers gegebene Lasten durch statisch äquivalente Lasten, welche definitionsgemäß die gleiche resultierende Kraft und das gleiche gesamte resultierende Moment besitzen, ersetzt werden. Es wurde dort auch gezeigt, dass die statische Äquivalenz verschiedener Kräftegruppen mit der Erfüllung des Hebelgesetzes für den ganzen Körper einhergeht. Wie in der Statik starrer Körper schon ausgeführt, verlieren diese Äquivalenzen bei der Bestimmung der Schnittreaktionen ihre pauschale Berechtigung. Dies trifft umso mehr auf die Statik deformierbarer Körper zu. Denn statisch äquivalente Lasten, die nicht identisch sind, verursachen offensichtlich verschiedene Deformationen und Spannungen. Die empirisch begründete Allgemeingültigkeit des Hebelgesetzes als Bilanz der Momente von Kräften bleibt davon unberührt.

Zur Gewährleistung der globalen Momentenbilanz (1.7) am freigeschnittenen Teil des Rohres wäre auch ein gleichmäßig über der Schnittfläche A verteiltes, entgegengesetzt zum Torsionsmoment M_t orientiertes Moment pro Flächeneinheit m_t hinreichend. Von (1.7) verbliebe dann nur die zweite Summe, und statt (1.8) stände

$$\leftarrow : \quad M_t - A m_t = 0 \ . \tag{1.11}$$

Ein solcher Typ der Wechselwirkung wird hier und in den künftigen Betrachtungen ausgeschlossen.

Besonders hervorzuheben ist noch, dass der durch das Bild 1.4d beschriebene Spannungszustand zweiachsig ist, wie das Beispiel 2.1 in Kapitel 2 zeigen wird.

Schubspannungen werden auch durch Querkräfte erzeugt, die infolge der damit verbundenen Biegung von Normalspannungen begleitet werden (s. Kapitel 5). Der Spannungszustand ist dann außerdem inhomogen und die Anordnung zur Erzeugung eines reinen homogenen Schubspannungszustandes nicht geeignet. Im Folgenden demonstrieren wir nur eine grobe Abschätzung solcher Schubspannungen.

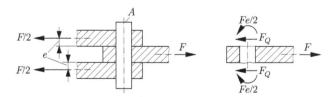

Bild 1.5. Zur Querkraftschubspannung

In der zweischnittigen Bolzenverbindung nach Bild 1.5 stehen die symmetrisch angeordneten Querkräfte F_Q mit der eingeprägten Kraft F im Gleichgewicht. Sie verursachen im jeweiligen Bolzenquerschnitt ungleichmäßig verteilte Schubspannungen, für die hier nur der Mittelwert

$$\tau_Q = \frac{F_Q}{A} = \frac{F}{2A} \tag{1.12}$$

angegeben werden kann. Dabei bleiben die an jeder als Ebene anzusehenden Schnittfläche wirkenden Normalspannungen infolge des Versetzungsmomentes $Fe/2$ und eventuelle Haftreibungseffekte unberücksichtigt.

1.3 Elastisches Material

Zur Bestimmung des Zusammenhangs zwischen Spannung und Verzerrung werden Versuchsdaten benötigt. Am häufigsten kommt der Zugversuch zur Anwendung. Das Material sei homogen und isotrop. Die Probenformen werden so ausgeführt, dass außerhalb des Lasteinleitungsbereiches ein Messgebiet existiert, in dem ein homogener Spannungs- und Verzerrungszustand herrscht. Dies gelingt z. B. mit Hilfe der scheibenförmigen Flachprobe unter Zug (Bild 1.6a).

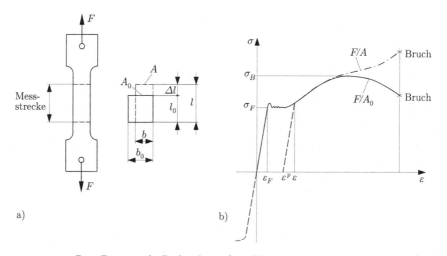

Bild 1.6. Zum Zugversuch; Probenform a) und Spannungsdehnungsdiagramm b)

Im unbelasteten Zustand besitzt das Messgebiet die Länge l_0 und die Querschnittsfläche A_0, bei Belastung die Länge l und die Querschnittsfläche A. Die Verringerung der Querschnittsfläche wird durch die Querdehnung verursacht, welche bei der vorausgesetzten Isotropie des Materials in der Zeichenebene und senkrecht dazu gleiche Werte annimmt.

Die Kraft F wird, beginnend von null, allmählich gesteigert, so dass sich die Probentemperatur nicht ändert (isotherme Kraftänderung) und Trägheitseffekte vernachlässigbar sind (quasistatische Kraftänderung).

Aus der gemessenen Kraft F, den Geometriedaten A_0 und l_0 der Probe im unverformten Zustand sowie der Probenverlängerung Δl ergeben sich die Spannung $\sigma = F/A_0$ und die Dehnung $\varepsilon = \Delta l/l_0$, deren Zusammenhang durch das Spannungsdehnungsdiagramm grafisch dargestellt wird. Bild 1.6b zeigt qualitativ ein solches Diagramm für einen duktilen Baustahl. In der Umgebung des Diagrammursprungs gilt der als HOOKEsches Gesetz (HOOKE, 1635–1703) bezeichnete lineare Zusammmenhang zwischen der Spannung σ und der elastischen Dehnung ε, wobei letztere der Gesamtdehnung gleicht,

$$\sigma = E\varepsilon \;. \tag{1.13}$$

Der Proportionalitätsfaktor E symbolisiert eine Materialkonstante, den so genannten Elastizitätsmodul. Gleichung (1.13) ist bei Erstbelastung durch die Fließspannung σ_F bzw. die elastische Grenzdehnung bei Fließbeginn ε_F (abkürzend als Fließdehnung bezeichnet) auf einen für Zug und Druck näherungsweise gleichen elastischen Gültigkeitsbereich $|\sigma| \leq \sigma_F$ begrenzt. Jenseits der Fließspannung (auch als Streckgrenze bezeichnet) wird das Material gleichzeitig mit der sich einstellenden Spannung elastisch und bleibend (plastisch) gedehnt. Die bei einer gewissen Spannung erzeugte plastische Dehnung ε^p kann nach Entlastung längs der gestrichelten Linie mit dem Anstieg E aus (1.13) als Differenz zwischen Gesamtdehnung ε und elastischer Dehnung σ/E gemessen werden. Das im Zugbereich diskutierte Diagramm von Bild 1.6b weist noch ein Maximum für σ aus. Der dazugehörige Spannungswert $\sigma = \sigma_B$ ist die technische Zugfestigkeit. Die mit der verringerten Querschnittsfläche A und der Kraft F berechnete wahre Spannung F/A (strichpunktiert dargestellt) steigt dagegen ständig bis zum Probenbruch an. Auf die bei Zugfließbeginn eintretenden Oszillationen im Diagramm und die oberhalb der maximalen Spannung σ_B stattfindende Einschnürung des Zugstabes soll hier nicht eingegangen werden.

Die folgende kleine Tabelle enthält die Zahlenangaben für die Elastizitätsmoduln einiger metallischer Materialien.

Material	Stahl	Aluminium	Kupfer
E/MPa	$2,1 \cdot 10^5$	$0,7 \cdot 10^5$	$1,2 \cdot 10^5$

Das Verhältnis von Elastizitätsmodul zu Fließspannung hat für diese Materialien die Größenordnung 10^3.

Zu der in (1.13) ausgedrückten elastischen Materialeigenschaft gehört noch eine weitere Gleichung der schon erwähnten Querdehnung ε_q, für die sich gemäß Bild 1.6a

$$\varepsilon_q = \frac{b - b_0}{b_0} < 0 \qquad (1.14)$$

ergibt. Das Experiment zeigt, dass Längs- und Querdehnung im elastischen Bereich proportional zueinander sind, d. h.

$$\varepsilon_q = -\nu\varepsilon \ . \qquad (1.15)$$

Die Materialkonstante ν in (1.15) heißt Querdehn- oder Querkontraktionszahl, auch POISSONsche Konstante nach POISSON (1781–1840). Sie hat für die oben genannten Metalle den Wert $\nu \approx 0,3$.

Wegen der Vereinbarung (1.2) gilt mit (1.15) auch $|\varepsilon_q| \ll 1$. Deshalb ist der Unterschied zwischen der aktuellen Fläche und der Ausgangsfläche in (1.5) bzw. (1.6) vernachlässigbar. Diese Vereinfachung wird derart verallgemeinert, dass alle Gleichgewichtsbedingungen außer in Kapitel 8 am unverformten Körper aufgestellt werden.

Wir kommen nochmals auf die Anordnung zur Erzeugung gleichmäßig verteilter reiner Schubspannungen τ gemäß Bild 1.4 zurück und betrachten in Bild 1.7 den vergrößerten Ausschnitt RA von Bild 1.4d.

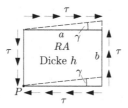

Bild 1.7. Verzerrung bei reiner Schubspannung

Der vorliegende Spannungszustand verursacht eine Abweichung vom rechten Winkel, die wie in der Anordnung nach Bild 1.2 als Schubverzerrung γ gemessen wird. Für linear-elastisches Material gilt

$$\tau = G\gamma \ . \qquad (1.16)$$

Die Materialkonstante G bezeichnet den Schubmodul.

Die Konstanten der linear-elastischen Materialgleichungen (1.13), (1.15) und (1.16) sind über die später zu beweisende Beziehung

$$E = 2G(1 + \nu) \qquad (1.17)$$

miteinander verknüpft (vgl. Abschnitt 2.6).

1.4 Wärmedehnung

In isotropem Material verursachen Temperaturänderungen in allen Richtungen gleiche Dehnungen. Hierzu betrachten wir gemäß Bild 1.8 zwei zueinander senkrechte Längenänderungen infolge der Temperaturänderung ΔT, gemessen in Kelvin K (KELVIN, 1824–1907), gegenüber einer Bezugstemperatur.

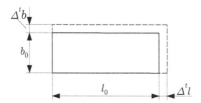

Bild 1.8. Längenänderungen infolge thermischer Dehnung

Die Längenänderungen müssen die gleiche thermische Dehnung (auch Wärmedehnung oder Temperaturdehnung)

$$\varepsilon^t = \alpha \Delta T = \frac{\Delta^t l}{l_0} = \frac{\Delta^t b}{b_0} \tag{1.18}$$

ergeben, die proportional zu ΔT gesetzt werden kann. Dabei gilt die Proportionalität (1.18) mit der Materialkonstante α nur in einem gewissen Temperaturbereich, der von der Bezugstemperatur abhängt. Die Materialkonstante heißt Wärmedehnzahl oder Temperaturdehnzahl. Nachstehend werden einige im Bereich von etwa 0°C bis 200°C benutzbare Werte angegeben.

Material	Stahl	Aluminium	Kupfer
$\alpha/(\mathrm{K}^{-1})$	$11 \cdot 10^{-6}$	$24 \cdot 10^{-6}$	$17 \cdot 10^{-6}$

Es sei darauf verwiesen, dass Temperaturänderungen in isotropen Materialien keine Schubverzerrungen verursachen.

Die Gesamtdehnung ε infolge mechanischer Spannung und Temperaturänderung ergibt sich aus

$$\varepsilon = \frac{\Delta l}{l_0} = \frac{\Delta^e l + \Delta^t l}{l_0} = \frac{\Delta^e l}{l_0} + \frac{\Delta^t l}{l_0} = \varepsilon^e + \varepsilon^t$$

mit der elastischen Dehnung $\varepsilon^e = \sigma/E$ nach (1.13) und der thermischen Dehnung ε^t gemäß (1.18) zu

$$\varepsilon = \frac{\sigma}{E} + \alpha \Delta T \,. \tag{1.19}$$

Wie (1.19) zu entnehmen ist, erzeugt eine Temperaturänderung bei verhinderter Dehnung eine Spannung.

1.5 Dimensionierung bei einfachen Beanspruchungen

Aus dem Spannungsdehnungsdiagramm des Zugstabes in Bild 1.6b ist ersichtlich, dass die möglichen Werte für Spannung und Dehnung begrenzt sind. Dies trifft auch für Bauteile zu. Deren Abmessungen, Materialeigenschaften und Belastungen sind deshalb entsprechend einzurichten.

Ausgehend von der Grundforderung, dass die Beanspruchung eines Bauteils an keiner Stelle seine Beanspruchbarkeit überschreiten darf, werden je nach Bauteilfunktion, Versagensfolgen und den immer vorhandenen Mängeln bei der Modellierung Sicherheitsfaktoren eingeführt und damit die aus dem Versuch gewonnenen maximalen Materialbeanspruchungswerte so abgemindert, dass daraus zulässige Beanspruchungswerte entstehen.

Bei Benutzung einer durch Belastung verursachten Zugspannung σ als Beanspruchungsparameter muss die Bedingung

$$\sigma \leq \sigma_{\text{zul}} \tag{1.20}$$

erfüllt werden. Als zulässige Spannung σ_{zul} wird für fließfähige Materialien unter statischer Last der kleinere der beiden Werte σ_F/S_F bzw. σ_B/S_B genommen, wobei $S_F > 1$ und $S_B > 1$ Sicherheitsfaktoren gegenüber Fließen bzw. Bruch bezeichnen. Analoges gilt für Druck- oder Schubspannungen.

Werden plastische Dehnungen bei geringer Materialverfestigung, d. h. geringem Spannungszuwachs wie z. B. im Anfangsfließbereich gemäß Bild 1.6b, zugelassen, so dürfen sie eine zulässige Dehnung nicht überschreiten.

Außer der Beschränkung der lokalen Beanspruchungen müssen auch die Tragfähigkeit und Funktionsfähigkeit der Bauteile als Ganzes beurteilt werden. Beispielsweise soll meistens das Ausknicken schlanker Stäbe infolge axialer Druckkräfte vermieden werden. Dieses Problem wird im Kapitel 8 erörtert. Des Weiteren sind Verformungen, die die Funktion von Bauteilen beeinträchtigen, zu verhindern.

1.6 Beispiele

Im folgenden einfachen Beispiel wird, ausgehend von den drei Gleichungen zur Statik, Kinematik und zum Materialverhalten, das typische Vorgehen der linearen Elastostatik als Grundlage der Festigkeitslehre erläutert.

Beispiel 1.1

Der Zugstab von Bild 1.3a bestehe aus linear-elastischem Material mit dem Elastizitätsmodul E. Gesucht ist die Verschiebung des Angriffspunktes der Kraft F nach Bild 1.9.

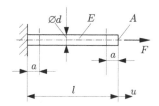

Bild 1.9. Zur Verschiebungsberechnung beim Zugstab

Lösung:
Unter der Voraussetzung $d \ll l$ werden gemäß dem Prinzip von DE SAINT
VENANT im größten Teil des Stabes, d. h. im Gebiet der Länge $l - 2a$ mit
$a \approx d \ll l$, eine konstante Spannung

$$\sigma = \frac{F}{A}$$

und wegen

$$\sigma = E\varepsilon$$

eine konstante Dehnung ε herrschen. Die im Bild 1.9 eingetragene Verschiebung u des Kraftangriffspunktes ist gleich der Verlängerung des Zugstabes
$\Delta l = u$. Sie liefert die Stabdehnung

$$\varepsilon = \frac{\Delta l}{l} \; .$$

Die Elimination von σ und ε aus den drei Gleichungen ergibt

$$u = \Delta l = \frac{Fl}{EA} \; .$$

Das Ergebnis mit Kraft und Länge im Zähler sowie Elastizitätsmodul und
Querschnittsfläche im Nenner genügt der Anschauung. Die Dimension des
Ausdrucks stimmt mit der Dimension der Verschiebung überein. Das Pro-
dukt EA wird als Dehn- oder Längssteifigkeit bezeichnet.   □

Beispiel 1.2
Gegeben ist ein beiderseits eingespannter Stab, an dessen Absatz die Kraft
$2F$ axial eingeleitet wird (Bild 1.10). Die Abmessungen seiner Querschnitts-
flächen A_1 und A_2 seien wesentlich kleiner als die Teillängen l_1 und l_2. Die
Elastizitätsmoduln der Stababschnitte haben die Werte E_1 und E_2. Gesucht
sind die Lagerreaktionen.
Lösung:
Die als symmetrisch erkannte Anordnung von Bild 1.10a wird freigeschnitten.
Von den Lagerreaktionen verbleiben gemäß Bild 1.10b nur die axialen Kräfte

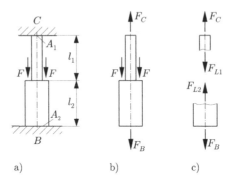

Bild 1.10. Abgesetzter Stab eingespannt a), freigemacht b) und in zwei Bereichen geschnitten c)

F_B und F_C. Damit sind die horizontale Kräftebilanz und die Momentenbilanz identisch erfüllt. Die vertikale Kräftebilanz

$$\uparrow: \quad F_C - F_B - 2F = 0 \qquad (a)$$

enthält zwei Unbekannte, zeigt also einfache statische Unbestimmtheit an. Es müssen deshalb die Verformungen berücksichtigt werden. Die Längskräfte gemäß Bild 1.10c sind bereichsweise konstant:

$$F_{L1} = F_C = \text{konst.}, \quad F_{L2} = F_B = \text{konst.} \qquad (b)$$

Die Gesamtverlängerung des Stabes

$$\Delta l = \Delta l_1 + \Delta l_2 = \frac{F_{L1} l_1}{E_1 A_1} + \frac{F_{L2} l_2}{E_2 A_2}$$

verschwindet, so dass nach Einsetzen der Längskräfte (b) die noch fehlende Gleichung

$$\frac{F_C l_1}{E_1 A_1} + \frac{F_B l_2}{E_2 A_2} = 0 \qquad (c)$$

folgt. Die Auflösung des Gleichungssystems (a), (c) liefert

$$F_C = \frac{2F}{1 + \frac{E_2 A_2 l_1}{E_1 A_1 l_2}}, \quad F_B = \frac{2F}{1 + \frac{E_2 A_2 l_1}{E_1 A_1 l_2}} - 2F \ .$$

Der Sonderfall $l_1 = l_2$, $E_1 = E_2$, $A_1 = A_2$ führt auf das anschauliche Ergebnis $F_C = F$, $F_B = -F$.

Anmerkung: Die Störungen der abschnittsweise gleichmäßigen Spannungsverteilung infolge der Querdehnungsbehinderung an den Einspannungen und infolge des Absatzes konnten wegen der Abmessungsvoraussetzungen gemäß dem Prinzip von DE SAINT VENANT vernachlässigt werden.   □

Beispiel 1.3

Der beiderseits eingespannte schlanke Stab nach Bild 1.11 wird um $\Delta T = 50$ K erwärmt. Seine Wärmedehnzahl beträgt $\alpha = 1,2 \cdot 10^{-5}$ K^{-1} und sein Elastizitätsmodul $E = 2,1 \cdot 10^5$ MPa. Seine zulässige Spannung ist $\sigma_{\mathrm{zul}} = 150$ MPa. Gesucht sind die Spannung σ für die gegebene Erwärmung und die maximale Erwärmung ΔT_{max}, so dass die zulässige Spannung nicht überschritten wird.

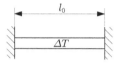

Bild 1.11. Eingespannter Stab unter Temperatureinwirkung

Lösung:
Die Längenänderung des Stabes mit einer für die Anwendung des Prinzips von DE SAINT VENANT im Vergleich zu den Querschnittsabmessungen hinreichend großen Länge l_0 muss verschwinden, d. h.

$$\Delta l = \varepsilon l_0 = \left(\frac{\sigma}{E} + \alpha \Delta T \right) l_0 = 0$$

bzw.

$$\sigma = -E\alpha \Delta T \ . \tag{a}$$

Einsetzen der Zahlenwerte ergibt die Druckspannung $\sigma = -126$ MPa. Für $\sigma_{\mathrm{zul}} = |\sigma| = E\alpha \Delta T_{\mathrm{max}}$ folgt mit den gegebenen Zahlenwerten

$$\Delta T_{\mathrm{max}} = \frac{\sigma_{\mathrm{zul}}}{E\alpha} \approx 60 \ \mathrm{K} \ .$$

Der Rundungsfehler von etwa 1% liegt dabei unter dem Fehler der Materialdaten. □

Beispiel 1.4

Die zweischnittige Bolzenverbindung nach Bild 1.12 überträgt die Kraft $2F = 2 \cdot 10^4$ N. Die zulässige Schubspannung gegen Abscheren des Bolzens beträgt $\tau_{\mathrm{zul}} = 100$ MPa. Gesucht ist der minimale Durchmesser des Bolzens.
Lösung:
Jeder der beiden Bolzenquerschnitte mit dem Flächeninhalt $A = \pi d^2/4$ überträgt die Kraft F. Die Schubspannungsverteilung wird stark vereinfacht als konstant über der Querschnittsfläche A angenommen. Aus

$$\tau = \frac{F}{A} \leq \tau_{\mathrm{zul}}$$

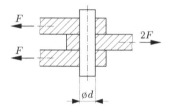

Bild 1.12. Zweischnittige Bolzenverbindung

folgt

$$d \geq \sqrt{\frac{4}{\pi} \frac{F}{\tau_{\text{zul}}}} = 11,3 \text{ mm} .$$

Dieser Wert ist entsprechend einschlägiger Norm auf das nächst größere zugelassene Maß zu erhöhen.   □

Beispiel 1.5
Ein starrer Balken hängt mittels dreier elastischer Stäbe gemäß Bild 1.13 an einer starren Decke.

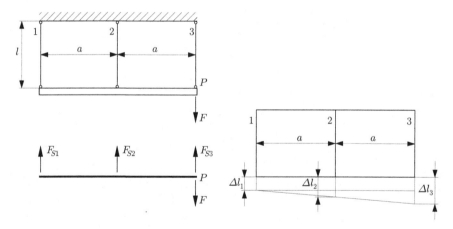

Bild 1.13. Starrer Balken mit elastischer Aufhängung

Die Stabquerschnitte haben die Flächen $A_i = A = 1 \text{ cm}^2$. Der Elastizitätsmodul beträgt $E = 2 \cdot 10^5$ MPa und die Stablänge $l = 1$ m. Die ursprünglich spannungsfreie Anordnung wird durch die Kraft $F = 1,2 \cdot 10^4$ N belastet. Gesucht sind die Stabspannungen σ_i sowie die Stabverlängerungen Δl_i, wobei die Forderung $|\Delta l_i| < \Delta l_{\text{zul}} = 1$ mm zu überprüfen ist.
Lösung:
Die Freischnittskizze nach Bild 1.13 enthält keine Verformungen. Die stati-

schen Gleichungen lauten:

$$\uparrow : \quad F_{S1} + F_{S2} + F_{S3} - F = 0 \; , \tag{a}$$

$$\widehat{P} : \quad -2aF_{S1} - aF_{S2} = 0 \; . \tag{b}$$

Da die horizontale Kräftebilanz keine weitere Information liefert, ist die Anordnung einfach statisch unbestimmt.

In der Verformungsskizze gilt $|\Delta l_i| \ll l$, weshalb die Parallelität und die Abstände der Stäbe näherungsweise erhalten bleiben, so dass der Strahlensatz die kinematische Zwangsbedingung

$$\frac{\Delta l_3 - \Delta l_1}{2a} = \frac{\Delta l_2 - \Delta l_1}{a} \tag{c}$$

liefert.

Das HOOKEsche Gesetz $\sigma = E\varepsilon$ lässt sich als

$$\frac{F_{Si}}{A} = E\frac{\Delta l_i}{l} \tag{d}$$

schreiben.

Aus (a), (b) und (b), (c), (d) entsteht das Gleichungssystem

$$-F_{S1} + F_{S3} = F \; ,$$
$$5F_{S1} + F_{S3} = 0 \; .$$

Dessen Lösung und (b) ergeben die Stabkräfte

$$F_{S1} = -F/6 = -2\cdot10^3 \, \text{N} \; , \quad F_{S2} = F/3 = 4\cdot10^3 \, \text{N} \; , \quad F_{S3} = 5F/6 = 10^4 \, \text{N} \; ,$$

die Stabspannungen

$$\sigma_1 = -20 \, \text{MPa} \; , \quad \sigma_2 = 40 \, \text{MPa} \; , \quad \sigma_3 = 100 \, \text{MPa}$$

und die Stabverlängerungen

$$\Delta l_1 = -0,1 \, \text{mm} \; , \quad \Delta l_2 = 0,2 \, \text{mm} \; , \quad \Delta l_3 = 0,5 \, \text{mm} \; ,$$

welche alle der Forderung $|\Delta l_i| < \Delta l_{\text{zul}} = 1 \, \text{mm}$ genügen. $\square$

1.7 Ergänzungen zum einachsigen Spannungszustand

❯ 1.7.1 Berücksichtigung von Volumenkräften

Im Abschnitt 1.2 wurde darauf verwiesen, dass statische Fernwechselwirkungen mit Körpern außerhalb des betrachteten Körpers auftreten können.

Ein wichtiges Beispiel stellt die Massenanziehung (Gravitation) dar. Die als
Körper idealisierten technischen Objekte besitzen eine Masse und unterliegen deshalb der Erdanziehung. Die dadurch verursachte, auf die Körper wirkende Gewichtskraft ergibt sich aus der über dem Körpervolumen verteilten Dichte ρ und der Erdbeschleunigung g. In Erdoberflächennähe kann mit
$g \approx 9,81$ m/s^2 gerechnet werden. Abweichungen von diesem Wert infolge des
Breitengradeinflusses liegen unter einem Prozent. Das Produkt ρg besitzt die
Maßeinheit N/m^3 und stellt folglich eine Volumenkraft dar. Diese Volumenkraft verursacht eine ungleichmäßige Spannungsverteilung im Körper. Hierzu
betrachten wir den Stab von Bild 1.14, der seinem Eigengewicht unterliegt.

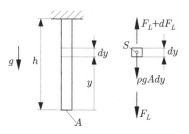

Bild 1.14. Stab unter Eigengewicht

Nach Eintragen der Stabachsenkoordinate y und Freischneiden eines Volumenelementes mit der Grundfläche A und der Höhe dy kann die auf das Volumenelement wirkende Gewichtskraft angegeben werden. Sie beträgt $\rho g A dy$.
Außerdem greift in dem Querschnitt mit der Fläche A an der Stelle y infolge
der dort wirkenden konstanten Spannung $\sigma(y)$ die Längskraft $F_L = A\sigma(y)$
an. Bei Fortschreiten um dy ändert sie sich um dF_L. Die Wirkungslinien aller
als resultierende Kräfte zusammengefassten Kraftdichten fallen infolge der
Symmetrie der Anordnung zusammen und gehen durch den Schwerpunkt S
des Volumenelementes. Damit liefert die Kräftebilanz

$$\uparrow: \quad -F_L + F_L + dF_L - \rho g A dy = dF_L - \rho g A dy = 0 \, . \tag{1.21}$$

In der verbleibenden Differenz ist $\rho g A dy$ ein Quellterm (auch als Inhomoge-
nität bezeichnet), der den Zuwachs dF_L der Längskraft bedingt.
Die Längskraftverteilung im Stab ergibt sich aus (1.21) durch unbestimmte
Integration für homogene Massendichte und konstante Querschnittsfläche zu

$$F_L = \rho g A y + C \, . \tag{1.22}$$

Die Integrationskonstante C ist wegen der Randbedingung

$$F_L(0) = 0 \tag{1.23}$$

null zu setzen, so dass schließlich die Spannungsverteilung

$$\sigma = \frac{F_L}{A} = \rho g y \tag{1.24}$$

folgt. Sie wächst vom Anfangswert null linear bis zum Endwert $\rho g h$, entsprechend dem Gesamtgewicht $\rho g h A$, an. Die Störung der Verteilung (1.24) im Einspannbereich wird wieder gemäß dem Prinzip von DE SAINT VENANT (s. a. Kapitel 10) vernachlässigt.

Ergänzend sei noch angemerkt, dass der Stab bei einer beschleunigten Bewegung in Stabrichtung durch eine entgegen der Beschleunigung wirkende Trägheitskraft pro Volumeneinheit belastet wird. Diese Kraft kann in (1.21) berücksichtigt werden (vgl. a. Abschnitt 12.5).

◉ 1.7.2 Spannungen am schrägen Schnitt

Zum tieferen Verständnis des einachsigen Spannungszustandes und als Vorbereitung für das anschließende Kapitel betrachten wir nochmals den Stab von Bild 1.3, führen jetzt aber einen Schnitt aus, der einen schrägen ebenen Flächenanteil der Größe A enthält (Bild 1.15a). Die Abmessung h des herausgeschnittenen Stabteils (Bild 1.15b) ist unwesentlich, sie kann auch null sein.

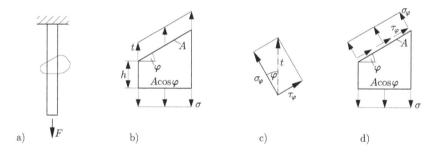

Bild 1.15. Spannungen am schrägen Schnitt

An der unter dem Winkel φ geneigten Schnittfläche wirkt gemäß Bild 1.15b eine Flächenkraft t, die wegen der gleichmäßigen Verteilung von σ ebenfalls gleichmäßig verteilt ist. Sie wird auch als Spannungsvektor bezeichnet. Ihre Größe folgt aus der Kräftebilanz

$$\uparrow : \quad tA - \sigma A \cos\varphi = 0 \, , \quad t = \sigma \cos\varphi \, , \tag{1.25}$$

hängt also vom Neigungswinkel φ der schrägen Schnittfläche ab. An jedem Punkt dieser Fläche kann der Flächenkraftvektor t in einen normalen Anteil σ_φ (als Normalspannung bezeichnet) und einen tangentialen Anteil τ_φ (als Tangential- oder Schubspannung bezeichnet) zerlegt werden (Bild 1.15c). Ihre

Größen ergeben sich zu

$$\sigma_\varphi = t \cos \varphi = \sigma \cos^2 \varphi = \frac{\sigma}{2}(1 + \cos 2\varphi) \tag{1.26}$$

bzw.

$$\tau_\varphi = t \sin \varphi = \sigma \sin \varphi \cos \varphi = \frac{\sigma}{2} \sin 2\varphi \tag{1.27}$$

und sind ebenfalls gleichmäßig verteilt (Bild 1.15d). Auch sie hängen offensichtlich vom Neigungswinkel φ der schrägen Schnittfläche ab.
Aus (1.27) ist noch ersichtlich, dass die maximale Schubspannung $\tau_{\max} = \sigma/2$ an der Schnittfläche mit dem Neigungswinkel $\varphi = 45°$ auftritt.

❯ 1.7.3 Näherungen für den einachsigen Spannungszustand
Wir kommen nochmals auf den Zugstab aus Bild 1.3 zurück, setzen jetzt aber außer der Forderung nach einer im Vergleich zur Stablänge sehr kleinen Querabmessung voraus, dass die Stabquerschnittsfläche $A = \pi r^2$ vermittels der Funktion

$$r = r(x) \tag{1.28}$$

geringfügig von der Stabachsenkoordinate x abhängen soll (Bild 1.16).

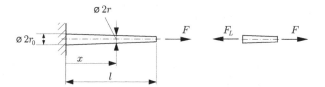

Bild 1.16. Zugstab mit veränderlichem Querschnitt

Die Längskraft F_L im Stab ist $F_L = F = $ konst. Für die mittlere axiale Normalspannung $\sigma_m(x)$ im Querschnitt $A(x)$ gilt

$$\sigma_m(x) = \frac{F_L}{A(x)} = \frac{F_L}{\pi r^2(x)} \ . \tag{1.29}$$

Unter der Annahme

$$\left| \frac{dr(x)}{dx} \right| \ll 1 \tag{1.30}$$

können die im Querschnitt $A(x)$ vorliegende radiale Abhängigkeit der axialen Normalspannung und damit einhergehende radial orientierte Schubspannungen vernachlässigt werden. Die verbleibende mittlere Spannung σ_m verursacht dann wegen (1.13) eine mittlere Dehnung $\varepsilon(x)$, die wie die Spannung nur noch von der Achskoordinate x abhängt.

Für den Fall einer solchen ortsabhängigen Dehnung betrachten wir noch den als eine Volllinie idealisierten Zugstab in Bild 1.17 und markieren die an den Stellen A bei x bzw. B bei $x + dx$ befindlichen Stabpunkte.

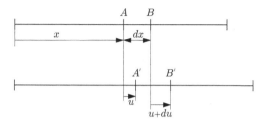

Bild 1.17. Zur Definition der Dehnung bei beliebiger Verschiebungsfunktion

Nach der Dehnung des Stabes befinden sich die beiden Stabpunkte an den Stellen A' bei $x + u(x)$ und B' bei $x + dx + u(x+dx) = x + dx + u(x) + du(x)$. Die Dehnung $\varepsilon(x)$ des Stabelementes dx an der Stelle x folgt dann aus

$$\varepsilon(x) = \frac{\overline{A'B'} - \overline{AB}}{\overline{AB}} = \frac{(dx + u + du - u) - dx}{dx} = \frac{du}{dx} \qquad (1.31)$$

und die Verschiebung $u(x)$ an der Stelle x wegen (1.13) und (1.29) zu

$$u(x) = \int_0^x \varepsilon(\bar{x})d\bar{x} + u(0) = \frac{F_L}{E} \int_0^x \frac{d\bar{x}}{A(\bar{x})} + u(0) \ . \qquad (1.32)$$

Beispiel 1.6
Für den Zugstab aus Bild 1.16 seien der Radiusverlauf $r(x) = r_0 \exp(-x/l)$ mit $r_0 \ll l$, der Elastizitätsmodul E sowie die Kraft F gegeben. Gesucht ist die Verschiebung des Kraftangriffspunktes.
Lösung:
Mit (1.32), $F_L = F$, $A = \pi r^2 = \pi r_0^2 \exp(-2x/l)$ sowie $u(0) = 0$ ergibt sich

$$u(l) = \frac{F}{\pi r_0^2 E} \int_0^l e^{2x/l}dx = \frac{F}{\pi r_0^2 E} \cdot \frac{l}{2} e^{2x/l}\Big|_0^l = \frac{Fl}{2\pi r_0^2 E}(e^2 - 1) = 1,02\frac{Fl}{r_0^2 E} \ ,$$

ein Wert, der erwartungsgemäß größer ist als im Sonderfall $r = r_0$. □

Kapitel 2

Allgemeine Spannungs- und Verzerrungszustände

2

2

2 Allgemeine Spannungs- und Verzerrungszustände

Im Folgenden werden die lokalen Gleichgewichtsbilanzen für differenzielle Körperteile angegeben. Die in der Realität auftretenden Verschiebungen von Punkten der gelagerten Körper seien wie bisher als hinreichend klein im Vergleich zu den entsprechenden Körperabmessungen angenommen, so dass ihr Einfluss auf die Gleichgewichtsbilanzen für den aktuellen Belastungszustand vernachlässigbar ist. Obwohl diese Verschiebungen bei ungleichmäßiger Verteilung über die Körperpunkte Verzerrungen und damit Spannungen im Körper verursachen, wird ihre Kenntnis für die allgemeine Definition des Spannungsbegriffes unter obiger Voraussetzung nicht benötigt.

2.1 Spannungsvektor

Zur Untersuchung des Spannungszustandes eines beliebig belasteten, im Gleichgewicht befindlichen Körpers betrachten wir die Anordnung nach Bild 2.1, wo als äußere Lasten beispielhaft drei Einzelkräfte $\mathbf{F}_i$, eine Streckenlast $\mathbf{q}$ und ein Einzelmoment $\mathbf{M}$ auftreten. Denkbar wären auch Flächenkräfte, Volumenkräfte und Momente pro Längeneinheit (Linienmomente), die nicht eingetragen wurden, sowie Momente pro Flächeneinheit und Momente pro Volumeneinheit, welche in der vorliegenden Theorie nicht berücksichtigt werden. Die Lasten können auch im Körperinneren angreifen.

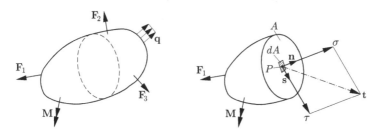

Bild 2.1. Zur Definition des Spannungsvektors

Wir zerlegen den Körper in zwei Teile mit der gemeinsamen glatten Schnittfläche A. In dieser Schnittfläche befindet sich das Flächenelement dA, das den Punkt P einschließt und den nach außen gerichteten Normaleneinheitsvektor $\mathbf{n}$ besitzt. Es unterliegt einer auf ihm glatt verteilten Flächenkraft $\mathbf{t}$, die der angrenzende, hier nicht eingezeichnete Körperteil ausübt. Eine Momentenwechselwirkung über dA hinweg wird ausgeschlossen.

Die gesamte, auf das Flächenelement dA wirkende Kraft $d\mathbf{F}$ ist

$$d\mathbf{F} = \mathbf{t}\,dA \ . \tag{2.1}$$

Die Flächenkraft $\mathbf{t}$ heißt, wie oben schon erwähnt, Spannungsvektor. Die Größe dieses Vektors hängt nicht nur von der Position P des Flächenelementes dA, sondern auch von der Orientierung des Normaleneinheitsvektors $\mathbf{n}$ relativ zum Körper ab (vgl. Abschnitt 1.7.2). Der Spannungsvektor $\mathbf{t}$ bzw. der gemäß (2.1) bestimmte Kraftvektor $d\mathbf{F}$ und der Normalenvektor $\mathbf{n}$ liegen in einer Ebene, deren Schnittlinie mit der Fläche A im Punkt P den tangentialen Einheitsvektor $\mathbf{s}$ besitzt. Die Vektoren $\mathbf{t}$ bzw. $d\mathbf{F}/dA$ können nach dem Normaleneinheitsvektor $\mathbf{n}$ und dem tangentialen Einheitsvektor $\mathbf{s}$ gemäß

$$\mathbf{t} = \frac{dF_N}{dA}\mathbf{n} + \frac{dF_T}{dA}\mathbf{s} = \sigma\mathbf{n} + \tau\mathbf{s} \tag{2.2}$$

zerlegt werden (Bild 2.1), wobei σ die Normalspannung und τ die Schubspannung bezeichnen. Die Größen σ und τ sind die Maßzahlen oder Koordinaten des Vektors $\mathbf{t}$ bezüglich der aus $\mathbf{n}$ und $\mathbf{s}$ bestehenden Vektorbasis.

Wenn der Spannungsvektor $\mathbf{t}$ mit dem Normalenvektor $\mathbf{n}$ einen spitzen Winkel einschließt, wird die Normalspannung σ positiv und heißt Zugspannung. Bei einem stumpfen Winkel ist die Normalspannung σ negativ und bezeichnet eine Druckspannung.

2.2 Zweiachsiger Spannungszustand

Eine gegenüber Bild 2.1 vereinfachte Situation entsteht für einen prismatischen Körper, der nur durch Spannungsvektoren belastet wird, die parallel zu den Grundflächen orientiert und gleichmäßig über den Seitenflächen verteilt sind. Dies führt zu einem zweiachsigen oder ebenen Spannungszustand, abgekürzt als ESZ. Ein solcher Spannungszustand existiert exakt an freien Körperoberflächen und näherungsweise z. B. in dünnen Scheiben, die durch gleichmäßig über der Scheibendicke verteilte äußere Flächenkräfte normal zum Scheibenrand und parallel zur Scheibenmittelebene belastet werden. Er hat technische Bedeutung (vgl. Abschnitt 9.2.2).

Wir betrachten nach Bild 2.2a das aus einer senkrecht zur z-Achse liegenden Scheibe herausgeschnittene quaderförmige Element mit der Dicke b und den Seitenflächen $x = $ konst. bzw. $y = $ konst.

Die Seitenflächen seien gemäß Bild 2.2a durch glatt verteilte Spannungsvektoren belastet, die bereits in normale und tangentiale Anteile (Spannungen) zerlegt wurden. Diese Spannungen sind jeweils durch nur einen Pfeil symbolisiert. Der eingeführte Doppelindex ist so definiert, dass der erste Index die Koordinate anzeigt, zu welcher die äußere Normale der betrachteten Fläche

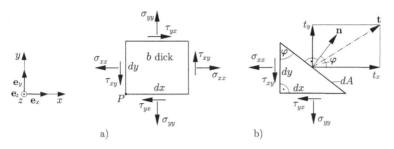

Bild 2.2. Kartesisches Scheibenelement im ebenen Spannungszustand

parallel ist (z. B. x für beide vertikale Flächen), während der zweite Index die zugeordnete Flächenkraftrichtung angibt. Die Zählpfeile der Spannungen in Bild 2.2a weisen dabei definitionsgemäß auf der Seite, wo die Flächennormale die positive Koordinatenrichtung besitzt, in positive Koordinatenrichtung. Die betreffende Seite heißt positives Schnittufer. Auf der gegenüberliegenden Seite, dem negativen Schnittufer, sind die Zählpfeile der Spannungen in negativer Koordinatenrichtung orientiert. So zeigt der Zählpfeil der Normalspannung σ_{xx} an der rechten Fläche $x =$ konst. in positiver x-Richtung, an der linken Fläche $x =$ konst. in negativer x-Richtung. Der Zählpfeil der Schubspannung τ_{xy} besitzt an der rechten Fläche $x =$ konst. die positive y-Orientierung, an der linken Fläche $x =$ konst. die negative y-Orientierung. Der Spannungsvektor $\mathbf{t}$ an einer beliebig orientierten Schnittfläche dA des Scheibenelementes (Bild 2.2b) ist durch die Spannungsvektoren an den Koordinatenflächen $x =$ konst. bzw. $y =$ konst. bestimmt. Denn die für das Scheibenelement gültigen (lokalen) Kräftebilanzen

$$\rightarrow : \quad t_x dA - \sigma_{xx} dA \cos\varphi - \tau_{yx} dA \sin\varphi = 0 \,,$$

$$\uparrow \quad : \quad t_y dA - \tau_{xy} dA \cos\varphi - \sigma_{yy} dA \sin\varphi = 0$$

liefern

$$t_x = \sigma_{xx} \cos\varphi + \tau_{yx} \sin\varphi = \sigma_{xx} n_x + \tau_{yx} n_y \,, \qquad (2.3a)$$

$$t_y = \tau_{xy} \cos\varphi + \sigma_{yy} \sin\varphi = \tau_{xy} n_x + \sigma_{yy} n_y \,. \qquad (2.3b)$$

Die Größen n_x und n_y bezeichnen die Koordinaten des Flächennormalenvektors $\mathbf{n}$. In die Bilanzen (2.3) gehen Volumenkräfte nicht ein, da das Volumen des Scheibenelementteiles aus Bild 2.2b

$$\frac{1}{2}\left(\frac{dA}{b}\cos\varphi\,\frac{dA}{b}\sin\varphi\right)b = \frac{1}{2b}\cos\varphi\sin\varphi(dA)^2 \qquad (2.4)$$

beträgt und Terme der Ordnung $(dA)^2$ gegenüber Termen der Ordnung dA entfallen.

Bezüglich des Momentengleichgewichts des Scheibenelementes von Bild 2.2a gilt wie schon in Abschnitt 1.2 die lokale Momentenbilanz

$$\overset{\frown}{P}: \quad \tau_{xy}dybdx - \tau_{yx}dxbdy = 0$$

d. h.

$$\tau_{xy} = \tau_{yx} \ , \tag{2.5}$$

die so genannte Gleichheit der zugeordneten Schubspannungen. In (2.5) bleiben Volumenkräfte ähnlich wie in den Kräftebilanzen bedeutungslos, da sie wieder auf Differenziale höherer Ordnung führen. Die Symmetriebedingung (2.5) kann verletzt sein, wenn das Scheibenmaterial elektrisch polarisiert oder magnetisiert ist und einem äußeren elektrischen oder magnetischen Feld unterliegt. Unter diesen Voraussetzungen wirken Volumenmomente, welche hier ausgeschlossen werden.

Die auf der rechten Seite von (2.3) enthaltenen Spannungen können in der symmetrischen Matrix

$$(\sigma_{kl}) = \begin{pmatrix} \sigma_{xx} & \tau_{yx} \\ \tau_{xy} & \sigma_{yy} \end{pmatrix} = \begin{pmatrix} \sigma_{xx} & \tau_{xy} \\ \tau_{yx} & \sigma_{yy} \end{pmatrix}$$

angeordnet werden. Sie legen den Spannungszustand im betrachteten Körperpunkt vollständig fest. Dabei vermitteln sie eine lineare Beziehung zwischen dem Normalenvektor $\mathbf{n}$ des Flächenelementes und dem auf diesem Flächenelement wirkenden Spannungsvektor $\mathbf{t}$. In diesem Zusammenhang werden sie als Koordinaten des Spannungstensors bezüglich der Vektorbasis $\mathbf{e}_x, \mathbf{e}_y$ bezeichnet.

Derselbe Spannungszustand ist auch mittels einer gedrehten Vektorbasis angebbar. Hierzu betrachten wir Bild 2.3.

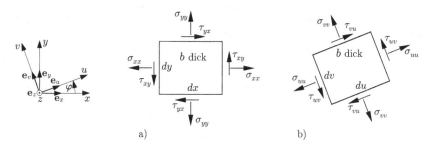

Bild 2.3. Spannungszustand in verschiedenen kartesischen Vektorbasissystemen

Zu der Vektorbasis $\mathbf{e}_x, \mathbf{e}_y$ wurde die mit dem Winkel φ um die z-Achse gedrehte Vektorbasis $\mathbf{e}_u, \mathbf{e}_v$ eingeführt. Ein und derselbe Spannungstensor hat bezüglich der gedrehten Vektorbasis die neuen Koordinaten σ_{uu}, σ_{vv} und τ_{uv}

anstelle der alten σ_{xx}, σ_{yy} und τ_{xy}. Zur Berechnung der neuen Spannungstensorkoordinaten in Abhängigkeit von den alten werden an rechtwinkligen Dreiecksscheibenelementen mit Hypothenusen in u- bzw. v-Richtung (Bild 2.4) die lokalen Kräftebilanzen in u- bzw. v-Richtung aufgestellt.

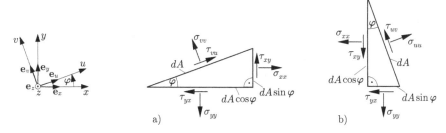

Bild 2.4. Zur Transformation der Spannungstensorkoordinaten

Sie liefern für die Zerlegung nach Bild 2.4a

$$\diagdown : \quad \sigma_{vv}dA - \sigma_{yy}dA\cos^2\varphi + \tau_{yx}dA\cos\varphi\sin\varphi + \tau_{xy}dA\sin\varphi\cos\varphi$$
$$-\sigma_{xx}dA\sin^2\varphi = 0 \;,$$

$$\diagup : \quad \tau_{vu}dA + \sigma_{xx}dA\sin\varphi\cos\varphi + \tau_{xy}dA\sin^2\varphi - \sigma_{yy}dA\cos\varphi\sin\varphi$$
$$-\tau_{yx}dA\cos^2\varphi = 0$$

bzw. mit (2.5)

$$\sigma_{vv} = \sigma_{xx}\sin^2\varphi + \sigma_{yy}\cos^2\varphi - 2\tau_{xy}\sin\varphi\cos\varphi \;, \tag{2.6}$$

$$\tau_{vu} = -(\sigma_{xx} - \sigma_{yy})\sin\varphi\cos\varphi + \tau_{xy}(\cos^2\varphi - \sin^2\varphi) \;. \tag{2.7}$$

Die Kräftebilanz in u-Richtung gemäß der Zerlegung nach Bild 2.4b ergibt

$$\sigma_{uu} = \sigma_{xx}\cos^2\varphi + \sigma_{yy}\sin^2\varphi + 2\tau_{xy}\sin\varphi\cos\varphi \;. \tag{2.8}$$

Künftig werden wir auch die vereinfachte Schreibweise $\sigma_{xx} = \sigma_x$, $\sigma_{yy} = \sigma_y$ und $\sigma_{uu} = \sigma_u$, $\sigma_{vv} = \sigma_v$ benutzen.

Bei Anwendung der Formeln $\sin^2\varphi = (1 - \cos 2\varphi)/2$, $\cos^2\varphi = (1 + \cos 2\varphi)/2$ und $2\sin\varphi\cos\varphi = \sin 2\varphi$ in (2.6) bis (2.8) entsteht noch

$$\sigma_u = \frac{1}{2}(\sigma_x + \sigma_y) + \frac{1}{2}(\sigma_x - \sigma_y)\cos 2\varphi + \tau_{xy}\sin 2\varphi \;, \tag{2.9}$$

$$\sigma_v = \frac{1}{2}(\sigma_x + \sigma_y) - \frac{1}{2}(\sigma_x - \sigma_y)\cos 2\varphi - \tau_{xy}\sin 2\varphi \;, \tag{2.10}$$

$$\tau_{uv} = -\frac{1}{2}(\sigma_x - \sigma_y)\sin 2\varphi + \tau_{xy}\cos 2\varphi \ . \tag{2.11}$$

Die mathematische Struktur der Gleichungen (2.6) bis (2.8) bzw. (2.9) bis (2.11) ist identisch zur Struktur der Transformationsgleichungen der Flächenmomente zweiter Ordnung in der Statik. Sie spiegelt die mathematischen Eigenschaften von Tensoren zweiter Stufe wider, zu denen sowohl Flächenmomente zweiter Ordnung als auch Spannungstensoren gehören. Die zweite Stufe entspricht dabei den zwei Indizes an den Tensorkoordinaten σ_{kl}. Sie ist von der Dimension des Raumes zu unterscheiden, die hier wegen des ebenen Spannungszustandes zwei beträgt im Gegensatz zur Dimension drei beim dreiachsigen Spannungszustand (s. Abschnitt 2.3).

Wie im Fall der Flächenmomente zweiter Ordnung liefert (2.11) mit der Forderung $\tau_{uv} = 0$ eine Bestimmungsgleichung für den Winkel 2φ in der Formel

$$\tan 2\varphi_0 = \frac{2\tau_{xy}}{\sigma_x - \sigma_y} \ . \tag{2.12}$$

Zu den beiden Lösungen φ_0 und $\bar{\varphi}_0 = \varphi_0 + \pi/2$ gehören zwei senkrecht aufeinander stehende Achsen, die als Hauptachsen bzw. -richtungen bezeichnet werden. Die dazu gehörenden Normalspannungen $\sigma_1, \sigma_2 \,\hat{=}\, \sigma_{1,2}$ heißen Hauptspannungen. Sie berechnen sich durch Einsetzen von φ_0 und $\bar{\varphi}_0$ in (2.8) bzw. (2.9) zahlenmäßig direkt oder nach Elimination der Winkel aus (2.12), (2.9) und (2.10) zu

$$\sigma_{1,2} = \frac{1}{2}(\sigma_x + \sigma_y) \pm \sqrt{\frac{1}{4}(\sigma_x - \sigma_y)^2 + \tau_{xy}^2} \ , \quad \sigma_1 \geq \sigma_2 \ , \tag{2.13}$$

wobei die Winkelzuordnung hinsichtlich der Hauptspannungen auch aus

$$\tan \varphi_{01,2} = \frac{\tau_{xy}}{\sigma_x - \sigma_{2,1}} \tag{2.14}$$

entnehmbar ist. Zur Herleitung von (2.14) wurde das Additionstheorem

$$\tan 2\alpha = \frac{2\tan \alpha}{1 - \tan^2 \alpha}$$

auf (2.12) angewendet und (2.13) benutzt.

Die Angabe des Hauptachsenbezugssystems und der beiden Hauptspannungen legen den ebenen Spannungszustand vollständig fest und begründen den Begriff „zweiachsiger Spannungszustand".

Mit (2.9), (2.10) und (2.13) folgt noch die Beziehung

$$\sigma_u + \sigma_v = \sigma_x + \sigma_y = \sigma_1 + \sigma_2 \ , \tag{2.15}$$

in der die Summen offensichtlich invariant gegenüber dem Wechsel der Bezugssysteme sind und deshalb als Rechenkontrollen dienen können.

Die Beziehungen (2.9) bis (2.15) lassen sich in derselben Weise wie bei den Flächenmomenten zweiter Ordnung in der Statik mittels des MOHRschen Trägheitskreises, nach MOHR (1835–1918), veranschaulichen.

Beispiel 2.1
Gegeben ist die Scheibe unter reiner Schubbeanspruchung τ gemäß Bild 1.4d bzw. Bild 1.7. Gesucht sind die Hauptspannungen und -richtungen.
Lösung:
Nach Bild 1.7 und Bild 2.3a ist $\tau_{xy} = \tau$ sowie $\sigma_x = \sigma_y = 0$. Aus (2.13) folgt

$$\sigma_{1,2} = \pm\tau$$

und aus (2.14)

$$\tan \varphi_{01,2} = \frac{\tau}{-(\mp\tau)} = \pm 1$$

bzw.

$$\varphi_{01} = 45° \ , \quad \varphi_{02} = 135° \ .$$

Der reine Schubspannungszustand (auch als reiner Schub bezeichnet) ist also gemäß den Alternativen von Bild 2.5 angebbar.

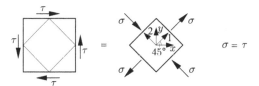

Bild 2.5. Alternative Beschreibungen des reinen Schubspannungszustandes

Ähnliches gilt auch für unterschiedliche Beschreibungen ein und desselben Verzerrungszustandes (siehe hierzu Bild 1.2 und Beispiel 2.3). $\qquad\square$

Abschließend seien noch die lokalen Kräftebilanzen des differenziellen Scheibenelementes im ebenen, örtlich veränderlichen Spannungszustand betrachtet. Hierfür benötigen wir den Begriff der partiellen Ableitung einer Funktion $z = f(x, y)$ von zwei unabhängigen Variablen x und y.
Bei Veränderung nur einer unabhängigen Variable, z.B. x um Δx, kann der Grenzwert des Differenzenquotienten der Funktion $z = f(x, y)$

$$\lim_{\Delta x \to 0} \frac{1}{\Delta x}\Big[f(x + \Delta x, y) - f(x, y)\Big] = \frac{\partial f(x, y)}{\partial x} = \frac{\partial f}{\partial x} = f_{,x} = z_{,x}$$

gebildet werden. Dieser Grenzwert stellt die partielle Ableitung der Funktion $z = f(x, y)$ nach x mit verschiedenen Schreibweisen dar. Die Differenziationsregeln für Funktionen von einer unabhängigen Variablen können übernommen werden, wobei nur die übrige Variable y als Konstante anzusehen ist. Die Erweiterung auf drei und mehr unabhängige Variable erfordert keine weiteren grundsätzlichen Überlegungen.

In den lokalen Kräftebilanzen soll die Wirkung der Volumenkräfte f_x und f_y (Bild 2.6) mit einbezogen werden. Ähnlich wie beim Stab in Bild 1.14 bekommt die Schnittkraft $\sigma_x b dy$ beim Fortschreiten um dx den Zuwachs

$$\frac{\partial(\sigma_x b dy)}{\partial x} dx = b dy \frac{\partial \sigma_x}{\partial x} dx \ ,$$

wobei das partielle Ableitungssymbol $\partial()/\partial x$ das Festhalten der y-Koordinate beinhaltet und die Konstanz des kartesischen Flächendifferenzials $b dy$ beim Ableiten berücksichtigt wurde. Entsprechend gewinnt die Kraft $\tau_{yx} b dx$ beim Fortschreiten um dy in der y-Richtung den Zuwachs

$$\frac{\partial(\tau_{yx} b dx)}{\partial y} dy = b dx \frac{\partial \tau_{yx}}{\partial y} dy \ .$$

Wegen der Ortsunabhängigkeit der kartesischen Flächendifferenziale $b dx$ und $b dy$ wurden in Bild 2.6 nur die Spannungen und ihre partiellen Differenziale eingetragen. Es empfiehlt sich aber bei Untersuchung des Kräftegleichgewichtes krummlinig beranderter Scheibenelemente oder bei veränderlicher Scheibendicke die Kräfte selbst in die Elementskizze einzutragen und damit die Veränderlichkeit der Flächenelemente bei der partiellen Ableitung schon im Bild mit zu erfassen. Dies wird am Beispiel von Polarkoordinaten im Kapitel 9 demonstriert.

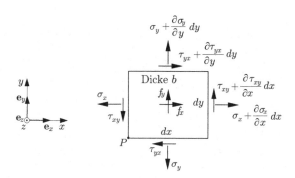

Bild 2.6. Zum Gleichgewicht des Scheibenelementes im ebenen Spannungszustand

In der horizontalen Kräftebilanz

$$\rightarrow: \quad -\sigma_x bdy + \sigma_x bdy + \frac{\partial \sigma_x}{\partial x} dxbdy$$

$$-\tau_{yx} bdx + \tau_{yx} bdx + \frac{\partial \tau_{yx}}{\partial y} dybdx + f_x bdxdy = 0$$

verbleiben nach Herauskürzen des gemeinsamen Faktors $bdxdy$ nur die Volumenkraft f_x und die partiellen Ableitungen der beiden Spannungen σ_x, τ_{yx} in der Form

$$\frac{\partial \sigma_x}{\partial x} + \frac{\partial \tau_{yx}}{\partial y} + f_x = 0 \; . \tag{2.16a}$$

Das Ergebnis der obigen Überlegungen für die y-Richtung lautet

$$\frac{\partial \tau_{xy}}{\partial x} + \frac{\partial \sigma_y}{\partial y} + f_y = 0 \; . \tag{2.16b}$$

Die beiden Gleichungen (2.16) sind lokale Kräftebilanzen. An dieser Stelle sei darauf verwiesen, dass im kinetischen Fall beschleunigter Bewegungen die Erweiterung von (2.16) nur die Berücksichtigung von Trägheitsanteilen in den Volumenkräften erfordert (s. Abschnitt 12.5).

Beide lokalen Kräftebilanzen (2.16) und die lokale Momentenbilanz (2.5) enthalten, wie bereits in Abschnitt 1.2 gefordert, keine Einzellasten.

In der Momentenbilanz, z. B. um P ausgeführt, haben die partiellen Spannungsableitungen und die Volumenkräfte keinen Einfluss. Die Symmetriebedingung (2.5) bleibt also sowohl in der Statik als auch in der Kinetik gültig. Sie sorgt für die Kopplung zwischen (2.16a) und (2.16b).

Die beiden als lineare inhomogene partielle Differenzialgleichungen einzuordnenden Beziehungen (2.16) enthalten die drei Unbekannten σ_x, σ_y und τ_{xy}. Deshalb ist das Gleichungssystem (2.16) einfach statisch unbestimmt. Diese Unbestimmtheit kann durch Hinzunahme von Gleichungen für die Verformungskinematik und das Materialverhalten beseitigt werden. Darüber hinaus sind die Gleichungen (2.16) durch statische Rand- oder Sprungbedingungen zu ergänzen, die Angaben über den Spannungsvektor betreffen (vgl. Kapitel 12).

2.3 Dreiachsiger Spannungszustand

Im allgemeinen Fall ist von einem dreiachsigen oder räumlichen Spannungszustand auszugehen. Die Erweiterung der Anordnung von Bild 2.3a führt auf das quaderförmige differenzielle Volumenelement im Bild 2.7.

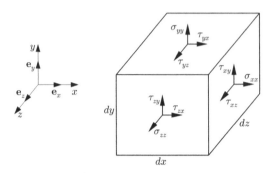

Bild 2.7. Kartesisches Quaderelement im räumlichen Spannungszustand

Die drei sichtbaren Koordinatenflächen sind durch glatt verteilte Spannungsvektoren belastet, die mittels ihrer Koordinatentripel

$$\left(\sigma_{xx}, \tau_{xy}, \tau_{xz}\right) , \quad \left(\tau_{yx}, \sigma_{yy}, \tau_{yz}\right) , \quad \left(\tau_{zx}, \tau_{zy}, \sigma_{zz}\right)$$

bezüglich der kartesischen Basis $\mathbf{e}_x$, $\mathbf{e}_y$, $\mathbf{e}_z$ beschrieben werden. Auf den
Rückseiten liegen die entgegengesetzt gleich großen Flächenkräfte vor.
Ähnlich wie in Abschnitt 2.2 fragen wir nach dem Zusammenhang zwischen
dem Spannungsvektor an einem beliebig orientierten Flächenelement mit der
Einheitsnormalen $\mathbf{n}$ und den Spannungsvektoren an fest orientierten Koordinatenflächenelementen eines freigeschnittenen Tetraeders (Bild 2.8). Ersterer
ist in Bild 2.8 als $\mathbf{t}$ eingetragen. Für ihn werden zwei Komponentenzerle-
gungen benutzt, eine bezüglich der Basis $\mathbf{e}_x, \mathbf{e}_y, \mathbf{e}_z$ und die andere bezüglich
des Normaleneinheitsvektors $\mathbf{n}$ sowie des tangentialen Einheitsvektors $\mathbf{s}$ des
Flächenelementes dA. Die Zerlegungen sind

$$\mathbf{t} = t_x\mathbf{e}_x + t_y\mathbf{e}_y + t_z\mathbf{e}_z = \sigma\mathbf{n} + \tau\mathbf{s} , \tag{2.17}$$

wobei σ wieder eine Normalspannung und τ eine Schubspannung bezeichnen. Von den Spannungsvektoren an den Koordinatenflächenelementen liegt
bereits die Koordinatendarstellung vor.
Die Inhalte der Flächenelemente in den Koordinatenebenen ergeben sich als
Projektionen des geneigten Flächenelementes dA auf die Koordinatenebenen
aus

$$
\begin{aligned}
dA_x &= dA\cos(\mathbf{n}, \mathbf{e}_x) = n_x dA , \\
dA_y &= dA\cos(\mathbf{n}, \mathbf{e}_y) = n_y dA , \\
dA_z &= dA\cos(\mathbf{n}, \mathbf{e}_z) = n_z dA ,
\end{aligned}
\tag{2.18}
$$

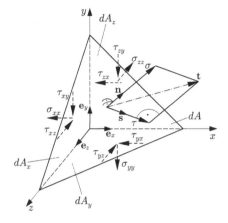

Bild 2.8. Zur Darstellung des Spannungsvektors

wobei

$$\mathbf{n} = n_x \mathbf{e}_x + n_y \mathbf{e}_y + n_z \mathbf{e}_z \qquad (2.19)$$

gilt und $(\mathbf{n}, \mathbf{e}_k)$, $k = x, y, z$ den Winkel zwischen dem Normalenvektor $\mathbf{n}$ und dem Basisivektor $\mathbf{e}_k$ bezeichnet.

Die Kräftebilanz für das Tetraeder, in der ähnlich wie in Abschnitt 2.2 Volumenkräfte weggelassen werden können, führt mit der linken Gleichung von (2.17) und gemäß Bild 2.8 auf

$$\leftarrow : \quad -t_x dA + \sigma_{xx} dA_x + \tau_{yx} dA_y + \tau_{zx} dA_z = 0 \ ,$$
$$\downarrow : \quad -t_y dA + \tau_{xy} dA_x + \sigma_{yy} dA_y + \tau_{zy} dA_z = 0 \ , \qquad (2.20)$$
$$\nearrow : \quad -t_z dA + \tau_{xz} dA_x + \tau_{yz} dA_y + \sigma_{zz} dA_z = 0 \ .$$

Hieraus entsteht unter Benutzung von (2.18)

$$t_x = \sigma_{xx} n_x + \tau_{yx} n_y + \tau_{zx} n_z \ ,$$
$$t_y = \tau_{xy} n_x + \sigma_{yy} n_y + \tau_{zy} n_z \ , \qquad (2.21)$$
$$t_z = \tau_{xz} n_x + \tau_{yz} n_y + \sigma_{zz} n_z \ .$$

Diese Beziehungen, die auf CAUCHY (1789–1857) zurückgehen, stellen den angekündigten Zusammenhang zwischen den auf die Basis $\mathbf{e}_x, \mathbf{e}_y, \mathbf{e}_z$ bezogenen kartesischen Koordinaten des an einem beliebig orientierten Schnittflächenelement $\mathbf{n} dA$ wirkenden Spannungsvektors $\mathbf{t}$ und den kartesischen Koordinaten der Spannungsvektoren an den kartesischen Koordinatenflächenelementen dar. Im ebenen Spannungszustand gemäß (2.3) entfallen die z-indizierten Terme.

Bezüglich des Momentengleichgewichts des Quaders von Bild 2.7 gelten in Verallgemeinerung von (2.5) die Symmetriebedingungen

$$\tau_{xy} = \tau_{yx} , \quad \tau_{xz} = \tau_{zx} , \quad \tau_{yz} = \tau_{zy} . \tag{2.22}$$

Der räumliche Spannungszustand ist demnach durch sechs unabhängige Angaben bestimmt, die in der symmetrischen Matrix

$$\left(\sigma_{kl} \right) = \begin{pmatrix} \sigma_{xx} & \tau_{xy} & \tau_{xz} \\ \tau_{yx} & \sigma_{yy} & \tau_{yz} \\ \tau_{zx} & \tau_{zy} & \sigma_{zz} \end{pmatrix}$$

angeordnet werden können. Diese Angaben stellen wie im ebenen Fall die Koordinaten des Spannungstensors dar. Es entstehen auch hier keine Missverständnisse, wenn die doppelten Indizes an den Normalspannungen durch einfache ersetzt werden, d. h. wir benutzen künftig die Schreibweise $\sigma_{xx} = \sigma_x$, $\sigma_{yy} = \sigma_y$ und $\sigma_{zz} = \sigma_z$.

Analog zum ebenen Fall kann auch ein und derselbe räumliche Spannungszustand bezüglich verschiedener gegeneinander räumlich gedrehter Vektorbasen beschrieben werden. Die Spannungstensorkoordinaten in Bezug auf die alte Vektorbasis und die Spannungstensorkoordinaten in Bezug auf die neue, gedrehte Vektorbasis hängen über Gleichungen voneinander ab, die den Beziehungen (2.6) bis (2.8) ähneln und in der weiterführenden Literatur zu finden sind.

Im Folgenden schränken wir den Spannungsvektor **t** so ein, dass er normal zum schrägen Schnittflächenelement wirken soll, und geben seine Koordinatendarstellung unter Nutzung von (2.17) und (2.19) an:

$$\mathbf{t} = t_x \mathbf{e}_x + t_y \mathbf{e}_y + t_z \mathbf{e}_z = \sigma \mathbf{n} = \sigma n_x \mathbf{e}_x + \sigma n_y \mathbf{e}_y + \sigma n_z \mathbf{e}_z \tag{2.23}$$

bzw.

$$t_x = \sigma n_x , \quad t_y = \sigma n_y , \quad t_z = \sigma n_z . \tag{2.24}$$

Einsetzen von (2.24) in (2.21) ergibt ein lineares homogenes Gleichungssystem für die unbekannten Richtungskosinus n_x, n_y und n_z, das unter Benutzung von (2.22) in der Form

$$\begin{aligned} (\sigma_x - \sigma)n_x + & \quad \tau_{xy} n_y + & \quad \tau_{xz} n_z = 0 , \\ \tau_{yx} n_x + (\sigma_y - \sigma)n_y + & \quad \tau_{yz} n_z = 0 , \\ \tau_{zx} n_x + & \quad \tau_{zy} n_y + (\sigma_z - \sigma)n_z = 0 \end{aligned} \tag{2.25}$$

geschrieben werden kann.

Die notwendige Bedingung für nichttriviale Lösungen von (2.25) besteht im
Verschwinden der Koeffizientendeterminante

$$\begin{vmatrix} \sigma_x - \sigma & \tau_{xy} & \tau_{xz} \\ \tau_{yx} & \sigma_y - \sigma & \tau_{yz} \\ \tau_{zx} & \tau_{zy} & \sigma_z - \sigma \end{vmatrix} = 0 \; . \tag{2.26}$$

Ohne Beweis sei festgestellt, dass die in (2.26) ausgedrückte Polynomglei-
chung dritten Grades

$$-\sigma^3 + (\sigma_x + \sigma_y + \sigma_z)\sigma^2 - (\sigma_x\sigma_y + \sigma_x\sigma_z + \sigma_y\sigma_z - \tau_{xy}^2 - \tau_{xz}^2 - \tau_{yz}^2)\sigma$$

$$+ \begin{vmatrix} \sigma_x & \tau_{xy} & \tau_{xz} \\ \tau_{yx} & \sigma_y & \tau_{yz} \\ \tau_{zx} & \tau_{zy} & \sigma_z \end{vmatrix} = 0 \tag{2.27}$$

wegen der Symmetrie der Koeffizientenmatrix von (2.26) drei reelle Lösungen
besitzt. Diese drei Lösungen (Wurzeln) sind die Eigenwerte σ_i, $i = 1, 2, 3$ oder
Hauptwerte des Spannungstensors und heißen Hauptspannungen.

Die drei Eigenwerte seien verschieden. Dann erzeugt jeder dieser Eigenwerte
mit (2.25) ein homogenes Gleichungssystem für die drei Koordinaten des
zum jeweiligen Eigenwert gehörenden Eigenvektors. Für $i = 1$ lautet das
Gleichungssystem der zu bestimmenden Eigenvektorkoordinaten

$$\begin{aligned} (\sigma_x - \sigma_1)n_{1x} + & \tau_{xy}n_{1y} + & \tau_{xz}n_{1z} = 0 \; , \\ \tau_{yx}n_{1x} + (\sigma_y - \sigma_1)n_{1y} + & \tau_{yz}n_{1z} = 0 \; , \\ \tau_{zx}n_{1x} + & \tau_{zy}n_{1y} + (\sigma_z - \sigma_1)n_{1z} = 0 \; . \end{aligned} \tag{2.28}$$

In (2.28) sind genau zwei Gleichungen linear unabhängig. Mittels dieser Gleichungen lassen sich zwei Eigenvektorkoordinaten durch die dritte ausdrücken.
Der aus (2.28) folgende Eigenvektor

$$\mathbf{n}_1 = n_{1x}\mathbf{e}_x + n_{1y}\mathbf{e}_y + n_{1z}\mathbf{e}_z \; , \tag{2.29}$$

der die Richtung einer Hauptachse hat, besitzt zunächst eine unbestimmte
Länge, die durch die Normierungsbedingung

$$|\mathbf{n}_1| = n_{1x}^2 + n_{1y}^2 + n_{1z}^2 = 1 \tag{2.30}$$

festgelegt wird, so dass n_{1x}, n_{1y} und n_{1z} die Richtungskosinus von $\mathbf{n}_1$ darstellen.

Die Wiederholung der Prozedur (2.28), (2.30) für $i = 2, 3$ führt auf die
verbleibenden Eigenvektoren $\mathbf{n}_2$ und $\mathbf{n}_3$. Diese können in einem Rechtssystem, dem Hauptachsenbezugssystem, angeordnet werden. Ihre Richtungsko-
sinus bilden dann eine eigentlich orthogonale Matrix. Diese Matrix beschreibt

die räumliche Drehung des Hauptachsenbezugssystems gegenüber dem Ausgangssystem. Die zu den Hauptachsen senkrechten Ebenen heißen Hauptebenen.

Bei einer Doppelwurzel von (2.27) bestimmen die dazugehörigen Eigenvektoren eine Ebene, die senkrecht zum Eigenvektor der dritten Wurzel von (2.27) angeordnet ist. Die beiden Eigenvektoren der Doppelwurzel können so gewählt werden, dass sie zusammen mit dem dritten Eigenvektor ein kartesisches Rechtssystem bilden (Orthonormierung).

Entsteht das Hauptachsenbezugssystem durch Drehung um nur eine Koordinatenachse des Ausgangsbezugssystems, wobei diese Koordinatenachse schon eine Hauptachse ist, so führt die erläuterte Vorschrift zur Berechnung der Hauptspannungen und -richtungen auf die speziellen Formeln (2.12) bis (2.14).

Verschwindet eine Hauptspannung, so liegt ein ebener Spannungszustand vor. Umgekehrt geht der ebene Spannungszustand immer mit dem Verschwinden einer Hauptspannung einher. Ein einachsiger Spannungszustand ist gegeben, wenn zwei Hauptspannungen null sind. Drei gleiche Hauptspannungen charakterisieren den hydrostatischen Spannungszustand, bei dem jedes orthogonale Bezugssystem Hauptachsensystem ist.

Mit Kenntnis der Hauptspannungen lässt sich (2.27) nach den Regeln der Algebra auch als

$$-(\sigma - \sigma_1)(\sigma - \sigma_2)(\sigma - \sigma_3) = -\sigma^3 + (\sigma_1 + \sigma_2 + \sigma_3)\sigma^2$$
$$-(\sigma_1\sigma_2 + \sigma_1\sigma_3 + \sigma_2\sigma_3)\sigma + \sigma_1\sigma_2\sigma_3 = 0 \qquad (2.31)$$

schreiben. Die Koeffizienten von (2.27) und (2.31) legen dasselbe Polynom fest. Sie sind offensichtlich nicht vom Wechsel des Bezugs vom x, y, z-System auf das Hauptachsensystem betroffen und heißen deshalb Invarianten des Spannungstensors.

Ohne Beweis sei noch die maximale Schubspannung τ_{max} angegeben, deren Definition für σ_k und σ_l mit $k \neq l$ durch

$$\tau_{\mathrm{max}} = \frac{1}{2}|\sigma_k - \sigma_l|_{\mathrm{max}} , \qquad k, l = 1, 2, 3 \qquad (2.32)$$

bzw.

$$\tau_{\mathrm{max}} = \frac{1}{2}(\sigma_1 - \sigma_3) , \qquad \sigma_1 \geq \sigma_2 \geq \sigma_3 \qquad (2.33)$$

gegeben ist, wobei die Hauptspannungen der Größe nach geordnet sind. Die maximale Schubspannung wirkt in Ebenen, die jeweils eine Neigung von je 45° gegenüber den Hauptachsen 1 und 3 besitzen.

Die Hauptspannungen und die maximale Schubspannung haben Bedeutung für die Beurteilung der Festigkeit von Bauteilen (vgl. Kapitel 6).

Das oben erläuterte Eigenwertproblem des Spannungstensors ist identisch mit dem Eigenwertproblem symmetrischer quadratischer Matrizen.

Beispiel 2.2

Bei der Berechnung eines Bauteiles wurde der räumliche Spannungszustand mit den Zahlenwerten $\sigma_x = 100$ MPa, $\sigma_y = 80$ MPa, $\sigma_z = 90$ MPa, $\tau_{xy} = 0$, $\tau_{xz} = 20$ MPa und $\tau_{yz} = 20$ MPa ermittelt (vgl. a. Bild 2.7). Gesucht sind die Hauptspannungen und -richtungen sowie die maximale Schubspannung.

Lösung:

In der Eigenwertgleichung (2.27) wird der normierte Eigenwert $\bar{\sigma}$ mittels $\sigma = \bar{\sigma} \cdot 10$ MPa eingeführt, so dass

$$-\bar{\sigma}^3 + 27\bar{\sigma}^2 - 234\bar{\sigma} + 648 = 0$$

mit den Lösungen $\bar{\sigma}_1 = 12$, $\bar{\sigma}_2 = 9$ und $\bar{\sigma}_3 = 6$ folgt. Die Hauptspannungen sind dann $\sigma_1 = 120$ MPa, $\sigma_2 = 90$ MPa und $\sigma_3 = 60$ MPa.

Aus den gegebenen Spannungswerten und der ersten Hauptspannung σ_1 ergibt sich mit (2.28) das homogene Gleichungssystem zur Bestimmung der Richtungskosinus n_{1x}, n_{1y} und n_{1z} des Eigenvektors $\mathbf{n}_1$ der ersten Hauptrichtung

$$-2n_{1x} \qquad\quad +2n_{1z} = 0 \ ,$$
$$-4n_{1y} + 2n_{1z} = 0 \ ,$$
$$2n_{1x} + 2n_{1y} - 3n_{1z} = 0 \ .$$

Diese Gleichungen liefern $n_{1x} = n_{1z}$ und $n_{1y} = n_{1z}/2$. Die Normierungsbedingung (2.30) ergibt

$$n_{1x}^2 + n_{1y}^2 + n_{1z}^2 = \frac{9}{4} n_{1z}^2 = 1$$

bzw. $n_{1x} = 2/3$, $n_{1y} = 1/3$ und $n_{1z} = 2/3$.

Analoge Rechnungen für σ_2 und σ_3 führen auf $n_{2x} = -2/3$, $n_{2y} = 2/3$ und $n_{2z} = 1/3$ bzw. $n_{3x} = -1/3$, $n_{3y} = -2/3$ und $n_{3z} = 2/3$. Die Normierung der Eigenvektoren wurde so realisiert, dass die Eigenvektoren $\mathbf{n}_1$, $\mathbf{n}_2$ und $\mathbf{n}_3$ der Hauptrichtungen ein Rechtssystem bilden.

Die maximale Schubspannung beträgt nach (2.32) bzw. (2.33)

$$\tau_{\max} = \frac{1}{2}(\sigma_1 - \sigma_3) = 30 \text{ MPa} \ .$$

$\square$

Es sei noch erwähnt, dass zur Untersuchung inhomogener dreiachsiger Spannungszustände und bei Berücksichtigung von beliebigen Volumenkräften einschließlich Trägheitsanteilen die Anordnung aus Bild 2.6 um Terme bezüglich der z-Richtung erweitert werden muss. Das Kräftegleichgewicht führt dann auf drei Gleichungen anstelle von (2.16a) und (2.16b) sowie in den dazugehörigen statischen Randbedingungen für den Spannungsvektor auf die Berücksichtigung einer z-Komponente (s. Kapitel 12). Die Symmetrie (2.22) des Spannungstensors als Ausdruck der Erfüllung der Momentenbilanz bleibt bestehen.

An dieser Stelle ist zu bemerken, dass die mitunter anzutreffenden, durch die Punktmechanik inspirierten kugelförmigen Massen- bzw. Volumenelemente anstelle der durch Koordinatenflächen wie in Bild 2.7 abgegrenzten Elemente für die obigen Betrachtungen ungeeignet sind. Denn sie hinterlassen auch bei noch so geringen Abmessungen in dichtester Packung Lücken, die im Widerspruch zu der mit dem Körperbegriff eingeführten Kontinuumsannahme stehen, und die Erfüllung ihres Momentengleichgewichtes bleibt offen (s. a. Kapitel 12).

2.4 Verschiebungen und Verzerrungen

Wird ein Körper belastet, so verformt er sich. Dabei werden die Körperpunkte in Abhängigkeit von ihrem Ort verschoben. Die Verschiebungen aller Körperpunkte bilden den Verschiebungszustand des Körpers, auch als Verschiebungsfeld bezeichnet. Ortsveränderliche Verschiebungsfelder verursachen i. Allg. Verzerrungen des Körpers. Die Verzerrungen gehen gemeinsam mit den Spannungen in die Materialgleichungen ein. Es werden deshalb Definitionsgleichungen für die Verzerrungen benötigt, die kinematischer (auch geometrischer) Natur sind.

Zur Berechnung des kinematischen Zusammenhangs zwischen dem Verschiebungsfeld der Körperpunkte und den daraus folgenden Verzerrungen betrachten wir ein kartesisches Volumenelement des Körpers. Von einer in der x, y-Ebene liegenden Fläche dieses elementaren Quaders sind in Bild 2.9 die materiellen Seitenlinien AB und AC eingezeichnet.

Zunächst werde der Quader nur parallel zur x, y-Ebene bewegt. Dabei wird der anfänglich bei $A(x, y)$ befindliche Körperpunkt an den Ort A' verschoben. Der entsprechende Verschiebungsvektor ergibt sich als Funktion der beiden unabhängigen Ortskoordinaten x und y der Ausgangslage A des Körperpunktes zu

$$\mathbf{u}(x, y) = \mathbf{r}_{A'} - \mathbf{r}_A = u_x(x, y)\mathbf{e}_x + u_y(x, y)\mathbf{e}_y \; . \tag{2.34}$$

In Bild 2.9 wurde der Vektor $\mathbf{u}$ zur Vereinfachung ohne die Argumente x und y eingetragen.

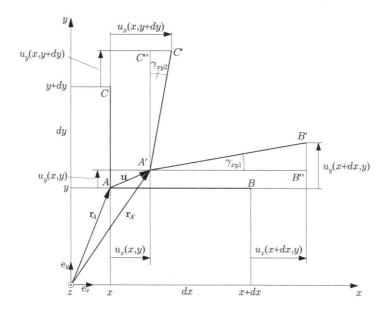

Bild 2.9. Zur Berechnung der Verzerrungen

Infolge ebener Verzerrung des Quaderelemetes wird der in der Ausgangsanordnung um dx vom Körperpunkt bei A entfernte Körperpunkt bei B nach B' verschoben. Der dabei erzeugte Winkel γ_{xy1} zwischen der materiellen Seitenlinie im verzerrten Zustand $A'B'$ und im Ausgangszustand AB sei hinreichend klein, $|\gamma_{xy1}| \ll 1$. Dann ist näherungsweise $\overline{A'B'} \approx \overline{A'B''}$, und die Dehnung des mit seinen Enden ursprünglich in den Punkten A und B befindlichen materiellen Längenelementes dx ergibt sich analog zu (1.31) und mit $u_x(x + dx, y) = u_x(x, y) + \frac{\partial u_x(x,y)}{\partial x} dx$ in der Form

$$\varepsilon_{xx} = \frac{\overline{A'B''} - \overline{AB}}{\overline{AB}} = \frac{1}{dx}\left[dx + u_x(x+dx,y) - u_x(x,y) - dx\right] = \frac{\partial u_x}{\partial x} \ , \quad (2.35)$$

wobei das Symbol $\partial()/\partial x$ wieder die partielle Ableitung für festgehaltenes y bezeichnet und der Doppelindex xx auf die Form der rechten Seite in (2.35) Bezug nimmt.

Eine ähnliche Überlegung bezüglich des materiellen Elementes dy führt auf

$$\varepsilon_{yy} = \frac{\partial u_y}{\partial y} \ . \quad (2.36)$$

Wir setzen auch $|\varepsilon_{xx}|$, $|\varepsilon_{yy}| \ll 1$ voraus. Für $|\gamma_{xy1}| \ll 1$ gilt dann in derselben Näherungsordnung mit $\overline{A'B''} \approx dx$ noch

$$\gamma_{xy1} = \frac{\overline{B'B''}}{\overline{A'B''}} = \frac{1}{dx}\left[u_y(x+dx,y) - u_y(x,y)\right] = \frac{\partial u_y}{\partial x} \qquad (2.37)$$

und analog

$$\gamma_{xy2} = \frac{\partial u_x}{\partial y} . \qquad (2.38)$$

Das verzerrte materielle Zweibein $A'B' - A'C'$ weicht deshalb um die Schubverzerrung

$$\gamma_{xy} = \gamma_{xy1} + \gamma_{xy2} = \frac{\partial u_x}{\partial y} + \frac{\partial u_y}{\partial x} \qquad (2.39)$$

vom ursprünglich rechten Winkel ab.

Bei einer räumlichen Verzerrung des Körpers ist das materielle Zweibein $AB - AC$ aus Bild 2.9 um einen dritten Schenkel in z-Richtung AD zu ergänzen und die Abhängigkeit aller Verschiebungsvektorkoordinaten u_x, u_y und u_z von den unabhängigen Ortsvariablen x, y und z zu beachten. Für analoge Näherungen wie oben bleiben die Formeln (2.35), (2.36) und (2.39) erhalten. Es kommen noch eine Dehnung in z-Richtung ε_{zz} sowie zwei Schubverzerrungen γ_{xz} bzw. γ_{yz} in den Ebenen $x - z$ bzw. $y - z$ hinzu, so dass sich schließlich insgesamt drei Dehnungen

$$\varepsilon_{xx} = \frac{\partial u_x}{\partial x} , \quad \varepsilon_{yy} = \frac{\partial u_y}{\partial y} , \quad \varepsilon_{zz} = \frac{\partial u_z}{\partial z} , \quad |\varepsilon_{xx}|, |\varepsilon_{yy}|, |\varepsilon_{zz}| \ll 1 \qquad (2.40)$$

und drei Schubverzerrungen

$$\gamma_{xy} = \frac{\partial u_x}{\partial y} + \frac{\partial u_y}{\partial x} , \quad \gamma_{xz} = \frac{\partial u_x}{\partial z} + \frac{\partial u_z}{\partial x} , \quad \gamma_{yz} = \frac{\partial u_y}{\partial z} + \frac{\partial u_z}{\partial y} , \qquad (2.41)$$

$$|\gamma_{xy}|, |\gamma_{xz}|, |\gamma_{yz}| \ll 1$$

ergeben.

Die Dehnungen (2.40) und Schubverzerrungen (2.41) lassen sich mit der Definition

$$\varepsilon_{kl} = \frac{1}{2}\gamma_{kl} , \quad k \neq l \qquad (2.42)$$

und der Indexvereinbarung $x_x = x$, $x_y = y$, $x_z = z$ zu den Maßzahlen oder Koordinaten des so genannten Verzerrungstensors

$$\varepsilon_{kl} = \frac{1}{2}\left(\frac{\partial u_k}{\partial x_l} + \frac{\partial u_l}{\partial x_k}\right) , \quad k,l = x,y,z \qquad (2.43)$$

zusammenfassen. Die Verzerrungen (2.43), welche den Verzerrungszustand eindeutig festlegen, werden auch häufig in der Matrixform

$$
\left(\varepsilon_{kl}\right) =
\begin{pmatrix}
\varepsilon_{xx} & \varepsilon_{xy} & \varepsilon_{xz} \\
\varepsilon_{yx} & \varepsilon_{yy} & \varepsilon_{yz} \\
\varepsilon_{zx} & \varepsilon_{zy} & \varepsilon_{zz}
\end{pmatrix}
=
\begin{pmatrix}
\varepsilon_x & \frac{1}{2}\gamma_{xy} & \frac{1}{2}\gamma_{xz} \\
\frac{1}{2}\gamma_{yx} & \varepsilon_y & \frac{1}{2}\gamma_{yz} \\
\frac{1}{2}\gamma_{zx} & \frac{1}{2}\gamma_{zy} & \varepsilon_z
\end{pmatrix}
$$

angegeben.

Die schon angesprochene Kleinheit der Beträge $|\varepsilon_{kl}|$ in (2.43) garantieren wir durch die Bedingung $|\partial u_k/\partial x_l| \ll 1$ für die Verschiebungsgradienten. Die vorgenommene Näherung erlaubt auch die Vernachlässigung der hier nicht erklärten lokalen Starrkörperrotationen, welche z. B. für das Knicken schlanker Stäbe bedeutsam sind (s. Abschnitt 8.3). Sie stellt eine geometrische Linearisierung dar.

Der Verzerrungstensor (2.43) besitzt dieselben mathematischen Eigenschaften wie der Spannungstensor. Er ist offensichtlich symmetrisch, d. h. seine Koordinaten genügen der Bedingung

$$\varepsilon_{kl} = \varepsilon_{lk} \ , \tag{2.44}$$

so dass in den neun kinematischen (auch geometrischen) Beziehungen (2.43) nur sechs unabhängig sind.

Die Transformation der Verzerrungstensorkoordinaten bei Drehung des Bezugssystems erfolgt nach denselben Gleichungen wie beim Spannungstensor. Beispielsweise ergeben sich im ebenen Fall, der durch das Verschwinden einer Hauptdehnung definiert ist, beim Wechsel vom kartesischen x, y-System auf das kartesische u, v-System in der schon festgelegten Hauptebene nach Bild 2.3 die Transformationsgleichungen

$$\varepsilon_u = \frac{1}{2}(\varepsilon_x + \varepsilon_y) + \frac{1}{2}(\varepsilon_x - \varepsilon_y)\cos 2\varphi + \frac{1}{2}\gamma_{xy}\sin 2\varphi \ , \tag{2.45}$$

$$\varepsilon_v = \frac{1}{2}(\varepsilon_x + \varepsilon_y) - \frac{1}{2}(\varepsilon_x - \varepsilon_y)\cos 2\varphi - \frac{1}{2}\gamma_{xy}\sin 2\varphi \ , \tag{2.46}$$

$$\gamma_{uv} = -(\varepsilon_x - \varepsilon_y)\sin 2\varphi + \gamma_{xy}\cos 2\varphi \ , \tag{2.47}$$

in denen die Definition (2.42) und die Indexvereinfachung xx, yy, uu, $vv \rightarrow x, y, u, v$ eingesetzt wurden. Der Formalismus zur Bestimmung der Hauptwerte und -achsen kann vom Spannungstensor allein durch Austausch der Bezeichnungen unter Beachtung von (2.42) vollständig übernommen werden. Nach Sortierung der Hauptdehnungen in der Anordnung

$$\varepsilon_1 \geq \varepsilon_2 \geq \varepsilon_3 \tag{2.48}$$

ergibt sich die maximale Schubverzerrung analog zur maximalen Schubspannung bis auf den Faktor $1/2$ aus

$$\gamma_{\max} = \varepsilon_1 - \varepsilon_3 \; . \tag{2.49}$$

Besonders erwähnt sei die erste Invariante e des Verzerrungstensors

$$e = \varepsilon_{xx} + \varepsilon_{yy} + \varepsilon_{zz} = \varepsilon_1 + \varepsilon_2 + \varepsilon_3 \; . \tag{2.50}$$

Sie liefert die auf das Ausgangsvolumen V_0 bezogene Änderung des Volumens $V - V_0$, wie die homogene Dehnung eines Quaders mit den Kantenlängen l_1, l_2 und l_3 zeigt. Es gilt zunächst

$$\begin{aligned}
\frac{V - V_0}{V_0} &= \frac{l_1(1 + \varepsilon_1)l_2(1 + \varepsilon_2)l_3(1 + \varepsilon_3) - l_1 l_2 l_3}{l_1 l_2 l_3} \\
&= (1 + \varepsilon_1)(1 + \varepsilon_2)(1 + \varepsilon_3) - 1 \; .
\end{aligned}$$

Für $|\varepsilon_i| \ll 1$ und die daher erlaubte Vernachlässigung der nichtlinearen Terme ergibt sich

$$\frac{V - V_0}{V_0} \approx \varepsilon_1 + \varepsilon_2 + \varepsilon_3 = e \; . \tag{2.51}$$

Der Ausdruck (2.51) heißt Volumendehnung.

Abschließend wird nochmals darauf hingewiesen, dass für die im Gleichgewicht befindlichen Körper bei ihrer Bindung an eine feste Umgebung sowie wegen der vorausgesetzten sehr kleinen Dehnungen und Winkeländerungen die Ortskoordinaten der materiellen Körperpunkte in der Ausgangsposition näherungsweise auch zur Angabe der aktuellen Position benutzt werden dürfen (geometrische Linearisierung). Ausgenommen davon ist das Kapitel 8 über elastische Stabilitätsprobleme. Im Übrigen gehören zu den Differenzialgleichungen (2.43) noch kinematische (auch geometrisch genannte) Randbedingungen mit Angaben über die Verschiebungen (s. Kapitel 12).

Beispiel 2.3

Man betrachte das Bild 1.2 und bestimme den Zusammenhang zwischen der relativen Längenänderung $\varepsilon = \Delta l / l$ und der Abweichung vom rechten Winkel γ. Das Ergebnis ist mittels der Transformationsformeln (2.45) bis (2.47) zu überprüfen.

Lösung:

Aus Bild 1.2b kann

$$\tan\left(\frac{\pi}{4} - \frac{\gamma}{2}\right) = \frac{l/2 - \Delta l/2}{l/2 + \Delta l/2} = \frac{1 - \varepsilon}{1 + \varepsilon}$$

abgelesen werden. Das Additionstheorem für den Tangens liefert

$$\tan\left(\frac{\pi}{4} - \frac{\gamma}{2}\right) = \frac{\tan\frac{\pi}{4} - \tan\frac{\gamma}{2}}{1 + \tan\frac{\pi}{4}\tan\frac{\gamma}{2}} = \frac{1 - \tan\frac{\gamma}{2}}{1 + \tan\frac{\gamma}{2}}\,.$$

Wegen $|\gamma|, |\varepsilon| \ll 1$ gelten $\tan\gamma/2 \approx \gamma/2$, $(1+\gamma/2)^{-1} \approx 1-\gamma/2$ und $(1+\varepsilon)^{-1} \approx 1 - \varepsilon$. Daraus ergibt sich

$$\tan\left(\frac{\pi}{4} - \frac{\gamma}{2}\right) \approx \frac{1 - \gamma/2}{1 + \gamma/2} \approx (1 - \gamma/2)^2 \approx (1 - \varepsilon)^2$$

bzw. im Rahmen der geometrischen Linearisierung

$$\gamma = 2\varepsilon\,.$$

Für die Anwendung der Transformationsformeln (2.45) bis (2.47) sind zunächst gemäß Bild 1.2 die Beziehungen $\varepsilon_x = \varepsilon_1 = \varepsilon$, $\varepsilon_y = \varepsilon_2 = -\varepsilon$, $\gamma_{xy} = 0$ und $\varphi = \pi/4$ festzustellen. Diese führen auf $\varepsilon_u = 0$, $\varepsilon_v = 0$ und $\gamma_{uv} = -2\varepsilon = -\gamma$. Das Minuszeichen genügt der Tatsache, dass γ eine Verkleinerung des ursprünglich rechten Winkels in Bild 1.2 bezeichnet, ein durch die Achsen u, v gegebener rechter Winkel aber nach Bild 1.2b um γ vergrößert wird. $\square$

Das Beispiel 2.3 zeigt, dass wie im Fall des Spannungszustandes ein und derselbe Verzerrungszustand durch genau einen Verzerrungstensor festgelegt wird, wobei die Koordinaten des Verzerrungstensors, d. h. die Beschreibung des Verzerrungszustandes, in unterschiedlichen Bezugssystemen, hier x, y bzw. u, v, verschieden ausfallen (vgl. auch Beispiel 2.1).

Beispiel 2.4
Auf der Oberfläche eines ebenen Blechs befinden sich drei Dehnmessstreifen a, b und c mit den Richtungen nach Bild 2.10.

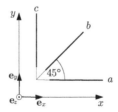

Bild 2.10. Dehnmessstreifenanordnung

Gesucht sind die Koordinaten des Verzerrungstensors bezüglich des x, y, z-Systems in Abhängigkeit von den gemessenen Dehnungen ε_a, ε_b und ε_c.
Lösung:
Aus Bild 2.10 können $\varepsilon_x = \varepsilon_a$ und $\varepsilon_y = \varepsilon_c$ abgelesen werden. Für ε_b ergibt

sich mit (2.45)

$$\varepsilon_b = \varepsilon_u = \frac{1}{2}(\varepsilon_x + \varepsilon_y) + \frac{1}{2}(\varepsilon_x - \varepsilon_y)\cos 90° + \frac{1}{2}\gamma_{xy}\sin 90°$$

und folglich

$$\varepsilon_{xy} = \frac{1}{2}\gamma_{xy} = \frac{1}{2}(2\varepsilon_b - \varepsilon_a - \varepsilon_c) \ .$$

Die restlichen Verzerrungstensorkoordinaten ε_z, ε_{zx} und ε_{zy} bleiben unbestimmt.   □

2.5 HOOKEsches Gesetz

Die bereits in Abschnitt 1.3 aus den Ergebnissen des Zugversuches gewonnenen linear-elastischen Materialgleichungen werden jetzt auf den dreiachsigen Spannungszustand verallgemeinert. Wir setzen weiterhin Isotropie, d. h. Richtungsunabhängigkeit, und Homogenität, d. h. Ortsunabhängigkeit, der Materialeigenschaften des Körpers voraus.

Zunächst liege ein einachsiger Spannungszustand σ vor (Bild 2.11a).

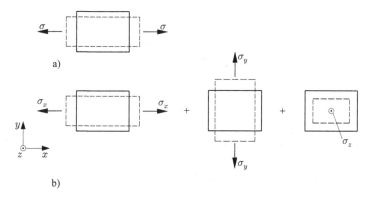

Bild 2.11. Zur Verallgemeinerung des HOOKEschen Gesetzes

Die Dehnung ε in Richtung der Spannung σ, die so genannte Längsdehnung, folgt mit dem schon aus (1.13) bekannten Elastizitätsmodul E zu

$$\varepsilon = \frac{\sigma}{E}$$

und die dazugehörige Querdehnung mit der Querkontraktionszahl ν nach (1.15) zu

$$\varepsilon_q = -\nu\varepsilon = -\nu\frac{\sigma}{E} \ .$$

Wird der Körper außer durch eine Längsspannung σ_x noch durch zwei Querspannungen σ_y und σ_z beansprucht (Bild 2.11b), so verringert sich die Längsdehnung in x-Richtung um die anteiligen Querdehnungen infolge der Längsdehnungen in y- bzw. z-Richtung, so dass

$$\varepsilon_x = \frac{1}{E}\sigma_x - \frac{\nu}{E}\sigma_y - \frac{\nu}{E}\sigma_z = \frac{1}{E}\big[\sigma_x - \nu(\sigma_y + \sigma_z)\big] \qquad (2.52)$$

entsteht. Dabei durften die anteiligen Terme wegen ihrer linearen Abhängigkeit von der Spannung addiert werden. Die Wiederholung der Überlegung für die y- und die z-Richtung liefert noch

$$\varepsilon_y = -\frac{\nu}{E}\sigma_x + \frac{1}{E}\sigma_y - \frac{\nu}{E}\sigma_z = \frac{1}{E}\big[\sigma_y - \nu(\sigma_x + \sigma_z)\big] , \qquad (2.53)$$

$$\varepsilon_z = -\frac{\nu}{E}\sigma_x - \frac{\nu}{E}\sigma_y + \frac{1}{E}\sigma_z = \frac{1}{E}\big[\sigma_z - \nu(\sigma_x + \sigma_y)\big] . \qquad (2.54)$$

Nach Addition der drei Dehnungen entsteht die Volumendehnung (2.50) in der Form

$$e = \varepsilon_x + \varepsilon_y + \varepsilon_z = \frac{1 - 2\nu}{E}(\sigma_x + \sigma_y + \sigma_z) . \qquad (2.55)$$

Sie ist also der Spannungssumme proportional. Mit ihrer Hilfe lässt sich die Umkehrung des Gleichungssystems (2.52) bis (2.54) als

$$\sigma_x = \frac{E}{1 + \nu}\Big[\big(1 + \frac{\nu}{1 - 2\nu}\big)\varepsilon_x + \frac{\nu}{1 - 2\nu}\varepsilon_y + \frac{\nu}{1 - 2\nu}\varepsilon_z\Big]$$
$$= \frac{E}{1 + \nu}\big(\varepsilon_x + \frac{\nu}{1 - 2\nu}e\big) , \qquad (2.56)$$

$$\sigma_y = \frac{E}{1 + \nu}\Big[\frac{\nu}{1 - 2\nu}\varepsilon_x + \big(1 + \frac{\nu}{1 - 2\nu}\big)\varepsilon_y + \frac{\nu}{1 - 2\nu}\varepsilon_z\Big]$$
$$= \frac{E}{1 + \nu}\big(\varepsilon_y + \frac{\nu}{1 - 2\nu}e\big) , \qquad (2.57)$$

$$\sigma_z = \frac{E}{1 + \nu}\Big[\frac{\nu}{1 - 2\nu}\varepsilon_x + \frac{\nu}{1 - 2\nu}\varepsilon_y + \big(1 + \frac{\nu}{1 - 2\nu}\varepsilon_z\big)\Big]$$
$$= \frac{E}{1 + \nu}\big(\varepsilon_z + \frac{\nu}{1 - 2\nu}e\big) \qquad (2.58)$$

schreiben. In den Gleichungssystemen (2.52) bis (2.54) und (2.56) bis (2.58) ist die bedeutsame Symmetrie der aus den Materialkonstanten gebildeten Koeffizientenmatrix zu erkennen.

Der Beanspruchungsfall reinen Schubes nach Bild 1.7 und Gleichung (1.16) wird auf die drei Ebenen xy, xz und yz angewendet:

$$\tau_{xy} = G\gamma_{xy} \ , \quad \tau_{xz} = G\gamma_{xz} \ , \quad \tau_{yz} = G\gamma_{yz} \ . \tag{2.59}$$

Alle drei Gleichungen enthalten als Materialkonstante denselben Schubmodul G.

Der noch zu beweisende Zusammenhang (1.17) zwischen den drei Materialkonstanten E, G und ν bleibt bestehen (s. Abschnitt 2.6).

Wie im Fall einachsiger Spannung müssen gegebenenfalls auch unter allgemeineren Bedingungen Wärmedehnungen berücksichtigt werden. Bei isotropem Material dürfen sie sich in den drei Hauptrichtungen des thermischen Verzerrungstensors nicht unterscheiden. Die drei gleichen Hauptwerte gelten in allen kartesischen Bezugssystemen. Temperaturänderungen erzeugen deshalb keine Schubverzerrungen. Dies demonstriert die selbstähnliche Vergrößerung eines kartesischen Netzes infolge Temperaturerhöhung um ΔT gemäß dem Bild 2.12.

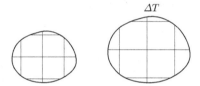

Bild 2.12. Verformung infolge Temperaturerhöhung

In Verallgemeinerung von (1.18) und (2.52) bis (2.54) ergibt sich damit

$$\varepsilon_x = \frac{1}{E}\big[\sigma_x - \nu(\sigma_y + \sigma_z)\big] + \alpha\Delta T \ ,$$

$$\varepsilon_y = \frac{1}{E}\big[\sigma_y - \nu(\sigma_x + \sigma_z)\big] + \alpha\Delta T \ , \tag{2.60}$$

$$\varepsilon_z = \frac{1}{E}\big[\sigma_z - \nu(\sigma_x + \sigma_y)\big] + \alpha\Delta T$$

oder aufgelöst nach den Normalspannungen mit (2.55)

$$\sigma_x = \frac{E}{1+\nu}\Big(\varepsilon_x + \frac{\nu}{1-2\nu}e\Big) - \frac{1}{1-2\nu}E\alpha\Delta T \ ,$$

$$\sigma_y = \frac{E}{1+\nu}\Big(\varepsilon_y + \frac{\nu}{1-2\nu}e\Big) - \frac{1}{1-2\nu}E\alpha\Delta T \ , \tag{2.61}$$

$$\sigma_z = \frac{E}{1+\nu}\Big(\varepsilon_z + \frac{\nu}{1-2\nu}e\Big) - \frac{1}{1-2\nu}E\alpha\Delta T \ .$$

Hier bezeichnet α wieder die Wärmedehnzahl. Die Beziehungen (2.59) bleiben bestehen.

2.6 Arbeit, Verzerrungsarbeit und -energie

Bei Belastung und Verformung von Körpern wird in den Körpern Arbeit verrichtet, die bei elastischem Materialverhalten in diesen gespeichert und während der Entlastung zurückgewonnen werden kann. Die Speicherung ist mit dem Begriff „Energie" verbunden. Arbeit und Energie stellen streng zu unterscheidende fundamentale Definitionen der Mechanik dar, deren Kenntnis für das theoretische Verständnis als auch für die Lösung praktischer Aufgaben wichtig ist (s. Kapitel 6 bis 8).

Die Arbeit W, die eine Kraft F während der Verschiebung längs eines Weges u verrichtet, beträgt bei gleichen Orientierungen von Kraft und Verschiebung definitionsgemäß

$$W = \int_0^u F(\bar{u})d\bar{u} \ . \tag{2.62}$$

Wirkt die Kraft F außerhalb des Zugstabes in Bild 2.13 und besitzt einen Angriffspunkt, der mit dem rechten Ende des Zugstabes zusammenfällt, so verrichtet sie an der Verschiebung u die äußere Arbeit W_a, welche sich mit (2.62) zu

$$W_a = \int_0^u F(\bar{u})d\bar{u} \tag{2.63}$$

ergibt.

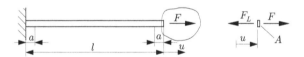

Bild 2.13. Zur Berechnung der Arbeit am Zugstab

Die Längsdehnung des Zugstabes geht einher mit einer nach Bild 2.13 ortsunabhängigen, im Inneren des Stabes wirkenden Kraft, der Längskraft F_L. Die Längskraft verrichtet an der Verschiebung u des rechten Zugstabendes (Bild 2.13) die innere Arbeit

$$W_i = - \int_0^u F_L(\bar{u})d\bar{u} \ . \tag{2.64}$$

Das Minuszeichen entsteht, weil die Längskraft F_L am freigeschnittenen rechten Zugstabende entgegengesetzt zur Wegkoordinate u gerichtet ist. Es wird bei der Definition der inneren Arbeit in anderen Darstellungen mitunter weggelassen. Dies bedingt dann ein Pluszeichen zwischen innerer Arbeit und Potenzial der inneren Lasten anstelle des Minuszeichens (s. u. (2.70)). Befindet sich das rechte Zugstabende während der Lastaufbringung immer im Gleichgewicht, d. h.

$$F(u) = F_L(u) \ , \qquad (2.65)$$

so folgt die Identität

$$W_a = \int\limits_0^u F(\bar{u}) d\bar{u} = \int\limits_0^u F_L(\bar{u}) d\bar{u} = -W_i \ . \qquad (2.66)$$

Für die Berechnung der inneren Arbeit setzen wir eine hinreichende Schlankheit und homogene linear-elastische Materialeigenschaften des Zugstabes voraus. Die Störung des Spannungs- und Verzerrungszustandes im Einspann- und Krafteinleitungsbereich mit der Abklinglänge $a \ll l$ kann dann gemäß dem Prinzip von DE SAINT VENANT (s. Abschnitt 10.1) vernachlässigt werden. Es ergibt sich wie in Beispiel 1.1 näherungsweise im gesamten Stabvolumen eine konstante Spannung $\sigma = F_L/A$ und eine konstante Dehnung

$$\varepsilon = \frac{u}{l} \ . \qquad (2.67)$$

Damit wird die bei der Verformung des Zugstabes verrichtete innere Arbeit, die so genannte Verzerrungsarbeit,

$$W_i = -\int\limits_0^u F_L(\bar{u}) d\bar{u} = -Al \int\limits_0^\varepsilon \sigma(\bar{\varepsilon}) d\bar{\varepsilon} \ . \qquad (2.68)$$

Aus ihr kann, da der Integralausdruck auf der rechten Seite von (2.68) an allen Stellen des Zugstabes gleich ist, die spezifische innere Verzerrungsarbeit je Volumeneinheit

$$W_i^* = \frac{W_i}{Al} = -\int\limits_0^\varepsilon \sigma(\bar{\varepsilon}) d\bar{\varepsilon} \qquad (2.69)$$

gewonnen werden.

Das Integral in (2.69) stellt die Fläche unter der Spannungsdehnungskurve dar (Bild 2.14). Das lineare Kurvenstück ① entsprechend dem HOOKE-schen Gesetz liefert für Be- und Entlastungswege gleiche Flächen (vertikal schraffiert), d. h. die bei Belastung verrichtete innere Arbeit (2.69) wird bei Entlastung vollständig zurückgewonnen. Sie war im Zugstab gespeichert. Eine Arbeit mit dieser besonderen Eigenschaft wird bis auf ein aus formalen Gründen noch zu berücksichtigendes Minuszeichen als Energie, potenzielle Energie oder Potenzial bezeichnet, hier als die spezifische elastische Verzerrungsenergie U^*. Die statische Last, deren Arbeit gespeichert wurde, heißt konservativ (energieerhaltend) oder Potenziallast. Mit der Definition $U^* = -W_i^*$, d. h. $U^*(0) = 0$, und dem HOOKEschen Gesetz (1.13) ergibt sich aus (2.69)

$$U^* = -W_i^* = \int\limits_0^\varepsilon \sigma(\bar{\varepsilon})d\bar{\varepsilon} = \int\limits_0^\varepsilon E\bar{\varepsilon}d\bar{\varepsilon} = \frac{1}{2}E\varepsilon^2 = \frac{\sigma^2}{2E} = \frac{1}{2}\sigma\varepsilon \ . \qquad (2.70)$$

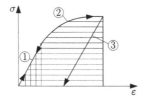

Bild 2.14. Spannungsdehnungsdiagramm mit Be- und Entlastungswegen

Die Maßeinheit für U^* ist $\mathrm{Nm/m}^3 = \mathrm{N/m}^2$, gleicht also der Maßeinheit der Spannung, obwohl beide Größen physikalisch verschieden voneinander sind. Das Spannungsdehnungsdiagramm metallischer Konstruktionswerkstoffe setzt sich meist oberhalb eines linearen Anfangsstückes nichtlinear fort. Dies zeigen, ergänzend zu Bild 1.6, das Geradenstück ① und der gekrümmte Linienabschnitt ② in Bild 2.14. Die unter beiden Kurven ① und ② befindliche horizontal schraffierte Fläche repräsentiert die spezifische Verzerrungsarbeit (2.69). Das Entlastungsverhalten der genannten Materialien kann näherungsweise durch die Gerade ③ parallel zu ① beschrieben werden. Dann wird nur die Arbeit zurückgewonnen, welche der Fläche unter der Geraden ③ entspricht. Der Rest geht zum größten Teil in Wärme über, während ein kleiner Teil davon, begleitet von Strukturveränderungen des Materials, im Material verbleibt. Das beschriebene Materialverhalten heißt elastoplastisch. Für linear-elastisches Material lässt sich die Beziehung (2.66) mit (2.69) und (2.70) als

$$-W_i = -AlW_i^* = AlU^* = U = \frac{1}{2}Al\sigma\varepsilon = \frac{1}{2}F_L u = W_a \qquad (2.71)$$

schreiben, wobei U die Verzerrungsenergie des Stabes bezeichnet. Es gibt auch nichtlinear-elastische Materialien mit Kennlinien wie in Bild 2.15, bei denen Be- und Entlastungsweg übereinstimmen, so dass wieder $U^* = -W_i^*$ folgt. In diesem Fall kann zur spezifischen Verzerrungsenergie U^* die so genannte spezifische Ergänzungsenergie $\bar{U}^*$ definiert werden, für die

$$\bar{U}^* = \sigma\varepsilon - U^* \qquad (2.72)$$

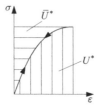

Bild 2.15. Spannungsdehnungsdiagramm bei nichtlinearer Elastizität

gilt und die gelegentlich als Hilfsrechengröße Verwendung findet. Bei linearem Material entstehen in Bild 2.15 zwei Dreiecke mit gleichem Flächeninhalt, d. h.

$$\bar{U}^* = U^* \ . \tag{2.73}$$

Unter reiner homogener Schubbeanspruchung gemäß Bild 1.7 beträgt die spezifische innere Verzerrungsarbeit wegen $|\gamma| \ll 1$

$$W_i^* = -\frac{1}{ahb} \int\limits_0^\gamma \tau(\bar{\gamma}) ahb d\bar{\gamma} = -\int\limits_0^\gamma \tau(\bar{\gamma}) d\bar{\gamma} \ , \tag{2.74}$$

die für linear-elastisches Material mit (1.16) unabhängig vom Belastungsweg ist und deshalb auf die spezifische elastische Verzerrungsenergie

$$U^* = -W_i^* = \int\limits_0^\gamma \tau(\bar{\gamma}) d\bar{\gamma} = \int\limits_0^\gamma G\bar{\gamma} d\bar{\gamma} = \frac{1}{2} G \gamma^2 = \frac{\tau^2}{2G} = \frac{1}{2} \tau \gamma \tag{2.75}$$

führt.

Zur Berechnung der spezifischen Verzerrungsenergie des linear-elastischen Materials im räumlichen Spannungs- und Verzerrungszustand notieren wir zunächst die spezifische innere Verzerrungsarbeit als Summe aller Anteile der Normalspannungen an den Dehnungen gemäß (2.69) und der Schubspannungen an den Schubverzerrungen gemäß (2.74) in der Form

$$-W_i^* = \int \left[\sigma_x(\varepsilon_x, \varepsilon_y, \varepsilon_z) d\varepsilon_x + \sigma_y(\varepsilon_x, \varepsilon_y, \varepsilon_z) d\varepsilon_y + \sigma_z(\varepsilon_x, \varepsilon_y, \varepsilon_z) d\varepsilon_z \right.$$
$$\left. + \tau_{xy}(\gamma_{xy}) d\gamma_{xy} + \tau_{xz}(\gamma_{xz}) d\gamma_{xz} + \tau_{yz}(\gamma_{yz}) d\gamma_{yz} \right] \ . \tag{2.76}$$

Dabei wird die Abhängigkeit der Normalspannungen von allen drei Dehnungen entsprechend (2.56) bis (2.58) und der Schubspannungen von der jeweiligen Schubverzerrung nach (2.59) angezeigt. Alle Verzerrungen variieren zwischen null und einem Endwert. Die letzten drei Summanden in (2.76) sind bestimmte Integrale einer Funktion von einer Veränderlichen. Dagegen bilden die ersten drei Summanden ein Linienintegral $-W_{iL}^*$. Das Linenintegral, auch als Kurven- oder Wegintegral bezeichnet, hängt genau dann nicht vom Weg L der Zustandsvariablen $\varepsilon_x, \varepsilon_y$ und ε_z ab, wenn sein Integrand das vollständige Differenzial einer Zustandsfunktion $U_L^*(\varepsilon_x, \varepsilon_y, \varepsilon_z)$ ist, d. h.

$$-W_{iL}^* = \int_L (\sigma_x d\varepsilon_x + \sigma_y d\varepsilon_y + \sigma_z d\varepsilon_z) = \int_L \left(\frac{\partial U_L^*}{\partial \varepsilon_x} d\varepsilon_x + \frac{\partial U_L^*}{\partial \varepsilon_y} d\varepsilon_y + \frac{\partial U_L^*}{\partial \varepsilon_z} d\varepsilon_z \right)$$

$$= \int_L dU_L^* = U_L^*(\varepsilon_x, \varepsilon_y, \varepsilon_z) \ . \tag{2.77}$$

Notwendig und hinreichend für die Existenz der auch als Potenzial bezeichneten Zustandsfunktion U_L^* sind die Bedingungen

$$\frac{\partial \sigma_x}{\partial \varepsilon_y} = \frac{\partial \sigma_y}{\partial \varepsilon_x} \ , \quad \frac{\partial \sigma_x}{\partial \varepsilon_z} = \frac{\partial \sigma_z}{\partial \varepsilon_x} \ , \quad \frac{\partial \sigma_y}{\partial \varepsilon_z} = \frac{\partial \sigma_z}{\partial \varepsilon_y} \ , \tag{2.78}$$

welche wegen der Symmetrie der Koeffizientenmatrix des Gleichungssystems (2.56) bis (2.58) erfüllt werden. Die Integration von (2.77) unter Beachtung von (2.56) bis (2.58) für einen beliebigen Weg L vom unverzerrten zum verzerrten Zustand liefert

$$U_L^*(\varepsilon_x, \varepsilon_y, \varepsilon_z) = \frac{E}{(1+\nu)(1-2\nu)} \left[\frac{1-\nu}{2} (\varepsilon_x^2 + \varepsilon_y^2 + \varepsilon_z^2) + \nu (\varepsilon_x \varepsilon_y + \varepsilon_x \varepsilon_z + \varepsilon_y \varepsilon_z) \right],$$
$$\tag{2.79}$$

ein Ergebnis, das durch die Bildung von

$$\sigma_x = \frac{\partial U_L^*}{\partial \varepsilon_x} \ , \quad \sigma_y = \frac{\partial U_L^*}{\partial \varepsilon_y} \ , \quad \sigma_z = \frac{\partial U_L^*}{\partial \varepsilon_z} \tag{2.80}$$

aus (2.79) und Vergleich mit (2.56) bis (2.58) bestätigt wird. Wegen der Potenzialeigenschaft (2.80) heißt das elastische Materialgesetz konservativ. Das Wort konservativ weist auf den Fakt hin, dass bei Verformung des Materials Energie nicht dissipiert, d. h. nicht irreversibel in Wärme umgewandelt wird. Die Addition von U_L^* in der Form (2.79) zu den mit (2.59) berechneten letzten drei Integralen aus (2.76) ergibt die spezifische elastische Verzerrungsenergie

$$U^* = \frac{E}{(1+\nu)(1-2\nu)} \left[\frac{1-\nu}{2} (\varepsilon_x^2 + \varepsilon_y^2 + \varepsilon_z^2) + \nu (\varepsilon_x \varepsilon_y + \varepsilon_x \varepsilon_z + \varepsilon_y \varepsilon_z) \right]$$

$$+ \frac{G}{2} (\gamma_{xy}^2 + \gamma_{xz}^2 + \gamma_{yz}^2) \ , \tag{2.81}$$

welche mit (2.52) bis (2.54) und (2.59) auch als

$$U^* = \frac{1}{2} (\sigma_x \varepsilon_x + \sigma_y \varepsilon_y + \sigma_z \varepsilon_z + \tau_{xy} \gamma_{xy} + \tau_{xz} \gamma_{xz} + \tau_{yz} \gamma_{yz}) \tag{2.82}$$

geschrieben werden kann. Desweiteren lässt sich U^* noch allein durch die Spannungen ausdrücken.

Die spezifische elastische Verzerrungsenergie ist in einen Volumen- und einen Gestaltänderungsanteil zerlegbar

$$U^* = U_V^* + U_G^* \ . \tag{2.83}$$

Ersterer folgt aus der mittleren Spannung

$$\sigma_m = \frac{1}{3}(\sigma_x + \sigma_y + \sigma_z)$$

mit der Volumendehnung e aus (2.55) zu

$$U_V^* = \frac{1}{2}\sigma_m e = \frac{1-2\nu}{6E}(\sigma_x + \sigma_y + \sigma_z)^2 \geq 0 \ , \tag{2.84}$$

letzterer unter Beachtung von (1.17) in (2.81) und (2.84) aus der Differenz $U_G^* = U^* - U_V^*$ nach elementarer Rechnung zu

$$U_G^* = \frac{1}{12G}\left[(\sigma_x-\sigma_y)^2+(\sigma_x-\sigma_z)^2+(\sigma_y-\sigma_z)^2+6(\tau_{xy}^2+\tau_{xz}^2+\tau_{yz}^2)\right] \geq 0 . \tag{2.85}$$

Die spezifische Gestaltänderungsenergie U_G^* ist Bestandteil einer klassischen Festigkeitshypothese zur Beurteilung der Bauteilbeanspruchung unter allgemeinen Spannungszuständen (s. Kapitel 6).

Die spezifische Verzerrungsenergie U^* dient als Grundlage sowohl numerischer Berechnungsverfahren als auch der effizienten Bestimmung diskreter Verformungsgrößen (s. Kapitel 7, in dem der Zusammenhang zwischen der Wegunabhängigkeit von U^* und der Symmetrie der Steifigkeitskoeffizienten nochmals angesprochen wird). Darüber hinaus findet sie bei allgemeinen theoretischen Überlegungen Verwendung. Hierzu betrachten wir abschließend den Zusammenhang (1.17) zwischen den Konstanten des isotropen linear-elastischen Materials.

Gemäß Bild 2.5 kann ein- und derselbe Spannungszustand im Bezugssystem x, y oder im Hauptachsensystem 1, 2 beschrieben werden. Beide Beschreibungen müssen zu der gleichen spezifischen Verzerrungsenergiedichte führen. Diese beträgt nach (2.82) für die reine Schubbeanspruchung

$$U^* = \frac{1}{2}\tau_{xy}\gamma_{xy} = \frac{1}{2}(\sigma_1\varepsilon_1 + \sigma_2\varepsilon_2)$$

bzw. mit (2.59) sowie (2.52) und (2.53) in Hauptachsenkoordinaten

$$\frac{\tau^2}{2G} = \frac{1}{2E}\left[\sigma_1(\sigma_1 - \nu\sigma_2) + \sigma_2(\sigma_2 - \nu\sigma_1)\right] = \frac{\tau^2}{2E}\left[1+\nu-(-1-\nu)\right] = \frac{1+\nu}{E}\tau^2,$$

so dass $E = 2G(1 + \nu)$ aus (1.17) bestätigt wird.

Kapitel 3

Reine Torsion gerader Stäbe

3

3

3 Reine Torsion gerader Stäbe

Als ein mögliches Modell einfacher Konstruktionselemente wurde bisher der gerade prismatische bzw. zylindrische Stab unter einachsigem Zug- oder Druckspannungszustand betrachtet. Die Stabquerabmessungen waren definitionsgemäß wesentlich kleiner als die Stablänge, so dass die über dem Stabquerschnitt konstante Spannungsverteilung nach dem Prinzip von DE SAINT VENANT (s. a. Kapitel 10) nahezu im gesamten Stab als gültig angesehen werden konnte.

Wir untersuchen jetzt wieder schlanke gerade Stäbe mit konstanter Querschnittsfläche. Diese Stäbe sind jedoch an den Enden durch entgegengesetzt gleich große Torsionsmomente in Stabachsrichtung belastet. Wir erwarten auch hier eine Lösung für die Spannungs- und Verzerrungsfelder, die bis auf Störungen in den begrenzten Lasteinleitungsgebieten nicht von der Stablängskoordinate abhängen. Es wird sich erweisen, dass der Spannungszustand in jedem Stabpunkt die Charakteristik des reinen Schubes wie in Beispiel 2.1 besitzt. In diesem Zusammenhang findet auch der Begriff „reine Torsion" Anwendung.

3.1 Torsion von Stäben mit Kreisquerschnitt

Der einfachste Fall einer Torsionsbeanspruchung liegt bei Stäben mit Kreisquerschnitt vor. Kreisringquerschnitte sind einbezogen. Zur Bereitstellung der Grundannahmen wird wie beim Zugstab von den Grundgesetzen der Statik, den kinematischen Beziehungen und der Materialgleichung ausgegangen. Die das Problem wesentlich vereinfachende Annahme ist kinematischer Natur. Dies zeigt Bild 3.1. Die Momente M_t verursachen eine Relativverdrehung φ des Stabquerschnittes C gegenüber dem Stabquerschnitt B. Störungen im Lasteinleitungsbereich bleiben unberücksichtigt, d. h. alle Querschnitte zwischen B und C sind bezüglich der Torsionsbelastung als gleichberechtigt anzusehen. Axiale Verschiebungen aus Ebenen $z =$ konst. heraus treten beim Kreisquerschnitt wegen Symmetrie und wegen der Gleichberechtigung aller Querschnitte nicht auf. Die Verdrehung eines zwischen B und C befindlichen Querschnitts, für die Starrheit des Querschnitts in seiner Ebene angenommen wird, wächst beim Übergang von B nach C linear mit dem Abstand von B bis auf den Winkel φ bei C an. Eine ursprünglich zur Stabachse parallele Mantellinie auf dem Kreiszylinder mit dem Radius r wird schraubenförmig verwunden. Für den entstehenden Winkel γ zwischen Mantel- und Schraubenlinie gelte $|\gamma| \ll 1$. Der Winkel γ beschreibt die schon in Bild 1.7 erläuterte Schubverzerrung des Materials. Mit der getroffenen Annahme, dass die Stabquerschnitte bei ihrer Verdrehung in ihrer Ebene unverzerrt bleiben, führt die Kinematik der Torsion nach Bild 3.1 im Rahmen der Linearisierung auf

$$l\gamma(r) = r\varphi \; . \tag{3.1}$$

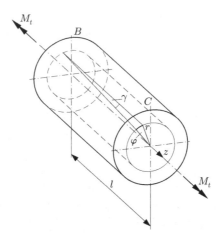

Bild 3.1. Zur kinematischen Annahme für die Torsionsverformung

Außer γ entstehen keine weiteren Verzerrungen. Das HOOKEsche Gesetz (1.16) oder eine der Gleichungen (2.59) liefert mit (3.1)

$$\tau = G\gamma = G\frac{\varphi}{l}r \tag{3.2}$$

bzw. mit der Abkürzung $G\varphi/l = K$

$$\tau = Kr \; . \tag{3.3}$$

Das Verhältnis $\varphi/l = \vartheta$ stellt die so genannte Drillung dar.

Der Spannungszustand ist in jedem Stabpunkt eben. Die Hauptrichtungen des ebenen Spannungszustandes in einem solchen Stabpunkt liegen in der Tangentialebene am Kreiszylinder durch diesen Punkt, und zwar unter 45° geneigt gegen die Mantellinie des Kreiszylinders (s. Bild 2.5).

Bild 3.2 demonstriert außer der Gleichheit der zugeordneten Schubspannungen (vgl. (2.5) oder (2.22)) mittels der unterschiedlichen Pfeillängen auch die aus den kinematischen Annahmen und dem linearen Materialgesetz folgende lineare Abhängigkeit (3.3) der Schubspannungen vom Radius.

Die Statik des Torsionsproblems reduziert sich auf die globale Momentenbilanz des äußeren Torsionsmomentes M_t mit dem resultierenden Moment der tangentialen Flächenkräfte (Schubspannungen) an einem Querschnitt im Stabinneren. Diese Bilanz folgt nach Bild 3.2 und 3.3 aus der elementaren Kraft $\tau r d\theta dr$ in Umfangsrichtung θ mit dem Abstand r zur Momentenbe-

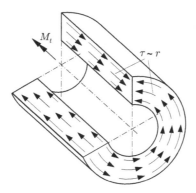

Bild 3.2. Zur Veranschaulichung der Schubspannungen bei Torsion

zugsachse z sowie unter Berücksichtigung von (3.3) zu

$$M_t = \int\limits_{r_i}^{r_a} \int\limits_{0}^{2\pi} \tau r^2 d\theta dr = K \int\limits_{r_i}^{r_a} \int\limits_{0}^{2\pi} r^3 d\theta dr \ . \tag{3.4}$$

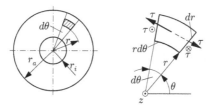

Bild 3.3. Zur Berechnung des Torsionsmomentes

Dabei wurde der allgemeinere Fall eines Kreisringquerschnittes zugelassen.
Die Beziehung (3.4) stellt auch die Definitionsgleichung des Schnittmomentes
M_t für die gegebene Schubspannungsverteilung $\tau(r)$ dar.
Die Integrationen in Umfangs- und Radiusrichtung können getrennt ausgeführt werden, mit dem Ergebnis

$$M_t = K 2\pi \int\limits_{r_i}^{r_a} r^3 dr = K \frac{\pi}{2}(r_a^4 - r_i^4) = K I_p \ . \tag{3.5}$$

Der Ausdruck

$$I_p = \frac{\pi}{2}(r_a^4 - r_i^4) \tag{3.6}$$

stellt das schon in der Statik angegebene polare Flächenträgheitsmoment für
Kreisringquerschnitte dar. Er enthält für $r_i = 0$ den Sonderfall des Kreis-
querschnitts.

Mit (3.3) und (3.5) ergibt sich der radiale Schubspannungsverlauf

$$\tau = \frac{M_t}{I_p} r \; . \tag{3.7}$$

Dessen Maximalwert am Außenrand folgt aus

$$\tau_{\max} = \frac{M_t}{I_p} r_a = \frac{M_t}{W_t} \; , \qquad W_t = \frac{I_p}{r_a} \; . \tag{3.8}$$

Das Widerstandsmoment gegen Torsion W_t für den Kreisringquerschnitt

$$W_t = \frac{\pi}{2} \frac{r_a^4 - r_i^4}{r_a} \tag{3.9}$$

enthält den Sonderfall des Vollquerschnittes mit $r_i = 0$

$$W_{tv} = \frac{\pi}{2} r_a^3 \; . \tag{3.10}$$

Der relative Verdrehwinkel φ zwischen den Querschnitten C und B (s. Bild 3.1) folgt durch Einsetzen der vor (3.3) eingeführten Abkürzung $K = G\varphi/l$ in (3.5) zu

$$\varphi = \frac{M_t l}{G I_p} \; , \tag{3.11}$$

ein Ergebnis, das mit zunehmendem Verhältnis l/r_a weniger durch Lasteinleitungs- oder Lagerungseffekte beeinträchtigt wird. Der Vergleich mit dem Ergebnis von Beispiel 1.1 zeigt die Analogie des Verdrehwinkels des Torsionsstabes und der Verlängerung des Zugstabes. Das Produkt $G I_p$ heißt Torsionssteifigkeit.

Beispiel 3.1
Eine abgesetzte Welle ist einseitig eingespannt und am freien Ende durch ein Torsionsmoment M_t belastet (Bild 3.4). Die Abmessungen sind

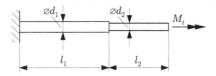

Bild 3.4. Abgesetzte Welle unter Torsionsbelastung

$d_1 = 50$ mm, $d_2 = 40$ mm und $l_1 = l_2 = 1200$ mm. Der Schubmodul beträgt $G = 83$ GPa, die zulässige Schubspannung $\tau_{\mathrm{zul}} = 28$ MPa und die zulässige Verdrehung des Endquerschnittes $\varphi_{\mathrm{zul}} = 0{,}02$. Gesucht ist das maximal mögliche Torsionsmoment $M_{t\,\max}$.

Lösung:
Die Einhaltung der zulässigen Schubspannung erfordert im schwächeren Wellenquerschnitt gemäß (3.8) und (3.10)

$$\tau_{\max} = \frac{M_t}{W_{t2}} \le \tau_{\text{zul}} , \quad W_{t2} = \frac{\pi}{2} \left(\frac{d_2}{2} \right)^3$$

und folglich

$$M_t \le \tau_{\text{zul}} W_{t2} = \tau_{\text{zul}} \frac{\pi}{2} \left(\frac{d_2}{2} \right)^3 = \frac{\pi}{2} 20^3 \text{ mm}^3 \cdot 28 \frac{\text{N}}{\text{mm}^2} \approx 352 \text{ Nm} .$$

Für die Verdrehung des Endquerschnittes, die sich aus zwei Anteilen $\Delta\varphi_1$ und $\Delta\varphi_2$ nach (3.11) zusammensetzt, gilt

$$\varphi = \Delta\varphi_1 + \Delta\varphi_2 = \frac{M_t l_1}{G I_{p1}} + \frac{M_t l_2}{G I_{p2}} \le \varphi_{\text{zul}}$$

und deshalb

$$M_t \le \frac{\varphi_{\text{zul}} G}{\frac{l_1}{I_{p1}} + \frac{l_2}{I_{p2}}} = \frac{0,02 \cdot 83 \cdot 10^3 \text{ Nmm}^{-2}}{1200 \text{ mm}(25^{-4} + 20^{-4})} \frac{\pi}{2} \text{mm}^4 \approx 247 \text{ Nm} .$$

Das maximal mögliche Torsionsmoment $M_{t\,\max}$ ist der kleinere der beiden berechneten Werte. Für ihn ergibt sich $M_{t\,\max} = 247 \text{ Nm}$. $\qquad\square$

In der Lösung des Beispiels 3.1 bleiben außer den Störeinflüssen der Momenteneinleitung und der Einspannung auch der Störeinfluss des Wellenabsatzes unberücksichtigt (s. a. Kapitel 10). Ähnliches gilt für die folgende Aufgabe.

Beispiel 3.2
Eine beidseitig eingespannte Welle ist im Inneren durch ein Torsionsmoment M_t belastet (Bild 3.5). Gegeben sind die Abmessungen a und R sowie das Torsionsmoment M_t und der Schubmodul G. Gesucht werden die Lagerreaktionen, der maximale Schubspannungsbetrag und dessen Ort.
Lösung:
Nach dem Freimachen der Welle ergibt sich für die Momentenbilanz

$$\rightharpoondown : \quad M_t + M_C - M_B = 0$$

mit den beiden unbekannten Lagerreaktionen M_B und M_C. Das Problem ist deshalb einfach statisch unbestimmt und erfordert die Berücksichtigung der Verformung. Die in Bild 3.5 im gleichen Zählsinn wie der von M_t eingetragene Verdrehung φ des Querschnitts der Momenteneinleitung kann nach (3.11) als Verdrehung des rechten Endquerschnittes des Bereiches 1 oder als Verdrehung des linken Endquerschnittes des Bereiches 2 berechnet werden. Im ersten Fall ergibt sich $\varphi = M_B 2a/(G I_p)$ und im zweiten Fall wegen der

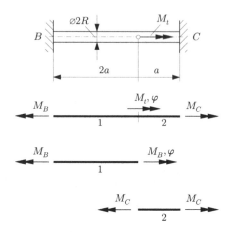

Bild 3.5. Welle unter Torsionsbelastung

entgegengesetzten Zählrichtung von Moment und Winkel $\varphi = -M_C a/(GI_p)$, so dass wir

$$\frac{M_B 2a}{GI_p} = -\frac{M_C a}{GI_p} \ , \quad M_C + 2M_B = 0$$

erhalten. Dies liefert zusammen mit der Momentenbilanz die Lagermomente M_B und M_C

$$M_B = \frac{M_t}{3} \ , \quad M_C = -\frac{2}{3}M_t \ .$$

Damit ergibt sich der maximale Schubspannungsbetrag gemäß (3.8) und (3.10) am Mantel der Welle im Bereich 2 zu

$$|\tau|_{\max} = \frac{|M_C|}{W_t} = \frac{2M_t}{3} \cdot \frac{2}{\pi R^3} = \frac{4M_t}{3\pi R^3} \ .$$

$\square$

3.2 Torsion von Stäben mit Rechteckquerschnitt

Bei Torsion von Stäben mit Kreisquerschnitt ist die Schubspannungsverteilung im Querschnitt durch die lineare Beziehung (3.7) gegeben. Am äußeren Zylindermantel greifen keine äußeren Flächenkräfte (Spannungsvektoren) an. Folglich sind die im Querschnitt denkbaren, den tangentialen Koordinaten des Spannungsvektors zugeordneten Schubspannungen τ senkrecht zur Randkontur bei $r = r_a$ nach (2.22) gleich null. Die verbleibenden Schubspannungen τ im Querschnitt besitzen ebenfalls eine Orientierung in Umfangsrichtung konzentrischer Kreise (Bild 3.6a).

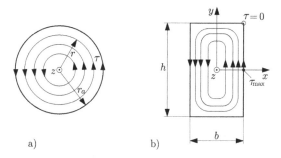

Bild 3.6. Torsionsspannungen im Kreiszylinder a) und Rechteckzylinder b)

Dieser Sachverhalt bleibt bei anderen Querschnittsformen qualitativ erhalten und liefert für Rechteckquerschnitte das Bild 3.6b. In den Ecken schließen die verschwindenden äußeren tangentialen Flächenkräfte die zugeordneten Schubspannungen im Inneren in x- und y-Richtung aus, so dass dort $\tau = 0$ gilt. Die hier nicht ausgeführte genaue Rechnung für den elliptischen Querschnitt zeigt die maximale Schubspannung $\tau_{\max}$ dort an, wo die kleine Halbachse den Querschnittsrand durchstößt. Dem entspricht hier die Mitte der langen Seitenlinien. Sowohl beim Stab mit Kreisquerschnitt als auch beim Stab mit Rechteckquerschnitt verschwindet die Schubspannung auf der z-Achse.

Im Gegensatz zum Kreisquerschnitt treten jetzt torsionsbedingte axiale Verschiebungen $u_z(x, y)$ auf (so genannte Querschnittsverwölbung). Werden sie z. B. durch eine starre Einspannung behindert, so führt dies zu Wölbnormalspannungen σ_z, deren Integral über der Querschnittsfläche wegen der verschwindenden Längskraft null ergibt. Die Wölbnormalspannungen liefern auch kein resultierendes Biegemoment. Sie klingen nach dem Prinzip von DE SAINT VENANT (s. a. Kapitel 10) in z-Richtung über einer Länge ab, die etwa der Hauptabmessung des Querschnitts gleicht.

Die quantitative Berechnung des Verdrehwinkels φ und der maximalen Schubspannung $\tau_{\max}$ beruht auf weitergehenden theoretischen Untersuchungen. Als Ergebnis werden Formeln analog zu (3.11) und (3.8) angegeben:

$$\varphi = \frac{M_t l}{G I_t} \ , \quad I_t = c_1 h b^3, \tag{3.12}$$

$$\tau_{\max} = \frac{M_t}{W_t} \ , \quad W_t = c_2 h b^2 \ . \tag{3.13}$$

Die Konstanten c_1 und c_2 hängen vom Seitenverhältnis h/b ab und sind der folgenden kleinen Tabelle entnehmbar.

h/b	1	2	4	10	∞
c_1	0,141	0,229	0,281	0,312	0,333
c_2	0,208	0,246	0,282	0,312	0,333

Für die Querschnittskenngröße I_t, die Torsionsträgheitsmoment heißt, gilt die Beziehung $I_t \leq I_p$, welche mit (3.12) und $I_p = I_{xx} + I_{yy} = (bh^3 + hb^3)/12$ durch die Tabelle bestätigt wird.

Hier sei noch auf eine Analogie zwischen dem Torsionsproblem und einer über dem tordierten Querschnitt hydrostatisch aufgespannten Seifenhaut mit der Höhe $u_z(x,y)$ über dem Querschnitt hingewiesen. Es lässt sich zeigen, dass die Schubspannung τ_{zx} der partiellen Ableitung $\partial u_z(x,y)/\partial y$ der Membranflächenfunktion $u_z(x,y)$ proportional ist. Entsprechendes gilt für die Schubspannung τ_{zy}. Folglich zeigt die größere Höhenliniendichte der Funktion $u_z(x,y)$ längs der Geraden $z = 0$, $y = 0$ im Vergleich zur Geraden $z = 0$, $x = 0$ die größeren Schubspannungen an.

3.3 Torsion dünnwandiger Stäbe mit offenem Querschnitt

Dünnwandige Stäbe mit offenen Querschnitten, Beispiele hierfür zeigt Bild 3.7, werden häufig im Leichtbau eingesetzt.

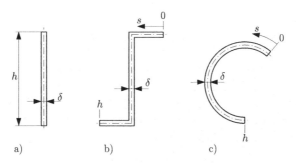

Bild 3.7. Offene Querschnitte dünnwandiger Stäbe

Die Querschnittsdicke wird hier mit δ bezeichnet. Sie ist wesentlich kleiner als die Umfangslänge h des Querschnittes. Die Stablänge L erfüllt die Voraussetzung $L \gg h$.

Die bisher angenommenen Voraussetzungen der Torsionstheorie bleiben bestehen. Dies betrifft insbesondere auch die Starrheit der Querschnitte in ihrer Ebene. Die Starrheit muss gegebenenfalls durch Aussteifungen gesichert werden. Für sehr schlanke Rechteckformen können die Querschnittskennwertkonstanten aus der Tabelle von Abschnitt 3.2 entnommen werden. Es ergibt sich gemäß (3.12) und (3.13)

$$I_t = \frac{1}{3}h\delta^3 \, , \quad W_t = \frac{1}{3}h\delta^2 \, . \tag{3.14}$$

Diese Formeln gelten näherungsweise auch für gekrümmte und abgewinkelte Querschnittsformen. Dabei wird der längs der Konturkoordinate s auf der Mittellinie des Querschnittes gemessene Umfang anstelle der Höhe benutzt. Bei starken Abweichungen von der schmalen Rechteckform müssen Korrekturfaktoren berücksichtigt werden, die in Taschenbüchern zu finden sind.

Die maximalen Schubspannungswerte treten ähnlich wie beim Rechteck an den langen Außenrändern auf (Bild 3.8). Dazwischen verläuft die Schubspannung wegen ihres Nulldurchganges auf der Mittellinie näherungsweise linear.

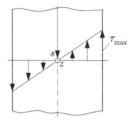

Bild 3.8. Torsionsschubspannungsverlauf im offenen Querschnitt dünnwandiger Stäbe

Für Querschnitte, die abschnittsweise aus schmalen Teilflächenstücken mit den Längen h_i und Breiten δ_i zusammengesetzt sind wie z. B. in Bild 3.9,

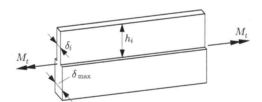

Bild 3.9. Aus schmalen Rechtecken zusammengesetzter Querschnitt

gilt in Verallgemeinerung von (3.14)

$$I_t = \frac{1}{3}\sum h_i\delta_i^3 \, , \quad W_t = \frac{I_t}{\delta_{\max}} \tag{3.15}$$

mit der Verdrehung nach der ersten Formel von (3.12)

$$\varphi = \frac{M_t l}{GI_t} \tag{3.16}$$

und der maximalen Schubspannung nach der ersten Formel von (3.13)

$$\tau_{\max} = \frac{M_t}{W_t} = \frac{M_t}{I_t}\delta_{\max} \ . \tag{3.17}$$

Letztere tritt also an den Seitenberandungen der breitesten Teilquerschnitte auf.

Hinsichtlich möglicher axialer Verschiebungen werden wegen der Starrheit der Querschnitte in ihrer Ebene nur die in der durch die Koordinaten z, s beschriebenen Mittelfläche liegenden Verschiebungen $u_z(s)$ und $u_s = zf(s)$ betrachtet. Die Proportionalität $u_s \sim z$ ergibt sich aus der Proportionalität $u_s \sim \varphi$ und (3.16) mit Ersatz von l durch z. Für die entsprechende Schubverzerrung γ_{zs} nach Bild 3.8 und (2.41) folgt aus (2.59)

$$\gamma_{zs} = \frac{\partial u_z}{\partial s} + \frac{\partial u_s}{\partial z} = \frac{\partial u_z}{\partial s} + f(s) = \frac{\tau_{zs}}{G} = 0 \ .$$

Für Stäbe mit ebener Mittelfläche wie in Bild 3.7a und Bild 3.9 kann $f(s) \equiv 0$ gesetzt werden, desgleichen die dann verbleibende konstante Verschiebung u_z. Diese Verwölbungsfreiheit der Querschnitte bei Torsion trifft auch für Stäbe zu, die aus Bündeln ebener Plattenstreifen bestehen wie z. B. T-, L- oder Y-Stäbe und deren Drehachse mit der Schnittlinie der Plattenstreifen zusammenfällt.

Bei Stäben mit nichtebenen Mittelflächen wie in den Bildern 3.7b, c verschwindet zwar auch die Mittelflächenschubverzerrung γ_{zs}, aber nicht mehr die Funktion $f(s)$. Dies führt zu einer Verwölbung $u_z(s)$, deren Behinderung, z. B. durch eine starre Einspannung, Wölbnormalspannungen σ_z verursacht. Das Integral der Wölbnormalspannungen über dem Stabquerschnitt ergibt wie beim Rechteckquerschnitt null. Die Wölbnormalspannungen klingen aber in z-Richtung mit Längen ab, die deutlich größer als die Querschnittsumfangsabmessungen sein können. Wir konstatieren hier eine durch die Geometrie des Querschnitts bedingte Form des Stabkörpers, bei der bezüglich der Anwendung des Prinzips von DE SAINT VENANT Vorsicht geboten ist (s. a. Abschnitt 10.1).

3.4 Torsion dünnwandiger Stäbe mit geschlossenem Querschnitt

Die hier dargelegte Theorie der reinen Torsion dünnwandiger Stäbe mit geschlossenem Querschnitt gilt nur, wenn Verwölbungsbehinderungen ausgeschlossen werden.

Wir gehen von einem dünnwandigen Stab mit Kreisringquerschnitt unter Torsionsbelastung aus (Bild 3.10).

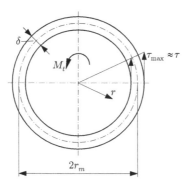

Bild 3.10. Torsion eines dünnwandigen Stabes mit Kreisringquerschnitt

Die Torsionsschubspannung hängt wegen der Gültigkeit von (3.3) linear vom Radius r ab. Die Dünnwandigkeit des Stabes mit $\delta \ll r_m$ bedingt einen nur geringen Unterschied der Spannungen am Innen- und Außenrand des Ringquerschnitts im Vergleich zum Maximalwert $\tau_{\max}$. Es kann deshalb eine über der Wanddicke δ näherungsweise konstante Schubspannungsverteilung τ angenommen werden. Mit dieser statischen Hypothese ergibt sich das resultierende Moment der im Ringquerschnitt $2\pi r_m \delta$ wirkenden Schubspannungen τ zu

$$M_t = 2\pi r_m \delta \tau r_m = 2\pi r_m^2 \tau \delta \tag{3.18}$$

oder, ausgedrückt durch die vom mittleren Radius r_m eingeschlossene Fläche $A_m = \pi r_m^2$ und die als Schubfluss bezeichnete Größe

$$t = \tau \delta \ , \tag{3.19}$$

als

$$M_t = 2A_m t \ . \tag{3.20}$$

Beim tordierten dünnwandigen Kreiszylinderrohr tritt wie auch beim Vollkreiszylinder keine Verwölbung des Querschnitts auf. Dies trifft für beliebige dünnwandige geschlossene Querschnitte nicht zu. Wir setzen voraus, dass die dann zu erwartenden Querschnittsverwölbungen nicht behindert werden, so dass keine Wölbnormalspannungen entstehen können (reine Torsion), und verallgemeinern die obige Betrachtung zum Kreiszylinderrohr auf dünnwandige Stäbe mit beliebiger Querschnittsform.
Es wird wie bisher angenommen, dass die Querschnittsform des Stabes (Bild 3.11a) unter Torsionsbelastung erhalten bleibt. Dies muss gegebenenfalls durch Aussteifungen gewährleistet werden. Die jetzt von der auf der Mittellinie liegenden Umfangskoordinate s abhängige Wanddicke $\delta(s)$ sei wieder

wesentlich kleiner als die Querschnittsumfangsabmessungen und diese wesentlich kleiner als die Stablänge l.

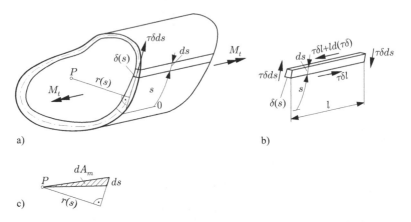

Bild 3.11. Zur Torsion dünnwandiger Stäbe mit beliebiger Querschnittsform

Die letztgenannte Voraussetzung konnte im Bild 3.11 aus Platzgründen zeichnerisch nicht dargestellt werden.

Die statische Annahme enthält wie beim Kreisrohr im Querschnitt wirkende
Schubspannungen, die konstant über der Wanddicke δ verteilt und tangential
zur Umfangskoordinate s, d. h. näherungsweise tangential zum Rand, orientiert sind.

Die Kräftebilanz in Stabachsrichtung liefert nach Bild 3.11b

$$d(\tau\delta) = 0 \ , \tag{3.21}$$

d. h.

$$\tau\delta = t = \text{konst.} \tag{3.22}$$

Der Schubfluss t hängt also nicht von der Umfangskoordinate s ab. Die maximale Schubspannung tritt deshalb im Gegensatz zur Torsion von dünnwandigen Stäben mit offenem Querschnitt an der Stelle mit der kleinsten
Wanddicke auf.

Bild 3.11b zeigt auch die identische Erfüllung der Kräftebilanz in Richtung
der Umfangskoordinate s an.

Das resultierende Moment M_t des Schubflusses $t = \tau\delta$ beträgt nach Bild
3.11a und (3.22)

$$M_t = \oint r(s)t\,ds = t \oint r(s)\,ds \ , \tag{3.23}$$

wobei der Kreis im Integralzeichen darauf hinweist, dass die Integration vom
beliebig gewählten Ursprung 0 der Umlaufkoordinate s beginnend längs der

Querschnittsmittellinie bis zum vollständigen Umlauf auszuführen ist. Gemäß Bild 3.11c kann noch der Inhalt der schraffierten Dreiecksfläche durch die Basislänge ds und die Höhe $r(s)$ ausgedrückt werden, d. h.

$$dA_m = \frac{1}{2}rds \; , \tag{3.24}$$

so dass nach Einsetzen in (3.23)

$$M_t = t \oint 2dA_m = 2tA_m \tag{3.25}$$

entsteht. Wie aus Bild 3.11c ersichtlich, bezeichnet A_m analog zum Kreisringquerschnitt den Inhalt der von der Mittellinie umfassten Fläche, die erwartungsgemäß nicht von der Wahl des Bezugspunktes P abhängt.
Für Schubfluss und Schubspannung ergibt sich aus (3.25) und (3.22)

$$t = \tau\delta = \frac{M_t}{2A_m} \; , \tag{3.26}$$

eine Beziehung, die als erste Formel von BREDT (1842–1900) bezeichnet wird. Die maximale Schubspannung $\tau_{\max}$ an der Stelle mit der kleinsten Wanddicke $\delta_{\min}$ ist

$$\tau_{\max} = \frac{M_t}{2A_m\delta_{\min}} = \frac{M_t}{W_t} \; , \quad W_t = 2A_m\delta_{\min} \; , \tag{3.27}$$

wobei die Größe W_t wieder das Widerstandsmoment gegen Torsion bezeichnet.
Zur Berechnung des Verdrehwinkels φ kann die Verzerrungsenergie herangezogen werden. Dazu wird in dem Ausdruck für die Arbeit (2.62) die Kraft F als Bestandteil eines Kräftepaares Fa zweier paralleler Kräfte mit dem Abstand a aufgefasst. Dieses Kräftepaar ist wegen der Gültigkeit der Momentenbilanz der Statik einem Moment $M_t = Fa$ äquivalent. Das Verschiebungsdifferenzial $d\bar{u}$ in (2.62) lässt sich bei einer Drehung der Abstandsgeraden um $d\bar{\varphi}$ durch $d\bar{u} = ad\bar{\varphi}$ ausdrücken, so dass aus der äußeren Arbeit (2.63)

$$W_a = \int\limits_0^u Fd\bar{u} = \int\limits_0^\varphi Fad\bar{\varphi} = \int\limits_0^\varphi M_t(\bar{\varphi})d\bar{\varphi} \tag{3.28}$$

entsteht. Wenn das Torsionsmoment M_t den Stab aus linear-elastischem Material verdreht, wird die äußere Arbeit (3.28) analog zu (2.71) als Verzerrungsenergie

$$U = \frac{1}{2}M_t\varphi \tag{3.29}$$

im Stab gespeichert. Diese Energie bestimmt sich andererseits aus (2.82) für reinen Schub mit (2.59) und (3.26) zu

$$U = \int_V U^* dV = \frac{1}{2} \int_V \tau \gamma dV = \frac{1}{2G} \oint \tau^2 l \delta ds = \frac{1}{2G} \oint \frac{M_t^2}{4\delta^2 A_m^2} l \delta ds \ . \quad (3.30)$$

Der Vergleich von (3.29) und (3.30) liefert mit Einführung des Torsionsträgheitsmomentes I_t den gesuchten Verdrehwinkel φ (zweite Formel von BREDT)

$$\varphi = \frac{M_t l}{G I_t} \ , \quad I_t = \frac{4 A_m^2}{\oint \frac{ds}{\delta(s)}} \ . \quad (3.31)$$

Ohne Beweis sei darauf verwiesen, dass die bei beliebigen dünnwandigen geschlossenen Querschnitten wie schon bei dünnwandigen offenen Querschnitten infolge behinderter Querschnittsverwölbung auftretenden Wölbnormalspannungen in axialer Richtung Eindringtiefen erreichen können, die nicht mehr klein im Vergleich zu den Umfangsabmessungen sind (s. a. Abschnitt 10.1).

Die Anwendung der BREDTschen Formeln (3.26) und (3.31) wird am Problem des tordierten dünnwandigen Kastenträgers nach Bild 3.12 erläutert.

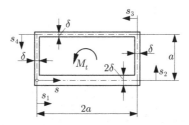

Bild 3.12. Zur Torsion eines Kastenträgers

Das linear-elastische Material des Trägers der Länge l mit $l \gg a \gg \delta$ besitze den Schubmodul G. Wir berechnen die maximale Schubspannung $\tau_{\max}$ im Träger infolge des Torsionsmomentes M_t.

Nach (3.27) ergibt sich mit $A_m = 2a^2$

$$\tau_{\max} = \frac{M_t}{2 A_m \delta_{\min}} = \frac{M_t}{4 a^2 \delta} \ . \quad (3.32)$$

Dieser Wert tritt im oberen horizontalen und in den beiden vertikalen Querschnittsbereichen auf.

Die auf die Länge l des Trägers bezogene Relativverdrehung φ der Endquerschnitte, die Drillung $\vartheta = \varphi/l$, kann aus (3.31) gewonnen werden. Das im Nenner des Torsionsträgheitsmomentes I_t stehende Umlaufintegral ist mit abschnittsweise konstanten Wanddicken durch

$$\oint \frac{ds}{\delta(s)} = \int\limits_0^{2a} \frac{ds_1}{2\delta} + \int\limits_0^a \frac{ds_2}{\delta} + \int\limits_0^{2a} \frac{ds_3}{\delta} + \int\limits_0^a \frac{ds_4}{\delta} = \frac{2a}{2\delta} + \frac{a}{\delta} + \frac{2a}{\delta} + \frac{a}{\delta} = 5\frac{a}{\delta}$$

gegeben, so dass für das Torsionsträgheitsmoment

$$I_t = \frac{4A_m^2}{\oint \frac{ds}{\delta(s)}} = \frac{4(2a^2)^2}{5a}\delta = \frac{16}{5}a^3\delta$$

folgt. Damit nimmt die Drillung den Wert

$$\vartheta = \frac{\varphi}{l} = \frac{M_t}{GI_t} = \frac{5}{16}\frac{M_t}{a^3\delta G}$$

an.

Beispiel 3.3
Ein torsionsbelastetes Rohr besitze einen dünnwandigen Kreisringquerschnitt
(Bild 3.13).

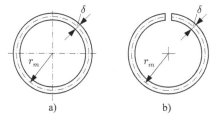

Bild 3.13. Zum Vergleich geschlossener und offener Querschnittsformen

Im Fall a) ist der Querschnitt geschlossen und im Fall b) infolge eines Schlitzes längs einer Mantellinie offen. Gesucht sind das Verhältnis der maximalen Torsionsschubspannungen des geschlitzten und des ungeschlitzten Rohres sowie das Verhältnis der Drillungen des geschlitzten und ungeschlitzten Rohres.
Lösung:
Die Widerstandsmomente gegen Torsion des ungeschlitzten Rohres W_{tu} nach (3.27) und des geschlitzten Rohres W_{tg} nach (3.14) sind

$$W_{tu} = 2\pi r_m^2 \delta , \quad W_{tg} = \frac{2}{3}\pi r_m \delta^2 .$$

Der Ausdruck für das Torsionsträgheitsmoment des ungeschlitzten Rohres I_{tu} hat gemäß (3.31) mit

$$\oint \frac{ds}{\delta(s)} = \frac{2\pi r_m}{\delta}$$

die Form

$$I_{tu} = \frac{4(\pi r_m^2)^2}{2\pi r_m}\delta = 2\pi r_m^3\delta \ .$$

Dieses Ergebnis kann wegen der Kreisringform des Querschnittes mit $r_m = r_a - \delta/2 = r_i + \delta/2$ und $\delta \ll r_m$ näherungsweise auch als polares Flächenträgheitsmoment I_p aus (3.6) gewonnen und damit bestätigt werden:

$$I_p = \frac{\pi}{2}\big(r_a^4 - r_i^4\big) = \frac{\pi}{2}\Big[\big(r_m + \frac{\delta}{2}\big)^4 - \big(r_m - \frac{\delta}{2}\big)^4\Big]$$

$$\approx \frac{\pi}{2}\big(r_m^4 + 4r_m^3\frac{\delta}{2} - r_m^4 + 4r_m^3\frac{\delta}{2}\big) = 2\pi r_m^3\delta \ .$$

Das Torsionsträgheitsmoment des geschlitzten Rohres I_{tg} ergibt sich nach (3.14) zu

$$I_{tg} = \frac{1}{3}2\pi r_m\delta^3 \ .$$

Für das Verhältnis der maximalen Schubspannungen liefern (3.17) und (3.27) den Ausdruck

$$\frac{(\tau_{\max})_g}{(\tau_{\max})_u} = \frac{W_{tu}}{W_{tg}} = \frac{2\pi r_m^2\delta}{2\pi r_m\delta^2/3} = 3\frac{r_m}{\delta} \gg 1 \ .$$

Das Verhältnis der Drillungen beträgt mit (3.15), (3.16) und (3.31)

$$\frac{\vartheta_g}{\vartheta_u} = \frac{\varphi_g}{\varphi_u} = \frac{I_{tu}}{I_{tg}} = \frac{2\pi r_m^3\delta}{2\pi r_m\delta^3/3} = 3\frac{r_m^2}{\delta^2} \gg 1 \ .$$

Bei geschlitzten Rohren sind also wegen $r_m \gg \delta$ die maximalen Schubspannungen und noch mehr die Verdrehungen wesentlich größer als bei ungeschlitzten Rohren.   □

Kapitel 4

Reine Biegung gerader Balken

4

4   **Reine Biegung gerader Balken**

4

4 Reine Biegung gerader Balken

Ähnlich wie im Fall der reinen Torsion gerader Stäbe können für Balken unter Biegebelastung vereinfachende Annahmen getroffen werden, die außerhalb der Lasteinleitungsbereiche auf elementare Formeln zur Berechnung der Spannungen und Verformungen führen.

4.1 Voraussetzungen

Die Querschnittshauptabmessungen der zu untersuchenden Balken seien wesentlich kleiner als die Balkenlänge. Dies zeigt Bild 4.1 am Beispiel eines Prismas mit dem Rechteckquerschnitt der Höhe h und der Breite b sowie einer Länge l.

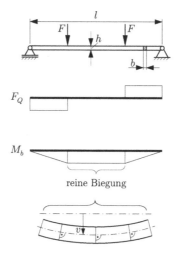

Bild 4.1. Zu den Voraussetzungen der reinen Biegung

Reine Biegung liegt dort vor, wo als Schnittreaktion nur das Biegemoment M_b auftritt, im Beispiel nach Bild 4.1 also zwischen den Einleitungsstellen der Kräfte F. Für die Verformung der restlichen Balkenteile wird von den Schnittreaktionen zwar das Biegemoment infolge Querkraftbelastung berücksichtigt, die direkte Wirkung der Schnittreaktion Querkraft F_Q auf die Verformung aber vernachlässigt. Außerdem werden im Folgenden nur Balkendurchbiegungen, d. h. Verschiebungen v der Balkenachse, der Verbindungslinie der Querschnittsflächenschwerpunkte, zugelassen, die betragsmäßig nicht wesentlich größer als die Balkenhöhe h sind (das Bild 4.1 stellt die Verschiebung v aus zeichentechnischen Gründen unrealistisch vergrößert dar). Von der strengen Einhaltung dieser Annahme sind sehr schlanke, bezüglich ihrer Längsverschiebung unbehinderte Balken ausgenommen. Unter den genannten Voraussetzungen bleiben senkrecht zur Balkenachse angeordnete Querschnitte bei der Verformung des Balkens eben und senkrecht zur verformten Balkenachse (Bild 4.1). Diese wichtige kinematische Hypothese geht auf JACOB BERNOULLI (1654–1705) zurück. Wegen der vorausgesetzten Verformungskinematik wird nur eine in Balkenachsrichtung orientierte Normalspannung erwartet, die so genannte Biegespannung. Wird die Biegebeanspruchung durch normal zur Balkenober- oder Balkenunterseite angreifende Flächenkräfte verursacht, so sind die Biegespannungen sehr viel größer als die Flächenkräfte. Die von Querkräften herrührenden Schubspannungen im Balkenquerschnitt werden gesondert berücksichtigt (s. Kapitel 5).

Die genannten Annahmen sind unabhängig von speziellen Eigenschaften isotroper homogener Materialien gültig und auch auf gekrümmte Balken wie z. B. in Bild 4.2 mit $R \gg h, b$ anwendbar.

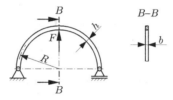

Bild 4.2. Gekrümmter Balken

Im Weiteren setzen wir linear-elastisches Material voraus und berechnen die Verteilung der Biegespannungen im Querschnitt des Balkens.

4.2 Spannungen bei gerader Biegung

Hinsichtlich der Auswertung der kinematischen Hypothese von BERNOULLI wird zunächst ein Balkenelement der Länge dz in einer Anordnung betrachtet, bei der eine Schwerpunkthauptachse y der Flächenmomente zweiter Ordnung des Querschnittes in der Zeichenebene liegt (Bild 4.3).

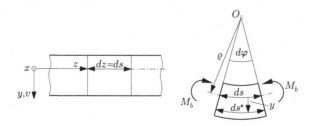

Bild 4.3. Biegeverformung eines Balkenelementes

Dieses Balkenelement werde durch die Schnittmomente M_b um die Haupt-achse x senkrecht zur Zeichcnebene gebogeu. Die Parallelität des Momen-tenvektors und einer Querschnittshauptachse prägt den Begriff der gera-den Biegung. Dabei bleibe eine normal auf der Zeichenebene stehende, die strichpunktierte Linie enthaltende differenziell dicke Schicht des Balkenele-mentes ungedehnt. Die strichpunktierte Linie, welche im ungekrümmten Zu-stand der z-Achse entspricht, heißt in diesem Zusammenhang neutrale Fa-ser. Das ungedehnte Schichtelement besitzt die Länge $dz = ds$ und den Krümmungsradius ϱ. Wegen des Ebenbleibens der Querschnitte schneiden sich die seitlichen Begrenzungsgeraden des dargestellten Flächensegmentes im Krümmungsmittelpunkt O. Infolge der ursprünglich prismatischen Ge-stalt des Balkens hat ein an der Stelle y befindliches Balkenelement vor der Biegung die Länge $dz = ds$ und danach die Länge ds^*. Seine Dehnung beträgt deshalb unter Berücksichtigung des Biegewinkels $d\varphi$

$$\varepsilon_z = \frac{ds^* - ds}{ds} = \frac{(\varrho + y)d\varphi - \varrho d\varphi}{\varrho d\varphi} = \frac{y}{\varrho} \, , \qquad (4.1)$$

hängt also vom Krümmungsradius ϱ der Schwerpunktlinie und der Quer-schnittskoordinate y ab.

Die Gleichung (2.54) des HOOKEschen Gesetzes liefert für den vorliegenden einachsigen Spannungszustand

$$\sigma_z = E\varepsilon_z \qquad (4.2)$$

und mit der kinematischen Beziehung (4.1) die im Querschnitt des Balkens von y linear abhängige Verteilung

$$\sigma_z = E\frac{y}{\varrho} \, . \qquad (4.3)$$

Bei reiner Biegung liegt im Balken keine Längskraft vor.

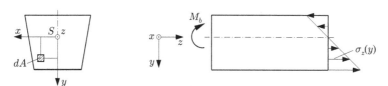

Bild 4.4. Zum Gleichgewicht des Balkens

Aus der globalen Kräftebilanz in z-Richtung ergibt sich deshalb gemäß Bild 4.4, wo die Biegespannung nach (4.3) eingezeichnet wurde,

$$\rightarrow : \quad \int\limits_A \sigma_z dA = 0 \, . \qquad (4.4)$$

Der Krümmungsradius ϱ hängt nicht von der Querschnittskoordinate y ab. Gleiches trifft auf den Elastizitätsmodul bei homogenem Material zu. Dann münden (4.3) und (4.4) in

$$\frac{E}{\varrho} \int_A y \, dA = 0 \ , \tag{4.5}$$

eine Beziehung, die erfüllt ist, da das Integral in (4.5) das statische Moment der Querschnittsfläche bezüglich des Schwerpunktes darstellt und dieses, wie in der Statik gezeigt wurde, verschwindet.

Die globale Momentenbilanz bezüglich der x-Achse liefert gemäß Bild 4.4 zunächst

$$\widehat{x} : \quad -M_b + \int_A y \sigma_z \, dA = 0$$

und anschließend mit (4.3)

$$M_b = \frac{E}{\varrho} \int_A y^2 \, dA = \frac{E}{\varrho} I_{xx} = \frac{\sigma_z}{y} I_{xx} \ . \tag{4.6}$$

Dabei wurde von der in der Statik getroffenen Definition des Flächenträgheitsmomentes I_{xx} bezüglich der x-Achse Gebrauch gemacht.

Eine Momentenbilanz um die y-Achse führt nach Bild 4.4 mit (4.3) auf das Ergebnis

$$\int_A x \sigma_z \, dA = \frac{E}{\varrho} \int_A xy \, dA = -\frac{E}{\varrho} I_{xy} = 0 \ , \tag{4.7}$$

in dem das Deviationsmoment I_{xy} wegen des Bezuges auf die Querschnittshauptachsen x, y verschwindet und daher das Nichtvorhandensein der Schnittmomentenkomponente in y-Richtung bestätigt (gerade Biegung).

Die Beziehung (4.6) enthält die gesuchte Biegespannung

$$\sigma_z = \frac{M_b}{I_{xx}} y \tag{4.8}$$

und außerdem den schon EULER (1707–1783) bekannten Zusammenhang

$$M_b = \frac{E I_{xx}}{\varrho} \tag{4.9}$$

zwischen dem Biegemoment M_b, der Biegesteifigkeit $E I_{xx}$ und dem Krümmungsradius ϱ.

Zur Bestimmung der betragsmäßig größten Biegespannung im Querschnitt des Balkens muss der größte Abstand $|y|_{\max}$ von der ungedehnten und deshalb spannungsfreien Schicht $y = 0$ im Querschnitt aufgesucht werden. Dies führt auf das Widerstandsmoment W_b gegen Biegung

$$W_b = \frac{I_{xx}}{|y|_{\max}} \, , \tag{4.10}$$

das in die technische Formel

$$|\sigma_z|_{\max} = \frac{|M_b|}{W_b} \tag{4.11}$$

eingeht.

Die Beanspruchung belasteter Bauteile darf die Beanspruchbarkeit des Materials nicht überschreiten. Bei gleicher Beanspruchbarkeit des Materials und gleichem Sicherheitsfaktor für Zug- oder Druckspannungen gibt es nur eine zulässige Spannung σ_{zul}, und es gilt die Beziehung

$$|\sigma_z|_{\max} \leq \sigma_{\mathrm{zul}} \, , \tag{4.12}$$

welche der Dimensionierungsvorschrift (1.20) entspricht.

Die in den Formeln (4.8), (4.10) und (4.11) enthaltenen Querschnittskenngrößen I_{xx} und W_b können für einfache Querschnittsformen meist aus Tabellenbüchern entnommen werden. Für ein tieferes Verständnis des Einflusses der Flächenverteilung im Querschnitt auf die Querschnittskenngrößen insbesondere auch bei komplizierten Flächenberandungen ist es jedoch günstig, den Berechnungsweg für I_{xx} und W_b zu kennen. Hierzu betrachten wir den Balken mit T-Querschnitt nach Bild 4.5,

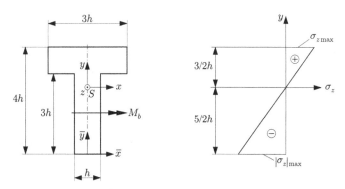

Bild 4.5. Zur geraden Biegung eines Balkens mit T-Querschnitt

der durch das Biegemoment M_b parallel zur Querschnittshauptachse x belastet ist, und wiederholen die aus der Statik bekannten Schritte zur Bestimmung des Flächenschwerpunktes und des Flächenträgheitsmomentes I_{xx}.

Der T-Querschnitt ist einfach symmetrisch. Das Ausgangskoordinatensystem $\bar{x}, \bar{y}$ wird zweckmäßig so angeordnet, dass die $\bar{y}$-Achse mit der Symmetrielinie und die $\bar{x}$-Achse mit der unteren Begrenzungslinie des T-Querschnittes zusammenfallen. Für die horizontale Schwerpunktkoordinate folgt dann $\bar{x}_s = 0$. Die Querschnittsfläche beträgt $6h^2$, so dass sich mit der Summe der statischen Momente von Teilflächen die vertikale Schwerpunktkoordinate zu

$$\bar{y}_s = \frac{1}{6h^2}\left(2h \cdot 12h^2 - \frac{3}{2}h \cdot 2 \cdot 3h^2\right) = \frac{5}{2}h$$

ergibt.

Das Flächenträgheitsmoment bezüglich der $\bar{x}$-Achse ist

$$I_{\bar{x}\bar{x}} = \frac{1}{3} \cdot 3h(4h)^3 - \frac{1}{3} \cdot 2h(3h)^3 = 46h^4 \ .$$

Die Transformation dieses Ergebnisses auf die zu $\bar{x}$ parallele Achse x im Schwerpunkt S mittels des Satzes von STEINER (1796–1863) liefert

$$I_{xx} = I_{\bar{x}\bar{x}} - \bar{y}_s^2 A = 46h^4 - \left(\frac{5}{2}h\right)^2 \cdot 6h^2 = \frac{17}{2}h^4 \ .$$

Die Spannungsverteilung im T-Querschnitt nach (4.8) zeigt Bild 4.5. Die Randwerte der Biegespannung sind

$$\sigma_z\left(y = \frac{3}{2}h\right) = \frac{M_b}{I_{xx}} \cdot \frac{3}{2}h = \frac{3M_b}{17h^3} = \sigma_{z\,\text{max}} \ ,$$

$$\sigma_z\left(y = -\frac{5}{2}h\right) = -\frac{M_b}{I_{xx}} \cdot \frac{5}{2}h = -\frac{5M_b}{17h^3} = -|\sigma_z|_{\text{max}} \ .$$

Im vorliegenden Beispiel wäre das Widerstandsmoment mit $|y|_{\text{max}} = 5h/2$

$$W_b = \frac{I_{xx}}{|y|_{\text{max}}} = \frac{17h^4}{2} \cdot \frac{2}{5h} = \frac{17}{5}h^3$$

und könnte mit (4.11) und (4.12) für Materialien mit gleicher Zug- und Druckfestigkeit wie z.B. im Fall der Fließspannung von Baustahl verwendet werden. Jedoch erlangt die im Widerstandsmoment unbeachtet gebliebene, betragsmäßig kleinere Zugspannung $\sigma_{z\,\text{max}}$ Bedeutung, wenn das Balkenmaterial auf Zug empfindlicher als auf Druck reagiert wie z.B. Konstruktionskeramik. Dieser Aspekt wird in Kapitel 6 nochmals angesprochen.

Beispiel 4.1

Der nach Bild 4.6 gelagerte Balken besitzt einen Kreisringquerschnitt.
Für gegebene Abmessungen a, R_i und R_a ist die Kraft F gesucht, so dass die zulässige Spannung σ_{zul} nicht überschritten wird.
Lösung:
Die am prismatischen Balken demonstrierte Theorie der geraden Biegung gilt auch für kreiszylindrische Balken.

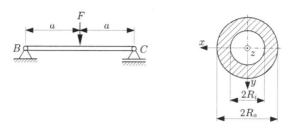

Bild 4.6. Zur zulässigen Belastung bei Balkenbiegung

Das maximale Biegemoment M_b tritt an der Einleitungsstelle der Kraft F auf:

$$M_b = \frac{Fa}{2} \; .$$

Für das Flächenträgheitsmoment I_{xx} ergibt sich

$$I_{xx} = \frac{\pi}{4}(R_a^4 - R_i^4)$$

und für das Widerstandsmoment

$$W_b = \frac{I_{xx}}{|y|_{\max}} = \frac{\pi}{4}\frac{R_a^4 - R_i^4}{R_a} \; .$$

Die zulässige Kraft F_{zul} folgt damit aus (4.11) und (4.12):

$$F_{\text{zul}} \leq \frac{2}{a} W_b \sigma_{\text{zul}} = \frac{\pi}{2aR_a}(R_a^4 - R_i^4)\sigma_{\text{zul}} \; .$$

Die maximale Biegespannung wirkt im Punkt $x = 0$, $y = R_a$ des Krafteinleitungsquerschnittes. Sie gleicht hier dem maximalen Betrag der Biegespannung.

Die wirkliche Spannungsverteilung in der Nähe der Krafteinleitungsstelle wird durch die elementare Biegetheorie nur unzureichend beschrieben. Sie muss bei Bedarf mit genaueren Methoden bestimmt werden (s. a. Kapitel 10).   □

4.3 Spannungen bei schiefer Biegung

4.3

Im Folgenden sei die Lage des Flächenschwerpunktes im Balkenquerschnitt bekannt und ein Querschnittsbezugssystem mit dem Ursprung der Koordinaten x, y im Schwerpunkt gegeben.

❯ 4.3.1 Bekannte Hauptachsen im Schwerpunkt

Wir betrachten zunächst den Fall, bei dem die Koordinatenachsen x, y mit den bekannten Hauptachsen der Flächenmomente zweiter Ordnung zusammenfallen wie im Beispiel des einfach symmetrischen Querschnittes nach Bild 4.7.

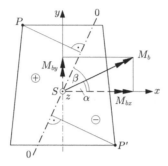

Bild 4.7. Zur schiefen Biegung bei bekannten Hauptachsen

Das gegebene Biegemoment, welches bei schiefer Biegung zu keiner Hauptachse parallel angeordnet ist, kann in zwei Momente M_{bx} und M_{by} parallel zu den Hauptachsen x und y zerlegt werden. Jedes dieser Momente verursacht eine Biegespannungsverteilung gemäß (4.8)

$$\sigma_{z1} = \frac{M_{bx}}{I_{xx}} y \ , \quad \sigma_{z2} = -\frac{M_{by}}{I_{yy}} x \ .$$

Das Minuszeichen in der zweiten Gleichung zeigt an, dass für positive x Druck entsteht. Voraussetzungsgemäß werden wie bisher die mit den Spannungen σ_{z1} und σ_{z2} verbundenen Verformungen in den aktuellen Gleichgewichtsbedingungen vernachlässigt. Beide Spannungen und ihre dazugehörigen Dehnungen gehen in die jeweilige lineare Gleichung des HOOKEschen Gesetzes (1.13) ein. Spannungssummen und Dehnungssummen erfüllen ebenfalls (1.13), so dass die wegen der Linearität erlaubte Superposition (Überlagerung)

$$\sigma_z = \sigma_{z1} + \sigma_{z2} = \frac{M_{bx}}{I_{xx}} y - \frac{M_{by}}{I_{yy}} x = \frac{M_b \cos\alpha}{I_{xx}} y - \frac{M_b \sin\alpha}{I_{yy}} x \qquad (4.13)$$

die Gesamtbiegespannung σ_z ergibt. Die lineare Funktion $\sigma_z(x, y)$ nach (4.13) kann man sich als Höhe über der ebenen Querschnittsfläche aufgetragen denken. Alle Höhen bilden eine gegenüber der Querschnittsebene geneigte Ebene. Die Schnittlinie beider Ebenen genügt der Bedingung $\sigma_z = 0$, bzw. mit (4.13)

$$y = \frac{I_{xx}}{I_{yy}}(\tan\alpha)x = (\tan\beta)x \ , \quad \tan\beta = \frac{I_{xx}}{I_{yy}}\tan\alpha \qquad (4.14)$$

und wird als Spannungsnulllinie bezeichnet. Sie verläuft durch den Schwerpunkt S. Ihr Neigungswinkel gegenüber der x-Achse ist β. Im Bild 4.7 wurde sie durch die Symbolik $0 - \cdot - 0$ markiert.

Mit der beschriebenen geometrischen Interpretation der linearen Funktion σ_z der beiden Variablen x und y als gegenüber der Querschnittsebene geneigte Ebene ergeben sich die betragsmäßig größten Spannungswerte mit den Koordinaten der am weitesten von der Spannungsnulllinie entfernten Punkte P bzw. P'.

❯ 4.3.2 Beliebige Schwerpunktachsen

Auch wenn die Schwerpunktachsen x und y nicht mit den Hauptachsen zusammenfallen, muss die Biegespannungsverteilung im Balkenquerschnitt wie in (4.13) linear von x und y abhängen, allerdings mit konstanten Vorfaktoren a und b, die zunächst unbekannt sind:

$$\sigma_z = ax + by \ . \tag{4.15}$$

Die Kräftebilanz der Biegespannungsverteilung für verschwindende Längskraft

$$\int\limits_A \sigma_z dA = a \int\limits_A x dA + b \int\limits_A y dA = 0$$

ist erfüllt, da der Ursprung des Bezugsystems mit den Achsen x und y im Schwerpunkt liegt (Bild 4.8) und die diesbezüglichen statischen Momente definitionsgemäß null sind.

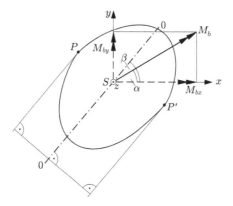

Bild 4.8. Zur schiefen Biegung bei beliebigen Schwerpunktachsen

Die resultierenden Momente M_{bx} bzw. M_{by} (die Schnittmomente) der Biege-spannungsverteilung (4.15) genügen gemäß Bild 4.8 den Gleichungen

$$M_{bx} = \int_A y\sigma_z dA = a\int_A xy\, dA + b\int_A y^2 dA = M_b\cos\alpha \; ,$$

$$-M_{by} = \int_A x\sigma_z dA = a\int_A x^2 dA + b\int_A xy\, dA = -M_b\sin\alpha \; .$$

Sie ergeben unter Berücksichtigung der Definitionen

$$I_{xx} = \int_A y^2 dA \; , \quad I_{yy} = \int_A x^2 dA \; , \quad I_{xy} = -\int_A xy\, dA$$

ein lineares Gleichungssystem für die beiden Unbekannten a und b. Die Lösung des Gleichungssystems ist

$$a = \frac{-M_{bx}I_{xy} + M_{by}I_{xx}}{I_{xy}^2 - I_{xx}I_{yy}} \; , \quad b = \frac{M_{by}I_{xy} - M_{bx}I_{yy}}{I_{xy}^2 - I_{xx}I_{yy}} \; .$$

Einsetzen in (4.15) liefert die gesuchte Biegespannungsverteilung im Quer-schnitt

$$\sigma_z = \frac{M_{by}I_{xx} - M_{bx}I_{xy}}{I_{xy}^2 - I_{xx}I_{yy}} x + \frac{M_{by}I_{xy} - M_{bx}I_{yy}}{I_{xy}^2 - I_{xx}I_{yy}} y \; . \tag{4.16}$$

Wie in Abschnitt 4.3.1 ist auch hier die Spannungsnulllinie aus $\sigma_z(x,y) = 0$ zu bestimmen. Ihre Gleichung lautet mit (4.16) und $M_{bx} = M_b\cos\alpha$ sowie $M_{by} = M_b\sin\alpha$

$$y = \frac{M_{by}I_{xx} - M_{bx}I_{xy}}{M_{bx}I_{yy} - M_{by}I_{xy}} x = \frac{I_{xx}\sin\alpha - I_{xy}\cos\alpha}{I_{yy}\cos\alpha - I_{xy}\sin\alpha} x = (\tan\beta)x \; . \tag{4.17}$$

Nach Eintragung der Spannungsnulllinie in der Querschnittsfläche (Bild 4.8) ergeben sich wieder die von der Spannungsnulllinie am weitesten entfernten Punkte P und P', wo die betragsmäßig größten Biegespannungen auftreten. Das Vorzeichen von σ_z folgt aus (4.16).

Im Sonderfall $I_{xy} = 0$, d.h. x und y sind Hauptachsen, führt (4.17) auf das Ergebnis

$$y = \frac{I_{xx}\sin\alpha}{I_{yy}\cos\alpha} x = \frac{I_{xx}}{I_{yy}}(\tan\alpha)x \; ,$$

welches mit (4.14) übereinstimmt.

Beispiel 4.2

Ein Balken mit dem T-Querschnitt nach Beispiel 4.1 unterliegt schiefer Biegung infolge des Momentes M_b gemäß Bild 4.9. Gesucht werden die maximale und die betragsmäßig größte Biegespannung für $\tan\alpha = 0,2$.

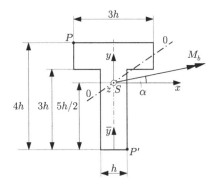

Bild 4.9. Schiefe Biegung eines Balkens mit T-Querschnitt

Lösung:
Wegen der Symmetrie des T-Querschnitts sind die Hauptachsenrichtungen bekannt. Aus Beispiel 4.1 kann die Schwerpunktlage übernommen werden. Außerdem gilt $I_{xx} = 17h^4/2$. Für das Flächenträgheitsmoment bezüglich der Hauptachse y folgt

$$I_{yy} = \frac{1}{12} \cdot 3h \cdot h^3 + \frac{1}{12} \cdot h \cdot (3h)^3 = \frac{5}{2}h^4 \ .$$

Die Spannungsnulllinie ergibt sich aus (4.14):

$$y = \frac{I_{xx}}{I_{yy}}(\tan\alpha)x = \frac{17}{5} \cdot \frac{1}{5}x = 0,68x \ ,$$

(s. Bild 4.9). Die maximale Biegespannung wirkt im Punkt P mit dem Wert nach (4.13)

$$\sigma_z\left(-\frac{3}{2}h, \frac{3}{2}h\right) = \frac{2M_b}{17h^4} \cdot \frac{3}{2}h\cos\alpha + \frac{2M_b}{5h^4} \cdot \frac{3}{2}h\sin\alpha$$

$$= \frac{3M_b}{h^3}\left(\frac{\cos\alpha}{17} + \frac{\sin\alpha}{5}\right) = 0,291\frac{M_b}{h^3} \ ,$$

der auf Zug hinweist.

Die betragsmäßig größte Biegespannung liegt im Punkt P' vor. Sie ist gemäß (4.13)

$$\sigma_z\left(\frac{h}{2}, -\frac{5}{2}h\right) = -\frac{2M_b}{17h^4} \cdot \frac{5h}{2}\cos\alpha - \frac{2M_b}{5h^4} \cdot \frac{h}{2}\sin\alpha$$

$$= -\frac{M_b}{h^3}\left(\frac{5\cos\alpha}{17} + \frac{\sin\alpha}{5}\right) = -0,328\frac{M_b}{h^3}$$

eine Druckspannung. $\qquad\qquad\square$

Beispiel 4.3
Für den Balken mit der Querschnittsform nach Bild 4.10 wird der maximale Spannungsbetrag infolge des Biegemomentes M_b gesucht.

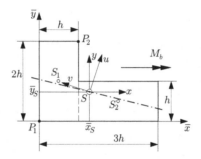

Bild 4.10. Schiefe Biegung eines Balkens mit L-Querschnitt

Lösung:
Es müssen die Schwerpunktkoordinaten und die Flächenmomente zweiter Ordnung bezüglich eines Schwerpunktbezugssystems bestimmt werden. Hierfür wird zunächst das beliebige, aber zweckmäßige Bezugssystem $\bar{x}, \bar{y}$ eingeführt. Unter Benutzung der bekannten Koordinaten der Schwerpunkte S_1 und S_2 für die beiden Teilflächen nach Bild 4.10 ergeben sich die Schwerpunktkoordinaten der Gesamtfläche $A = 4h^2$

$$\bar{x}_S = \frac{\frac{1}{2}h \cdot 2h^2 + 2h \cdot 2h^2}{4h^2} = \frac{5}{4}h \ ,$$

$$\bar{y}_S = \frac{h \cdot 2h^2 + \frac{1}{2}h \cdot 2h^2}{4h^2} = \frac{3}{4}h \ .$$

Die Flächenmomente bezüglich des $\bar{x}, \bar{y}$-Systems sind wegen der Addierbarkeit der Teilflächenmomente bezüglich gleicher Bezugssysteme und der

Gültigkeit des Satzes von STEINER

$$I_{\bar{x}\bar{x}} = \frac{h \cdot (2h)^3}{3} + \frac{2h \cdot h^3}{3} = \frac{10}{3}h^4 \,,$$

$$I_{\bar{y}\bar{y}} = \frac{2h \cdot h^3}{3} + \frac{h \cdot (2h)^3}{12} + (2h)^2 \cdot 2h^2 = \frac{28}{3}h^4 \,,$$

$$I_{\bar{x}\bar{y}} = -\frac{h^2 \cdot (2h)^2}{4} - 2h \cdot \frac{h}{2} \cdot 2h^2 = -3h^4 \,.$$

Für die Flächenmomente bezüglich der Koordinatenachsen x und y im Schwerpunkt S der Gesamtfläche folgt mittels des Satzes von STEINER

$$I_{xx} = I_{\bar{x}\bar{x}} - \bar{y}_S^2 A = \frac{10}{3}h^4 - \left(\frac{3}{4}h\right)^2 \cdot 4h^2 = \frac{13}{12}h^4 \,,$$

$$I_{yy} = I_{\bar{y}\bar{y}} - \bar{x}_S^2 A = \frac{28}{3}h^4 - \left(\frac{5}{4}h\right)^2 \cdot 4h^2 = \frac{37}{12}h^4 \,,$$

$$I_{xy} = I_{\bar{x}\bar{y}} + \bar{x}_S\bar{y}_S A = -3h^4 + \frac{5}{4}h \cdot \frac{3}{4}h \cdot 4h^2 = \frac{3}{4}h^4 \,.$$

Die Spannungsnulllinie lautet nach (4.17) mit $\alpha = 0$

$$y = -\frac{I_{xy}}{I_{yy}}x = -\frac{3}{4} \cdot \frac{12}{37}x = -\frac{9}{37}x = -0,243x \,.$$

Ihre Lage ist im Bild 4.10 strichpunktiert angedeutet. Als Stellen maximaler Biegespannungsbeträge kommen die Punkte P_1 und P_2 in Betracht. Sie haben die Koordinaten

$$x_1 = -\frac{5}{4}h \,, \quad y_1 = -\frac{3}{4}h \quad \text{und} \quad x_2 = -\frac{1}{4}h \,, \quad y_2 = \frac{5}{4}h \,.$$

Einsetzen dieser Werte in (4.16) ergibt mit dem Nenner

$$N = I_{xy}^2 - I_{xx}I_{yy} = \left(\frac{3}{4}h^4\right)^2 - \frac{13}{12}h^4 \cdot \frac{37}{12}h^4 = -\frac{25}{9}h^8 \,,$$

$$\sigma_{z1} = \frac{M_b}{N}(-I_{xy}x_1 - I_{yy}y_1) = -\frac{9M_b}{25h^8}\left(\frac{3}{4}h^4 \cdot \frac{5h}{4} + \frac{37}{12}h \cdot \frac{3h}{4}\right) = -\frac{117M_b}{100h^3} \,,$$

$$\sigma_{z2} = \frac{M_b}{N}(-I_{xy}x_2 - I_{yy}y_2) = \frac{9M_b}{25h^8}\left(-\frac{3}{4}h^4 \cdot \frac{h}{4} + \frac{37}{12} \cdot \frac{5h}{4}\right) = \frac{33M_b}{25h^3} \,,$$

$$\sigma_{z1} = -1,17\frac{M_b}{h^3} \,, \qquad \sigma_{z2} = 1,32\frac{M_b}{h^3} \,.$$

Der zweite Wert ist der betragsmäßig größere und deshalb der gesuchte. Es handelt sich um eine Zugspannung.

Die Lösung der oben gestellten Aufgabe kann auch auf dem Weg des Beispiels 4.2 erfolgen. Hierfür sind zunächst die Hauptträgheitsmomente und die jetzt mit u und v bezeichneten Hauptachsen zu bestimmen. Die aus der Statik bekannten und zu (2.13), (2.14) analogen Formeln ergeben die mit I_1 und I_2 bezeichneten Hauptträgheitsmomente

$$I_{1,2} = \frac{1}{2}(I_{xx} + I_{yy}) \pm \sqrt{\frac{1}{4}(I_{xx} - I_{yy})^2 + I_{xy}^2}$$

$$= \left[\frac{1}{2}\left(\frac{13}{12} + \frac{37}{12}\right) \pm \sqrt{\frac{1}{4}\left(\frac{13}{12} - \frac{37}{12}\right)^2 + \left(\frac{3}{4}\right)^2}\right]h^4 ,$$

$$I_{1,2} = \left(\frac{25}{12} \pm \frac{5}{4}\right)h^4 , \quad I_1 = \frac{10}{3}h^4 , \quad I_2 = \frac{5}{6}h^4 ,$$

$$\tan\varphi_{01} = \frac{I_{xy}}{I_x - I_2} = \frac{3}{4\left(\dfrac{13}{12} - \dfrac{10}{12}\right)} = 3 , \quad \varphi_{01} = 71,57° .$$

Der Winkel φ_{01} wird zwischen den Achsen x und u gemessen (Bild 4.10). Die Biegespannungsverteilung gemäß (4.13) und Bild 4.10 ist

$$\sigma_z = \frac{M_b \cos\varphi_{01}}{I_1}v + \frac{M_b \sin\varphi_{01}}{I_2}u .$$

Zu ihr gehört die aus $\sigma_z = 0$ folgende Spannungsnulllinie

$$v = -\frac{I_1}{I_2}(\tan\varphi_{01})u = -\frac{10}{3} \cdot \frac{6}{5} \cdot 3u = -12u ,$$

welche mit der schon berechneten Spannungsnulllinie übereinstimmt. Die Koordinaten der geometrischen Punkte transformieren sich beim Übergang vom x, y-System auf das u, v-System nach

$$u = x\cos\varphi_{01} + y\sin\varphi_{01} , \quad v = -x\sin\varphi_{01} + y\cos\varphi_{01} .$$

Damit haben die Punkte P_1 und P_2 die neuen Koordinaten

$$u_1 = -1,107h , \quad v_1 = 0,949h , \qquad u_2 = 1,107h , \quad v_2 = 0,632h .$$

Die Spannungen an diesen Stellen besitzen die Werte

$$\sigma_{z1} = \frac{M_b \cos\varphi_{01}}{I_1}v_1 + \frac{M_b \sin\varphi_{01}}{I_2}u_1 = -1,17\frac{M_b}{h^3} ,$$

$$\sigma_{z2} = \frac{M_b \cos\varphi_{01}}{I_1}v_2 + \frac{M_b \sin\varphi_{01}}{I_2}u_2 = 1,32\frac{M_b}{h^3} .$$

Diese wurden schon oben erhalten.

Welche der beiden demonstrierten Rechenwege günstiger ist, hängt vom gestellten Problem ab. Im vorliegenden Fall scheint die erste der beiden Varianten vorteilhafter zu sein.   □

Ergänzend sei darauf hingewiesen, dass bei kreisförmigen Querschnitten das
Deviationsmoment für alle Schwerpunktachsen verschwindet. Folglich verursacht jedes Biegemoment gerade Biegung.

4.4 Spannungen infolge Biegemoment und Längskraft

Häufig sind prismatische oder zylindrische Stäbe gleichzeitig durch Biegung
und axialen Zug beansprucht. Statt Zug kann auch Druck auftreten, der als
Zug mit negativem Vorzeichen berücksichtigt wird.

Im Folgenden seien die Lage des Schwerpunktes und der Hauptträgheits-
achsen x, y der Querschnittsfläche bekannt. Dann ergibt sich die Biegespannung infolge eines Biegemomentes M_b gemäß Bild 4.7 und (4.13) zu

$$\sigma_{zb} = \frac{M_{bx}}{I_{xx}} y - \frac{M_{by}}{I_{yy}} x \; . \tag{4.18}$$

Eine Längskraft F_L, deren Wirkungslinie per Definition durch die Querschnittsflächenschwerpunkte des prismatischen Balkens verläuft, erzeugt in
einem Querschnitt mit der Fläche A und in hinreichender Entfernung von
ihrem Angriffspunkt die Zuglängsspannung

$$\sigma_{zl} = \frac{F_L}{A} \; . \tag{4.19}$$

Wegen der Vernachlässigung der Verformungen in den aktuellen Gleichgewichtsbedingungen und wegen der Linearität des HOOKEschen Gesetzes
(1.13) können die beiden Spannungen (4.18) und (4.19) wieder analog zu
(4.13) additiv zusammengesetzt werden. Die Gesamtspannung ergibt sich aus

$$\sigma_z = \frac{M_{bx}}{I_{xx}} y - \frac{M_{by}}{I_{yy}} x + \frac{F_L}{A} \; . \tag{4.20}$$

Wird σ_z als Funktion der beiden in der Querschnittsfläche liegenden Koordinaten x und y über der Querschnittsfläche aufgetragen, dann beschreibt
(4.20) eine geneigte Ebene, die mit der Querschnittsebene eine Schnittlinie
erzeugt, auf der $\sigma_z = 0$ erfüllt ist. Diese Spannungsnulllinie verläuft jetzt für
$F_L \neq 0$ im Gegensatz zur Spannungsnulllinie in Abschnitt 4.3.1 nicht durch
den Schwerpunkt. Der maximale Spannungsbetrag $|\sigma_z|_{\max}$ ist in dem Quer-
schnittspunkt zu finden, der den größten senkrechten Abstand von der Spannungsnulllinie besitzt. Herrscht dort eine Zugspannung, so stellt diese auch
die maximale Zugspannung dar. Anderenfalls muss, sofern die maximale Zugspannung gesucht wird, noch der auf der Gegenseite der Spannungsnulllinie
am weitesten entfernt liegende Punkt in (4.20) eingesetzt werden.

Ein spezieller Fall liegt vor, wenn das Biegemoment durch eine exzentrisch angreifende, axial orientierte Kraft verursacht wird (Bild 4.11).

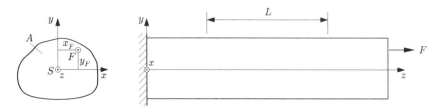

Bild 4.11. Balken unter exzentrischer Zugkraft

Die Länge L weist ähnlich wie schon in früheren Betrachtungen, z.B. in Bild 1.3, auf die ungefähre Größe des Gültigkeitsbereiches der elementaren Lösungen (4.18) und (4.19) gemäß dem Prinzip von DE SAINT VENANT hin. Dieser Aspekt wird in Kapitel 10 genauer besprochen.

Aus (4.20) folgt durch Einsetzen der speziellen Form des Momentes der Kraft F

$$\sigma_z = \frac{F y_F}{I_{xx}} y + \frac{F x_F}{I_{yy}} x + \frac{F}{A} \ . \tag{4.21}$$

Das Pluszeichen vor dem zweiten Term von (4.21) genügt der Tatsache, dass der Biegemomentenanteil $F x_F$ für positive x positive Biegespannungen erzeugt.

Beispiel 4.4

Ein prismatischer Balken mit Rechteckquerschnitt wird durch eine exzentrische Zugkraft F belastet (Bild 4.12). Gesucht ist die maximale Normalspannung.

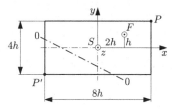

Bild 4.12. Zum Balken mit Rechteckquerschnitt unter exzentrischer Zugkraft

Lösung:

Die Querschnittsfläche A sowie die Flächenträgheitsmomente I_{xx} und I_{yy} bezüglich der Hauptachsen x und y ergeben sich zu

$$A = 32h^2 \ , \quad I_{xx} = \frac{8h}{12}(4h)^3 \ , \quad I_{yy} = \frac{4h}{12}(8h)^3 \ ,$$

so dass (4.21) mit $y_F = h$ und $x_F = 2h$

$$\sigma_z = \frac{F}{32h^2} + \frac{12Fh}{8h(4h)^3}y + \frac{12F2h}{4h(8h)^3}x = \frac{F}{32h^2}\left(1 + \frac{3y}{4h} + \frac{3x}{8h}\right)$$

liefert. Die Spannungsnulllinie $\sigma_z = 0$ bzw.

$$1 + \frac{3y}{4h} + \frac{3x}{8h} = 0$$

verläuft durch die Punkte $(0, -4h/3)$ und $(-8h/3, 0)$, s. Bild 4.12. Da der Kraftangriffspunkt der Zugkraft im ersten Quadranten liegt, wirkt am Punkt $P(4h, 2h)$ die größte Zugspannung

$$\sigma_{z\,max} = \frac{F}{32h^2}\left(1 + \frac{3}{4}\cdot 2 + \frac{3}{8}\cdot 4\right) = \frac{F}{8h^2}\ .$$

□

Ergänzend zu dem betrachteten Beispiel ist festzustellen, dass im Falle einer Druckkraft im Punkt $(2h, h)$ der Zugbereich unter der Spannungsnulllinie von Bild 4.12 liegt. Wird der Angriffspunkt dieser Druckkraft in Richtung Schwerpunkt S verschoben, so wandert die Spannungsnulllinie an den Querschnittsrandpunkt P' und der Zugbereich verschwindet. Dies zeigt für ein beliebiges Rechteck nochmals Bild 4.13a, wo der betreffende Randpunkt mit P bezeichnet wurde.

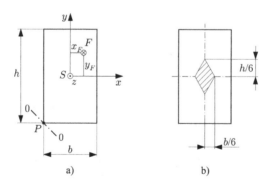

Bild 4.13. Zum Querschnittskern eines Rechteckquerschnittes

Bleiben die Koordinaten x_F und y_F des Angriffspunktes der Druckkraft F zunächst noch variabel, so liefert (4.21) mit $\sigma_z = 0$

$$\sigma_z = -\frac{12Fy_F}{bh^3}y - \frac{12Fx_F}{hb^3}x - \frac{F}{bh} = 0\ .$$

Einsetzen des Punktes P mit den Koordinaten $x = -b/2$ und $y = -h/2$ ergibt

$$y_F = \frac{h}{6} - \frac{h}{b}x_F \ ,$$

eine Geradengleichung für den Kraftangriffspunkt. Sie begrenzt die schraffierte Fläche von Bild 4.13b im ersten Quadranten. Die Wiederholung der obigen Vorgehensweise für jeden Eckpunkt des Rechteckes in Bild 4.13a führt auf die verbleibenden Begrenzungsgeraden der schraffierten Fläche in Bild 4.13b. Für Angriffspunkte von Druckkräften innerhalb dieser Fläche schneidet keine Spannungsnulllinie den Querschnitt, der dann zugspannungsfrei bleibt. Die schraffierte Fläche heißt Querschnittskern. Sie hat technische Bedeutung für spröde Materialien, die keine Zugbeanspruchung infolge exzentrischer Druckkräfte erleiden dürfen oder die im Druckbereich vorgespannt werden sollen. Hinsichtlich des Problems der Krafteinleitung sei auf Kapitel 10 verwiesen.

4.5 Biegeverformung

In Abschnitt 4.1 wurde die für die Balkenbiegung wesentliche kinematische Hypothese von BERNOULLI angenommen, nach der senkrecht zur Balkenachse angeordnete Querschnitte bei der Verformung des Balkens eben und senkrecht zur verformten Balkenachse bleiben. Mit dieser Voraussetzung konnte für gerade Biegung die axiale Dehnung einer beliebigen Stelle des Querschnittes gemäß (4.1) durch den Krümmungsradius der verformten Balkenachse und eine Querschnittskoordinate ausgedrückt werden. Die Balkenachse stellt die Verbindungslinie der Querschnittsflächenschwerpunkte dar. Der Krümmungsradius beschreibt die Biegung der Balkenachse um eine Hauptachse des Querschnittes, liegt also in einer senkrecht zu dieser Hauptachse angeordneten Ebene. Die benutzte Querschnittskoordinate hat die Richtung des Krümmungsradius.

Im Folgenden leiten wir den geometrischen Zusammenhang zwischen dem Krümmungsradius der zu einer ebenen Kurve verformten Balkenachse und der dazugehörigen Verschiebung bei gerader Biegung her (s. Bild 4.1 und Bild 4.3).

❯ 4.5.1 Differenzialgleichung der elastischen Linie

In der Mathematik wird der Krümmungsradius der Kurve, welche eine bis zur zweiten Ordnung differenzierbare Funktion $y(x)$ darstellt (Bild 4.14), durch die Beziehung

$$ds = \varrho d\varphi \tag{4.22}$$

definiert.

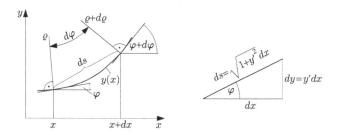

Bild 4.14. Zur Berechnung des Krümmungsradius

In (4.22) geben ds die differenzielle Bogenlängenänderung und $d\varphi$ die differenzielle Tangentenwinkeländerung der Kurve beim Fortschreiten um dx auf der x-Achse an. Außerdem enthält (4.22) den Fakt, dass der Krümmungsradius senkrecht auf der Kurventangente im jeweiligen Kurvenpunkt steht.
Wegen $\varphi = \arctan y'$ mit $y' = dy/dx$ kann (4.22) als

$$\frac{1}{\varrho} = \frac{d\varphi}{ds} = \frac{d\varphi}{dx} \cdot \frac{dx}{ds} = \frac{y''}{1 + y'^2} \cdot \frac{1}{\sqrt{1 + y'^2}} = \frac{y''}{(1 + y'^2)^{3/2}} \qquad (4.23)$$

geschrieben werden. Dabei wurde die Kettenregel der Differenziation angewendet und das Bogenlängendifferenzial ds nach Bild 4.14 mittels des Satzes von PYTHAGORAS (um 580 v.Chr. – um 496 v.Chr.) berechnet. Die rechte Seite von (4.23) stellt die Krümmung der Kurve dar.
Der Krümmungsradius soll definitionsgemäß immer eine positive Größe sein. Deshalb ist in (4.23) bei Öffnung der Kurve entgegengesetzt zur y-Richtung ein Minuszeichen einzufügen. Dies wird nochmals deutlich, wenn sich in (4.23) der vorzeichenbestimmende Zähler y'' aus der parabolischen Funktion $y = -cx^2$, $c > 0$ zu $y'' = -2c$ ergibt.
In der Mechanik der Balkenbiegung treten die Durchbiegung v und die Achsenkoordinate z an die Stelle der negativen Ordinate y und der Abszisse x (Bild 4.15).

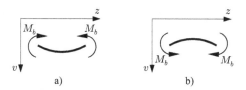

Bild 4.15. Zum Vorzeichen der Balkenkrümmung

Wir nehmen jetzt noch eine betragsmäßig kleine Verdrehung φ der Balkenachse an, d.h. $|\varphi| \ll 1$ und deshalb $|v'| \approx |\varphi| \ll 1$. Dies ist für die hier betrachteten Durchbiegungen, die sehr viel kleiner als die Balkenlänge sind, immer erfüllt. Für gerade Balken heißt die Verdrehung der Balkenachse auch Balkenneigung. Unter Beachtung der oben geführten Diskussion zum Vorzeichen der Kurvenkrümmung und mit den geänderten Bezeichnungen ergibt sich dann aus (4.23) unabhängig von der Orientierung der z-Koordinate

$$\frac{1}{\varrho} = \mp v'' \, . \tag{4.24}$$

Das Minuszeichen in (4.24) gehört zur Krümmung von Bild 4.15a mit der dazugehörigen Festlegung des Zählsinns des Biegemomentes M_b. Das Pluszeichen entspricht der Anordnung von Bild 4.15b. Wir benutzen meist die erstgenannte Möglichkeit. Ihre Kombination mit (4.9) führt auf die Differenzialgleichung der so genannten elastischen Linie oder Biegelinie

$$\frac{1}{\varrho} = -v'' = \frac{M_b}{E I_{xx}} \, , \tag{4.25}$$

in der alle Terme von der Achsenkoordinate z abhängen können. Die Differenzialgleichung (4.25) ist für bekannte rechte Seiten direkt zu integrieren, da die gesuchte Funktion $v(z)$ nur als zweite Ableitung $v''(z)$ auftritt. Im Ergebnis erscheinen gemäß der zweiten Ordnung von (4.25) zwei Integrationskonstanten, die aus zwei zu formulierenden Randbedingungen zu bestimmen sind. Die Randbedingungen zu der Differenzialgleichung zweiter Ordnung (4.25) enthalten Aussagen über bekannte Verschiebungen (Durchbiegungen) und Verdrehungen der Balkenachse an den Balkenenden. Sie heißen kinematische oder geometrische Randbedingungen. Muss die Balkenlänge wegen abschnittsweiser bzw. unstetiger Verteilung der eingeprägten Lasten, auf Grund von Lagerungen zwischen den Balkenenden oder infolge von Abwinkelungen in Bereiche aufgeteilt werden, so sind die Randbedingungen durch weitere Aussagen bezüglich der Balkendurchbiegung und -verdrehung an den Übergangsstellen, so genannte Übergangsbedingungen, zu ergänzen. Die Gesamtzahl der voneinander unabhängigen Informationen gleicht dabei genau dem Zweifachen der Bereichsanzahl zuzüglich unbekannter Lagerreaktionen im Fall von statischer Unbestimmtheit.

❷ 4.5.2 Anwendungsfälle

Im Folgenden sei zunächst eine konstante Biegesteifigkeit angenommen. Außerdem verzichten wir wegen der geraden Biegung auf die Indizierung des Flächenträgheitsmomentes. Dann kann (4.25) in der Form

$$E I v'' = -M_b \tag{4.26}$$

geschrieben werden.

Wir betrachten den durch die eingeprägten Einzellasten F_0 und M_0 belasteten eingespannten Balken nach Bild 4.16 und berechnen die Durchbiegung sowie die Verdrehung des Balkens an der Lasteinleitungsstelle.

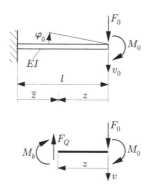

Bild 4.16. Eingespannter Balken unter Einzellasten

Für die erforderliche Ermittlung des Schnittmomentes M_b in (4.26) wird ein Koordinatensystem z, v und ein Zählsinn des Schnittmomentes M_b gemäß Bild 4.16 eingeführt. Dies entspricht Bild 4.15a, da die Orientierung der Balkenachskoordinate für das Vorzeichen in (4.24) bedeutungslos war. Mit der Momentenbilanz für die Schnittstelle ergibt sich das Biegemoment als

$$M_b = -F_0 z - M_0 \ .$$

Einsetzen in (4.26) und zweimalige Integration liefert mit den Integrationskonstanten C_1, C_2

$$EIv' = F_0 \frac{z^2}{2} + M_0 z + C_1 \ ,$$

$$EIv = F_0 \frac{z^3}{6} + M_0 \frac{z^2}{2} + C_1 z + C_2 \ .$$

An der Einspannung $z = l$ verschwinden Durchbiegung und Verdrehung des Balkens. Die Randbedingungen lauten folglich

$$v(l) = 0 \ , \quad v'(l) = 0$$

bzw.

$$F_0 \frac{l^3}{6} + M_0 \frac{l^2}{2} + l C_1 + C_2 = 0 \ , \quad F_0 \frac{l^2}{2} + M_0 l + C_1 = 0 \ .$$

Das Gleichungssystem für die beiden Unbekannten C_1 und C_2 hat die Lösung

$$C_1 = -F_0\frac{l^2}{2} - M_0 l \ , \quad C_2 = F_0\frac{l^3}{3} + M_0\frac{l^2}{2} \ .$$

Die gesuchten Verformungen v_0 und φ_0 sind

$$v_0 = v(0) = \frac{C_2}{EI} = \frac{F_0 l^3}{3EI} + \frac{M_0 l^2}{2EI} \ , \tag{4.27a}$$

$$\varphi_0 = -v'(0) = -\frac{C_1}{EI} = \frac{F_0 l^2}{2EI} + \frac{M_0 l}{EI} \ . \tag{4.27b}$$

Das Minuszeichen in der zweiten Gleichung entsteht, weil der in Bild 4.16 eingetragene Verdrehungswinkel φ_0 einem negativen Anstieg im Koordinatensystem z, v entspricht.

Es sei noch erwähnt, dass in obiger Rechnung die Lagerreaktionen nicht benötigt wurden. Der Leser überzeuge sich, dass die Benutzung der Koordinate $\bar{z} = l - z$ in Bild 4.16 dasselbe Ergebnis (4.27) liefert.

Beispiel 4.5

Der gestützte Balken nach Bild 4.17 unterliegt einer konstanten Streckenlast der Intensität q. Gesucht sind Ort und Größe der maximalen Durchbiegung des Balkens.

Lösung:

Das Gleichgewicht des gesamten Balkens erfordert die Lagerreaktionen $F_B = ql/2$ und $F_C = ql/2$.

Für die Verformungsberechnung werden die Koordinaten z und v eingeführt, deren Ursprung sich im Lager B befindet. Aus zeichentechnischen Gründen ist die Achskoordinate z in Bild 4.17 parallel zur Balkenachse dargestellt, eine Verfahrensweise, von der wir im Folgenden des Öfteren Gebrauch machen.

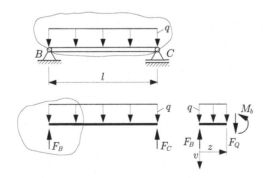

Bild 4.17. Gestützter Balken mit konstanter Streckenlast

Nach Festlegung des Zählsinns für das Schnittmoment M_b folgt aus der Momentenbilanz für die Schnittstelle und mit (4.26)

$$M_b = \frac{q}{2}(lz - z^2) = -EIv'' \ .$$

Die Integration ergibt mit den Integrationskonstanten C_1 und C_2

$$EIv' = -\frac{q}{2}\left(l\frac{z^2}{2} - \frac{z^3}{3}\right) + C_1 \ ,$$

$$EIv = -\frac{q}{2}\left(l\frac{z^3}{6} - \frac{z^4}{12}\right) + C_1 z + C_2 \ .$$

An den Lagern verschwindet die Durchbiegung, d. h.

$$v(0) = 0 = C_2 \ ,$$

$$v(l) = 0 = -\frac{q}{2}\left(\frac{l^4}{6} - \frac{l^4}{12}\right) + C_1 l \ , \qquad C_1 = \frac{ql^3}{24} \ .$$

Die maximale Durchbiegung $v_{\max}$ tritt in Balkenmitte $z = l/2$ auf. Sie hat den Wert

$$v_{\max} = v\left(\frac{l}{2}\right) = \frac{1}{EI}\left[\frac{ql^4}{48} - \frac{ql^4}{12}\left(\frac{1}{8} - \frac{1}{32}\right)\right] = \frac{5ql^4}{384EI} \ .$$

$\square$

Die Anordnungen nach Bild 4.16 und 4.17 waren statisch bestimmt und durch nur einen Bereich charakterisierbar. Wir gehen jetzt zu allgemeineren Situationen über.

Der gestützte Balken nach Bild 4.18 unterliegt einer unstetigen Lasteinleitung in Form der Einzelkraft F. Gesucht ist die Durchsenkung des Kraftangriffspunktes.

Nach Freischnitt des Balkens ergeben die Gleichgewichtsbedingungen die benötigten Lagerreaktionen

$$F_B = \frac{b}{l}F \ , \qquad F_C = \frac{a}{l}F \ , \qquad l = a + b \ .$$

Wir zerlegen den Balken in zwei Bereiche, die am Kraftangriffspunkt aneinandergrenzen, und führen in jedem Bereich i ein Koordinatensystem z_i, v_i sowie einen Zählpfeil für das Schnittmoment M_{bi} ein. Die Schnittmomente und die Differenzialgleichungen der elastischen Linie gemäß (4.26) einschließlich ihrer

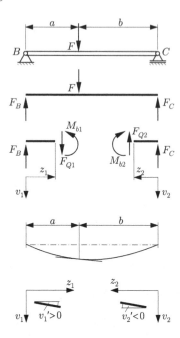

Bild 4.18. Gestützter Balken mit Einzelkraft

Integrale in den beiden Bereichen lauten:

$$0 \leq z_1 \leq a \,, \qquad\qquad 0 \leq z_2 \leq b \,,$$
$$M_{b1} = F_B z_1 = -EIv_1'' \,, \qquad M_{b2} = F_C z_2 = -EIv_2'' \,,$$

$$v_1' = -\frac{F_B}{EI}\left(\frac{z_1^2}{2} + C_1\right) \,, \qquad v_2' = -\frac{F_C}{EI}\left(\frac{z_2^2}{2} + C_3\right) \,,$$

$$v_1 = -\frac{F_B}{EI}\left(\frac{z_1^3}{6} + C_1 z_1 + C_2\right) \,, \qquad v_2 = -\frac{F_C}{EI}\left(\frac{z_2^3}{6} + C_3 z_2 + C_4\right) \,.$$

Für die Bestimmung der vier Integrationskonstanten C_1 bis C_4 werden vier Rand- bzw. Übergangsbedingungen benötigt.

An den gestützten Balkenenden verschwindet die Verschiebung, d. h.

$$v_1(0) = 0 \,, \quad v_2(0) = 0 \,,$$

woraus $C_2 = C_4 = 0$ folgt. An der Übergangsstelle des Bereiches 1 zum Bereich 2, hier die Krafteinleitungsstelle, muss die Balkenverschiebung stetig sein. Anderenfalls würde dort der Balken zerstört werden. Stetigkeit der Verschiebung bedeutet

$$v_1(a) = v_2(b) \,.$$

Zur Erhaltung der Balkenfunktion darf die Balkenachse bei Verformung auch keinen Knick bekommen. Hinsichtlich der dann stetigen Verdrehung gilt nach Bild 4.18 für $a < b$ wegen $v_1'(a) > 0$ und $v_2'(b) < 0$, die Übergangsbedingung

$$v_1'(a) = -v_2'(b) \ .$$

Wie man Bild 4.18 weiter entnimmt, entsteht das entgegengesetzte Vorzeichen der Verdrehungen v_1' und v_2' infolge der gegenseitigen Spiegelung der Koordinatensysteme z_1, v_1 und z_2, v_2. Eine Spiegelung der Koordinatensysteme liegt immer vor, wenn die einander entsprechenden Koordinatenzählrichtungen nicht durch Drehung in der Ebene zur Deckung gebracht werden können. Die beiden Übergangsbedingungen liefern wegen $C_2 = C_4 = 0$ das Gleichungssystem

$$-\frac{Fb}{EIl}\left(\frac{a^3}{6} + aC_1\right) = -\frac{Fa}{EIl}\left(\frac{b^3}{6} + bC_3\right) \ ,$$

$$-\frac{Fb}{EIl}\left(\frac{a^2}{2} + C_1\right) = \frac{Fa}{EIl}\left(\frac{b^2}{6} + C_3\right)$$

mit der Lösung

$$C_1 = -\frac{a}{6l}(2b^2 + a^2 + 3ab) \ , \quad C_3 = -\frac{b}{6l}(2a^2 + b^2 + 3ab) \ .$$

Die Balkenverschiebung v_F an der Krafteinleitungsstelle ist

$$v_F = v_1(a) = -\frac{Fb}{EIl}\left(\frac{a^3}{6} + aC_1\right) = \frac{Fa^2b^2}{3EIl} \ .$$

Der Sonderfall $a = b = l/2$ ergibt $v_F = Fl^3/(48EI)$. Dieser Wert beschreibt dann die maximale Durchbiegung.

Wir merken noch an, dass statt der zwei Achskoordinaten z_1 und z_2 auch eine durchlaufende Koordinate verwendet werden kann. Dies funktioniert jedoch nicht bei Balkenabwinklungen, weshalb wir die erstgenannte, allgemeinere Variante eingeführt haben.

Bezüglich weiterer Belastungs- und Lagerungsfälle gerader Balken sei auf entsprechende Tabellen in einschlägigen Taschenbüchern des Maschinen- und Bauwesens verwiesen.

Wir betrachten nun den Fall eines abgewinkelten Balkens, der gemäß Bild 4.19a durch eine Einzelkraft F belastet ist. Gesucht ist die Verschiebung v_B des Lagers B.

Die eingeprägte Kraft und die Lagerreaktionen zeigt Bild 4.19b. Diese äußeren Lasten sind symmetrisch zur eingezeichneten Winkelhalbierenden angeordnet.

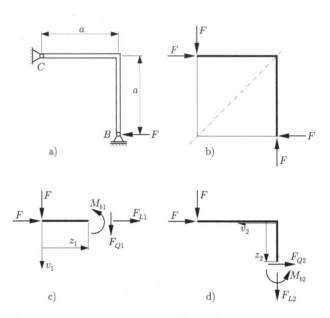

Bild 4.19. Abgewinkelter Balken unter Einzelkraft

Wir führen die Koordinaten z_i, v_i und Zählpfeile für die Schnittmomente $M_{bi}, i = 1, 2$ in den Bereichen $i = 1$ (Bild 4.19c) und $i = 2$ (Bild 4.19d) ein. Die Zählpfeile für die hier vollständig vorliegenden Schnittkräfte F_{Qi} und F_{Li} wurden mit eingetragen. Die Schnittkräfte gehen allerdings nicht in die Schnittmomentenbilanzen ein, welche, wie üblich, bezüglich der Schnittstellen formuliert werden. Für die Schnittmomente und Differenzialgleichungen der elastischen Linie nach (4.26) einschließlich ihrer Integrale in den beiden Bereichen ergibt sich

$$0 \leq z_1 \leq a , \qquad\qquad\qquad 0 \leq z_2 \leq a ,$$
$$M_{b1} = -Fz_1 = -EIv_1'' , \qquad M_{b2} = Fz_2 - Fa = -EIv_2'' ,$$

$$EIv_1'' = Fz_1 , \qquad\qquad\qquad EIv_2'' = Fa - Fz_2 ,$$
$$EIv_1' = F\frac{z_1^2}{2} + C_1 , \qquad\qquad EIv_2' = Faz_2 - F\frac{z_2^2}{2} + C_3 ,$$
$$EIv_1 = F\frac{z_1^3}{6} + C_1z_1 + C_2 , \qquad EIv_2 = Fa\frac{z_2^2}{2} - F\frac{z_2^3}{6} + C_3z_2 + C_4 .$$

Die Verschiebung am Lager C verschwindet, d. h.

$$v_1(0) = 0 , \quad C_2 = 0 .$$

Die Längenänderung der Balken infolge Längskraft wird hier gegenüber der Durchbiegung vernachlässigt. Diese Vereinfachung muss im konkreten Einzelfall u. U. kontrolliert werden (s. a. Beispiel 7.7). Die Verkürzung des Abstandes zwischen den Balkenenden infolge Verdrehung φ der Balkenelemente ist von der Ordnung φ^2, die Durchbiegung infolge Verdrehung φ dagegen von der Ordnung φ (s. Abschnitt 8.3.1 und Bild 8.12). Sie wird ebenfalls vernachlässigt. Damit ergibt sich

$$v_2(0) = 0 \ , \quad C_4 = 0 \ ,$$
$$v_1(a) = 0 \ , \quad C_1 = -F\frac{a^2}{6} \ .$$

Die rechtwinklige Ecke, die den horizontalen mit dem vertikalen Balkenteil verbindet, wird infolge der Belastung des Tragwerkes verdreht (Bild 4.20).

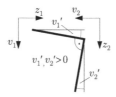

Bild 4.20. Zur Übergangsbedingung für die Balkenverdrehungen

Die Tangenten an der Biegelinie bleiben dabei senkrecht zueinander. Die Koordinatensysteme z_1, v_1 und z_2, v_2 können durch Drehung in der Ebene miteinander zur Deckung gebracht werden. Beide Verdrehungen v_1' und v_2' haben die gleiche, hier positive Orientierung. Folglich lautet ihre Übergangsbedingung

$$v_1'(a) = v_2'(0) \ , \quad F\frac{a^2}{2} + C_1 = C_3 \ .$$

Einsetzen von C_1 liefert

$$C_3 = F\frac{a^2}{3} \ .$$

Die Lagerverschiebung v_B ergibt sich zu

$$v_B = v_2(a) = \frac{Fa^3}{EI}\left(\frac{1}{2} - \frac{1}{6} + \frac{1}{3}\right) = \frac{2Fa^3}{3EI} \ .$$

Beispiel 4.6
Für den abgewinkelten Balken nach Bild 4.21 ist die Verdrehung des freien Balkenendes infolge des Einzelmomentes M_0 gesucht.

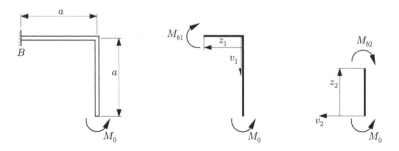

Bild 4.21. Abgewinkelter Balken mit Einzelmoment

Lösung:

Mit den angegebenen Teilfreischnitten, Koordinatensystemen und Schnittmomentenzählpfeilen ergibt sich

$$0 \leq z_1 \leq a \, , \qquad\qquad 0 \leq z_2 \leq a \, ,$$
$$M_{b1} = M_0 = -EIv_1'' \, , \qquad M_{b2} = M_0 = -EIv_2'' \, ,$$

$$EIv_1' = -M_0z_1 + C_1 \, , \qquad EIv_2' = -M_0z_2 + C_3 \, ,$$
$$EIv_1 = -M_0\frac{z_1^2}{2} + C_1z_1 + C_2 \, , \qquad EIv_2 = -M_0\frac{z_2^2}{2} + C_3z_2 + C_4 \, .$$

Die Rand- und Übergangsbedingungen lauten:

$$v_1(a) = 0 \, , \quad v_1'(a) = 0 \, , \quad v_2(a) = 0 \, , \quad v_1'(0) = v_2'(a) \, .$$

Aus der zweiten Bedingung folgt $C_1 = aM_0$ und damit aus der letzten Gleichung $C_3 = 2aM_0$. Die Verdrehung des freien Balkenendes ist

$$v_2'(0) = \frac{C_3}{EI} = \frac{2aM_0}{EI} \, .$$

Für die Gewinnung dieses Ergebnisses wurden die erste und die dritte Bedingung nicht benötigt. Das Ergebnis gleicht erwartungsgemäß der doppelten Verdrehung des freien Endes eines eingespannten Balkens der Länge a, welcher am freien Ende durch das Einzelmoment M_0 belastet ist (vgl. hierzu Bild 4.16 und die diesbezügliche Rechnung).   □

Es verbleibt noch die Erörterung eines statisch unbestimmten Problems. Dies liegt mit dem Balken vor, der gemäß Bild 4.22 links eingespannt und rechts gestützt ist.

Die Belastung des Balkens erfolgt durch eine konstante Streckenlast q. Gesucht sind die Lagerreaktionen.

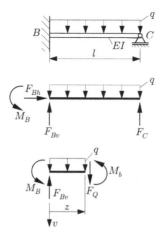

Bild 4.22. Statisch unbestimmt gelagerter Balken

Nach Freischneiden des gesamten Balkens zeigen die Gleichgewichtsbilanzen

$$\rightarrow : \quad F_{Bh} = 0 \;,$$

$$\uparrow \; : \quad F_{Bv} + F_C - ql = 0 \;,$$

$$\overset{\frown}{C} \; : \quad M_B - F_{Bv}l + ql\frac{l}{2} = 0$$

mit den letzten zwei Gleichungen für die drei Unbekannten F_{Bv}, F_C und M_B die einfach statische Unbestimmtheit der Lagerung an. Die fehlende Information zur Bestimmung der statisch Unbestimmten folgt aus der zugehörigen kinematischen Bedingung am Angriffspunkt der statisch Unbestimmten. Die Teilfreischnittskizze führt auf

$$M_b = F_{Bv}z - M_B - q\frac{z^2}{2} \quad = -\,EIv'' \;,$$

$$F_{Bv}\frac{z^2}{2} - M_Bz - q\frac{z^3}{6} \quad = -\,EI(v' + C_1) \;,$$

$$F_{Bv}\frac{z^3}{6} - M_B\frac{z^2}{2} - q\frac{z^4}{24} = -\,EI(v + C_1z + C_2) \;.$$

Für die Bestimmung der beiden Integrationskonstanten C_1, C_2 und einer statisch unbestimmten Lagerreaktion werden drei Randbedingungen benötigt. Diese lauten:

$$v(0) = 0 \;, \quad v'(0) = 0 \;, \quad v(l) = 0 \;.$$

Hieraus folgen $C_2 = 0$, $C_1 = 0$ und

$$F_{Bv}\frac{l^3}{6} - M_B\frac{l^2}{2} - q\frac{l^4}{24} = 0 \;,$$

so dass sich zusammen mit der obigen Momentenbilanz bezüglich C zunächst

$$F_{Bv} = \frac{5}{8}ql \, , \quad M_B = \frac{ql^2}{8}$$

und nach Benutzung der vertikalen Kräftebilanz

$$F_C = \frac{3}{8}ql$$

ergeben.

❯ 4.5.3 Differenzialgleichung vierter Ordnung

Für gerade Balken, die durch kontinuierlich verteilte Streckenlasten quer zur Balkenachse belastet sind, wurde in der Statik eine Beziehung zwischen Streckenlast, Querkraft und Biegemoment angegeben. Mit Bezug auf Bild 4.23 sei dieser Zusammenhang nochmals dargestellt.

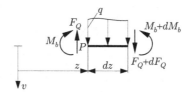

Bild 4.23. Balkenelement mit Streckenlast

Die vertikale Kräftebilanz lautet

$$\uparrow : \; -dF_Q - qdz = 0 \, , \qquad \frac{dF_Q}{dz} = F_Q' = -q \qquad (4.28)$$

und die Momentenbilanz bezüglich P

$$\widehat{P} : \; dM_b - F_Qdz = 0$$

bzw. unter Verwendung von (4.26)

$$\frac{dM_b}{dz} = M_b' = F_Q = -(EIv'')' \, . \qquad (4.29)$$

Differenziation und Einsetzen von (4.28) liefern die Differenzialgleichung vierter Ordnung für die elastische Linie (Biegelinie)

$$(EIv'')'' = q \, . \qquad (4.30)$$

Für konstante Biegesteifigkeit EI führt dies auf

$$EIv'''' = q \, . \qquad (4.31)$$

Beide Differenzialgleichungen (4.30) und (4.31) lassen sich für gegebene Streckenlast ohne Benutzung der Schnittreaktionen und eventuell darin enthalte-
ner statisch unbestimmter Lagerreaktionen direkt integrieren. Entsprechend
der vierten Ordnung der Differenzialgleichungen treten jetzt vier Randbedingungen auf. Diese bestehen außer den schon benutzten kinematischen Informationen (auch als geometrisch bezeichnet) für Balkendurchbiegung und
-verdrehung in statischen Angaben (auch dynamisch oder kinetisch genannt)
über Biegemoment und Querkraft an den Balkenenden. Dort müssen das
Biegemoment und die Querkraft ihre jeweilige globale Gleichgewichtsbilanz
erfüllen. Die statischen Randbedingungen werden unter Berücksichtigung von
(4.26) bzw. (4.29) ausgewertet. An einem Bereichsrand können rein kinematische, rein statische oder gemischte Randbedingungen vorliegen.

Beispiel 4.7
Ein gestützter Balken mit konstanter Biegesteifigkeit EI ist durch eine veränderliche Streckenlast $q(z) = q_0 \sin(\pi z/l)$ belastet (Bild 4.24).

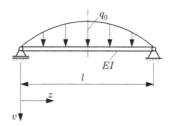

Bild 4.24. Balken mit veränderlicher Streckenlast

Gesucht wird die maximale Durchbiegung.
Lösung:
Nach Einsetzen der Streckenlast in (4.31) folgt

$$EIv'''' = q_0 \sin \pi \frac{z}{l} \ ,$$

$$EIv''' = -q_0 \frac{l}{\pi} \cos \pi \frac{z}{l} + C_1 \ ,$$

$$EIv'' = -q_0 \frac{l^2}{\pi^2} \sin \pi \frac{z}{l} + C_1 z + C_2 \ ,$$

$$EIv' = q_0 \frac{l^3}{\pi^3} \cos \pi \frac{z}{l} + C_1 \frac{z^2}{2} + C_2 z + C_3 \ ,$$

$$EIv = q_0 \frac{l^4}{\pi^4} \sin \pi \frac{z}{l} + C_1 \frac{z^3}{6} + C_2 \frac{z^2}{2} + C_3 z + C_4 \ .$$

Die Randbedingungen führen der Reihe nach auf

$$
\begin{aligned}
v(0) &= 0 \,, & C_4 &= 0 \,, \\
M_b(0) &= 0 \,, & v''(0) &= 0 \,, & C_2 &= 0 \,, \\
M_b(l) &= 0 \,, & v''(l) &= 0 \,, & C_1 &= 0 \,, \\
v(l) &= 0 \,, & C_3 &= 0 \,.
\end{aligned}
$$

Die maximale Durchbiegung $v_{\max}$ liegt in Balkenmitte $z = l/2$ vor. Sie beträgt

$$
v_{\max} = v\left(\frac{l}{2}\right) = \frac{q_0 l^4}{\pi^4 EI} \,.
$$

$\square$

Ergänzend verweisen wir hier auf die Differenzialgleichung der Biegeschwingung, die aus (4.30) bzw. (4.31) entsteht, wenn dort die der Beschleunigung $\partial^2 v/\partial t^2$ (t bezeichnet die Zeit) entgegengesetzt wirkende Trägheitskraft pro Längeneinheit $-A\varrho\partial^2 v/\partial t^2$ (A – Balkenquerschnittsfläche, ϱ – Massendichte) zusätzlich zur Streckenlast q eingesetzt wird (vgl. a. Abschnitt 12.5). Wegen der zweiten Zeitableitung in der Differenzialgleichung werden dann zur vollständigen Formulierung des Problems außer den Randbedingungen noch zwei Anfangsbedingungen benötigt, welche die örtlichen Verteilungen der Balkenverschiebung und -verschiebungsgeschwindigkeit zu einem festen Zeitpunkt betreffen.

❯ 4.5.4 Elastische Linie bei schiefer Biegung

Wegen der Linearität der Differenzialgleichung (4.26) können im Fall schiefer Biegung nach Zerlegung des Biegemomentenvektors in zwei Komponenten M_{bx} und M_{by} bezüglich der Querschnittshauptachsen x und y (Bild 4.25)

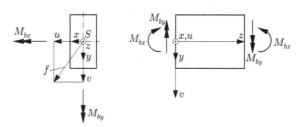

Bild 4.25. Zur elastischen Linie bei schiefer Biegung

zwei getrennte Differenzialgleichungen für die Verschiebungsvektorkoordinaten u und v angeschrieben werden:

$$M_{bx} = -EI_{xx}v'' \, , \tag{4.32a}$$

$$M_{by} = +EI_{yy}u'' \, . \tag{4.32b}$$

Dabei entspricht das positive Vorzeichen in (4.32b) der Zuordnung der Zählpfeile von M_{by} und u gemäß Bild 4.25 derjenigen von Bild 4.15b.

Die Integration der Gleichungen (4.32a, b) ist getrennt auszuführen, desgleichen die Bestimmung der anfallenden Integrationskonstanten aus den zugehörigen Randbedingungen gemäß der räumlichen Lagerung. Der Betrag f des Verschiebungsvektors ergibt sich aus

$$f = \sqrt{u^2 + v^2} \, . \tag{4.33}$$

❯ 4.5.5 Elastische Linie bei veränderlicher Steifigkeit

Die Querschnittsfläche eines Balkens kann abschnittsweise unterschiedlich oder schwach kontinuierlich veränderlich sein.

Im erstgenannten Fall, der häufig in Form abgesetzter Wellen auftritt, ist die Balkenachse in Bereiche mit konstanter Biegesteifigkeit aufzuteilen, die Differenzialgleichung (4.26) bereichsweise zu integrieren und die der Anzahl der Bereiche entsprechende Menge an Rand- und Übergangsbedingungen bereitzustellen. Die Vorgehensweise entspricht vollkommen der bei abschnittsweise gegebener Belastung des homogenen Balkens. Die Vorgehensweise ist schon bei einer kleinen Bereichsanzahl aufwendig. In der Ingenieurpraxis kann jedoch zur Lösung solcher Probleme auf kommerzielle Computerprogramme zurückgegriffen werden.

Der zweite Fall erfordert die Angabe der von der Balkenachskoordinate schwach abhängigen stetigen Funktion für die Biegesteifigkeit. Die Integration von (4.26) unter Berücksichtigung dieser Funktion bedarf häufig numerischer Verfahren.

❯ 4.5.6 Biegung infolge Temperatur

Im Folgenden betrachten wir eine Beispielanordnung, bei der ein Temperaturfeld, d. h. die räumlich verteilte Temperatur, einen Balken zu gerader Biegung veranlasst. Dieser Fall liegt in Bild 4.26 vor.

Die Lage der Hauptachsen x und y ist für den zu betrachtenden Rechteckquerschnitt bekannt. Das Temperaturfeld T relativ zu einem Ausgangsniveau besitze einen in y linearen Verlauf mit den Temperaturen T_1 an der Oberseite und T_2 an der Unterseite des Balkens. In x- und z-Richtung ändert sich die Temperatur nicht. Die Gleichung des Temperaturfeldes lautet mit Be-

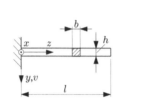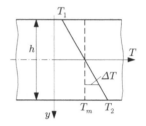

Bild 4.26. Balken mit Temperaturfeld

nutzung der konstanten mittleren Temperatur T_m und des y-proportionalen Zuwachses ΔT

$$T = T_m + \Delta T(y) \ . \tag{4.34}$$

Bei vorausgesetzter Linearität zwischen Temperaturdehnung und Temperaturerhöhung gemäß (1.18) gilt mit (4.34)

$$\varepsilon^t = \alpha(T_m + \Delta T) = \alpha T_m + \alpha \Delta T \ . \tag{4.35}$$

Der erste Summand bedeutet eine gleichmäßige Längsdehnung des Balkens, die, wenn sie wie in Bild 4.26 nicht behindert wird, keine Spannungen verursacht. Er bleibt deshalb außerhalb der anschließenden Überlegungen.
Der elastische Anteil $\varepsilon^e = \varepsilon - \varepsilon^t$ der Gesamtdehnung ε in Balkenachsrichtung erzeugt für linear-elastisches Material nach (1.13) die Spannung

$$\sigma_b = E\varepsilon^e = E(\varepsilon - \varepsilon^t) = E\varepsilon - E\alpha \Delta T \ . \tag{4.36}$$

Die Gesamtdehnung ε lässt sich durch die kinematischen Beziehungen (4.1) sowie (4.25) als $\varepsilon = -yv''$ und der Temperaturzuwachs ΔT mittels des konstanten Temperaturgradienten

$$g = \frac{T_2 - T_1}{h} \tag{4.37}$$

als

$$\Delta T = gy \tag{4.38}$$

ausdrücken, so dass aus (4.36)

$$\sigma_b = -Ev''y - E\alpha gy \tag{4.39}$$

entsteht. Das Minuszeichen vor dem ersten Summanden entspricht der Zählpfeilzuordnung von Bild 4.15a.

Das resultierende Biegemoment der Spannungsverteilung (4.39) ist

$$M_b = \int\limits_A y\sigma_b dA = -E(v''+\alpha g)\int\limits_A y^2 dA = -E(v''+\alpha g)I_{xx} = \frac{\sigma_b}{y}I_{xx} \; . \quad (4.40)$$

Daraus folgen mit der vereinfachten Schreibweise für das Flächenträgheitsmoment $I_{xx} = I$ die Beziehungen

$$v'' = -\frac{M_b}{EI} - \alpha g \qquad (4.41)$$

und

$$\sigma_b = \frac{M_b}{I}y \; . \qquad (4.42)$$

Wegen der Lagerung nach Bild 4.26 verschwindet das Biegemoment, so dass der temperaturbedingte Krümmungsanteil von (4.41), $v_T'' = -\alpha g$, auf

$$v_T' = -\alpha g z + C_1 \; ,$$
$$v_T = -\alpha g \frac{z^2}{2} + C_1 z + C_2$$

führt. Die Randbedingungen $v_T(0) = 0$ und $v_T'(0) = 0$ ergeben $C_1 = C_2 = 0$. Die temperaturbedingte Verschiebungsfunktion mit g aus (4.37)

$$v_T = -\alpha g \frac{z^2}{2} = -\alpha \cdot \frac{T_2 - T_1}{h} \cdot \frac{z^2}{2} \qquad (4.43)$$

beschreibt eine Parabel. Da alle Punkte der Balkenachse z bei der vorliegenden z-unabhängigen Temperaturbelastung untereinander gleichberechtigt sind, müssen sie nach der Verformung auf einem Kreis liegen, der die Balkenachse in der Einspannung berührt und der näherungsweise den Radius $1/(\alpha g)$ besitzt. Der Leser überzeuge sich, dass die TAYLOR-Reihenentwicklung (TAYLOR, 1685–1731) der Kreisgleichung um $z = 0$ für $|z| \ll 1/(\alpha g)$ in zweiter Ordnung mit (4.43) übereinstimmt.
Die Verschiebung des Balkenendes beträgt

$$v_T(l) = -\alpha \frac{T_2 - T_1}{2h}l^2 = -v_{Tl} \; . \qquad (4.44)$$

Sie ist für $T_2 > T_1$ nach oben gerichtet (Bild. 4.27).

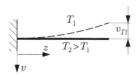

Bild 4.27. Biegelinie infolge Temperaturbelastung

Wird diese Verschiebung durch das Lager B gemäß Bild 4.28 behindert, so verursacht sie eine statisch unbestimmte Lagerreaktion F_B.

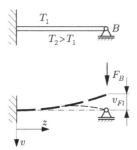

Bild 4.28. Statisch unbestimmt gelagerter Balken unter Temperaturbelastung

Für die Berechnung dieser Lagerkraft vergleichen wir die Verschiebung v_{Fl} infolge der Kraft F_B an der Stelle $z = l$ mit der Verschiebung v_{Tl} aus (4.44). Es gilt unter Verwendung von (4.27a)

$$v_{Fl} = \frac{F_B l^3}{3EI} = v_{Tl} = \alpha \frac{T_2 - T_1}{2h} l^2 \tag{4.45}$$

bzw. mit (4.37)

$$F_B = \frac{3EI\alpha(T_2 - T_1)}{2lh} = \frac{3EI\alpha g}{2l} \ . \tag{4.46}$$

Die hier nicht berechneten restlichen Lagerreaktionen folgen dann aus den Gleichgewichtsbedingungen für den gesamten Balken.

Die Gesamtdurchbiegung v ergibt sich wegen der Linearität von (4.41) als Summe zweier Anteile zu

$$v = v_F + v_T \ . \tag{4.47}$$

Der kraftbedingte Anteil v_F kann dem Anwendungsfall nach Bild 4.16 für $M_0 = 0$, $F_0 = F_B$ gemäß (4.46) entnommen werden, wobei noch die Variable z durch $l - z$ entsprechend Bild 4.26 zu ersetzen ist. Es ergibt sich

$$v_F = \frac{\alpha g}{4l}(3lz^2 - z^3) \ . \tag{4.48}$$

Die Summe (4.47) von (4.48) und (4.43) liefert die Verschiebung

$$v = \frac{\alpha g}{4l}(lz^2 - z^3) \ , \tag{4.49}$$

deren qualitativer Verlauf in Bild 4.28 durch die dünn gestrichelte Linie dargestellt ist.

Kapitel 5

Querkraftbiegung prismatischer Balken

5

5   **Querkraftbiegung prismatischer Balken**

5

5 Querkraftbiegung prismatischer Balken

Die bisher betrachtete reine Biegung wurde ausschließlich durch die Schnittreaktion Biegemoment verursacht. Dies ist z. B. im mittleren Bereich des Balkens von Bild 4.1 exakt erfüllt, wo das von der axialen Koordinate unabhängige Biegemoment mit einer verschwindenden Querkraft einhergeht. Im Gegensatz dazu enthält der Abschnitt 4.5.2 Anwendungsfälle, bei denen das Biegemoment infolge äußerer quer zur Balkenachse angreifender Kräfte entsteht und folglich die Schnittreaktion Querkraft auftritt. Diese Querkraft erzeugt sowohl Spannungen als auch Verformungen, die für schlanke Balken vernachlässigt werden können. Im Folgenden lassen wir diese vereinfachende Annahme fallen.

5.1 Balken mit gedrungenem Querschnitt

Wir gehen von einem prismatischen Balken aus. Der Balken besitze einen wenigstens einfach symmetrischen Querschnitt mit einer Form, die einem Rechteck nahe kommt (Bild 5.1).

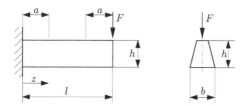

Bild 5.1. Prismatischer Balken mit Querkraft belastet

Für die Querschnittshauptabmessungen h und b gelte $b \lesssim h$. Eine auf der Symmetrielinie des Balkenendquerschnittes angreifende Einzelkraft F erzeugt im gesamten Balken eine konstante Querkraft. Dann ist gemäß dem Prinzip von DE SAINT VENANT (s. a. Kapitel 10) außerhalb der Randstörbereiche mit der Abklinglänge a ein linear veränderlicher Biegezustand, begleitet von Schubeffekten, zu erwarten. Bei der Beschreibung der Schubeffekte muss berücksichtigt werden, dass an Balkenober- und Balkenunterseite keine tangentialen Flächenkräfte angreifen. Folglich verschwinden die zugeordneten Schubspannungen im Querschnitt an Balkenober- und Balkenunterseite.
Zur Berechnung der Spannungen wird an der Stelle z der Balkenachse ein Element mit der Länge dz herausgeschnitten (Bild 5.2) und mit dem Hauptachsenkoordinatensystem x, y im Schwerpunkt S versehen. Die Querkraft F_{Qy} infolge der eingeprägten Kraft F zeigt am rechten Schnittufer in positive

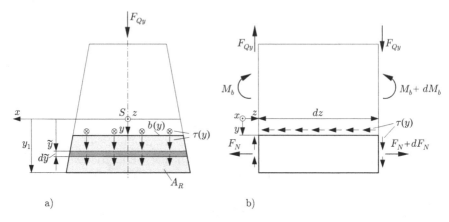

Bild 5.2. Balkenelement mit Koordinaten und Zählpfeilen

y-Richtung (Bild 5.2b). Zu sehen sind auch die Zählpfeile für das Biegemoment M_b und die resultierende Kraft F_N eines Teils der Biegespannungen. Letztere greifen an einem aus dem Balkenelement durch einen weiteren Freischnitt herausgetrennten Teil an (Bild 5.2b). Dieses Teil ist außerdem durch Schubspannungen τ beansprucht. Es wird die vereinfachende statische Annahme getroffen, dass die Schubspannungsverteilung nicht von der Koordinate x abhängt. An der oberen Schnittfläche $y =$ konst. des Balkenelementteils besitzt die Schubspannung die Größe $\tau(y)$. Dieser Wert gilt auch für die zugeordnete Schubspannung an den oberen Kanten der vertikalen Schnittflächen $z =$ konst. (Bild 5.2a, b). Im Inneren der so genannten Restfläche A_R des Querschnittes (Bild 5.2a) liegt an der Stelle $\tilde{y}$ der Schubspannungswert $\tau(\tilde{y})$ vor. Zu ihm gehört der Biegespannungswert

$$\sigma_z = \frac{M_b(z)}{I_{xx}} \tilde{y} \; , \tag{5.1}$$

in dem nur das Biegemoment von z abhängt. Die resultierende Kraft dieser Spannungsverteilung auf der Restfläche ist

$$F_N = \int_{A_R} \sigma_z dA \; . \tag{5.2}$$

Ihr Zuwachs in z-Richtung dF_N steht mit der resultierenden Kraft der Schubspannungen (Bild 5.2b) im Gleichgewicht, d. h.

$$\rightarrow : \quad -\tau(y)b(y)dz + dF_N = 0 \tag{5.3}$$

bzw. mit (5.2) und (5.1)

$$\tau(y) = \frac{1}{b(y)} \cdot \frac{d}{dz} \int_{A_R} \sigma_z dA = \frac{1}{b(y)I_{xx}} \cdot \frac{dM_b}{dz} \cdot \int_{A_R} \tilde{y}dA \; . \qquad (5.4)$$

Für die Zählpfeildefinitionen von Bild 5.2b gilt die aus der Statik bekannte Beziehung

$$\frac{dM_b}{dz} = F_{Qy} \; . \qquad (5.5)$$

Sie führt zusammen mit der Definition des statischen Momentes

$$S_x(y) = \int_{A_R} \tilde{y}dA = \int_{y}^{y_1} \tilde{y}b(\tilde{y})d\tilde{y} \qquad (5.6)$$

der Restfläche A_R bezüglich der x-Achse auf

$$\tau(y) = \frac{F_{Qy}S_x(y)}{I_{xx}b(y)} \; . \qquad (5.7)$$

Dieses Ergebnis muss für alle Querschnittsformen, deren seitliche Begrenzungslinien nicht parallel zur y-Achse und folglich nicht parallel zur festgelegten Richtung der Schubspannungen im Querschnitt verlaufen, eine Näherung sein. Sie stellt selbst dann noch eine, wenn auch bessere Näherung dar, wenn die Parallelität erfüllt ist. Dies liegt an der vorausgesetzten Unabhängigkeit der Schubspannung von der x-Koordinate. Die Näherung stimmt demnach umso besser mit der Realität überein, je schlanker der Querschnitt ist.

Die Formel (5.7) ist auch bei veränderlicher Querkraft $F_{Qy}(z)$ anwendbar, da die Ableitung dF_{Qy}/dz in ihre Herleitung nicht eingeht.

Als Anwendungsfall diene ein Balken mit Rechteckquerschnitt, der durch eine eingeprägte Einzelkraft F quer belastet ist (Bild 5.3).

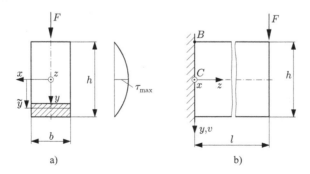

Bild 5.3. Balken mit Rechteckquerschnitt unter Einzelkraft

Die gesuchte Schubspannungsverteilung $\tau(y)$ über dem Querschnitt außerhalb der Randstörbereiche ergibt sich aus (5.7) für $b(\tilde{y}) = b = $ konst. mit

$$I_{xx} = \frac{bh^3}{12} \, , \quad S_x(y) = \int\limits_{y}^{h/2} b\tilde{y}d\tilde{y} = \frac{b}{2}\tilde{y}^2\Big|_{y}^{h/2} = \frac{b}{2}\Big(\frac{h^2}{4} - y^2\Big) \qquad (5.8)$$

zu

$$\tau(y) = \frac{3}{2}\Big(1 - 4\frac{y^2}{h^2}\Big)\frac{F}{bh} \, . \qquad (5.9)$$

Der Maximalwert von $\tau(y)$ tritt in der Mittelebene des Balkens $y = 0$ auf (Bild 5.3a) und beträgt $\tau_{\max} = 3F/(2bh)$, während an Ober- und Unterseite des Balkens $\tau(\pm h/2) = 0$ die Bedingung lastfreier Randflächen zusammen mit der Gleichheit der zugeordneten Schubspannungen erfüllt ist.

Das nach den elementaren Theorien berechnete Verhältnis der maximalen Normalspannung infolge Biegung bei B und der maximalen Schubspannung bei C im Einspannquerschnitt $z = 0$ (Bild 5.3b) ergibt mit $\sigma_{z\,\max} = 6Fl/(bh^2)$

$$\frac{\sigma_{z\,\max}}{\tau_{\max}} = \frac{6l}{bh^2} \cdot \frac{2bh}{3} = 4\frac{l}{h} \, , \qquad (5.10)$$

d. h. für $l > 2h$ also immer noch fast eine Zehnerpotenz.

Zur Abschätzung des Querkrafteinflusses auf die Durchsenkung der Achse des Balkens nach Bild 5.1 betrachten wir nochmals Bild 1.7, das die Schubverzerrung $\gamma = \tau/G$ des elastischen Materials infolge der homogen verteilten Schubspannung τ gemäß (1.16) zeigt. Beim Balkenelement ist die Schubspannung ungleichmäßig über dem Querschnitt verteilt, und zwar so, dass die Kräftefreiheit an Balkenober- und Balkenunterseite gewährleistet wird. Deshalb und wegen (1.16) verschwindet die Schubverzerrung an Balkenober- und Balkenunterseite und besitzt ihr Maximum an derselben Stelle wie die Schubspannung. Die ursprünglich ebenen Balkenquerschnitte erleiden infolge dieser Verformung eine S-förmige Verwölbung, wobei die Balkenfasern einschließlich Balkenachse, -oberseite und -unterseite parallel zueinander bleiben und sich um den der mittleren Schubverzerrung gleichenden Schubwinkel γ_s gegenüber der unverformten Lage verdrehen. Dies zeigt Bild 5.4, in dem zur alleinigen Darstellung des Schubanteils die endlichen Biegemomente nicht eingetragen wurden, das Differenzial dM_b jedoch zur Erfüllung des Gleichgewichtes belassen wurde. Die Bestimmung der mittleren Schubverzerrung γ_s erfordert eine zusätzliche Information. Hierfür wird von dem Ansatz

$$\gamma_s = \frac{F_{Qy}}{GA_s} \, , \quad A_s = A/\kappa \qquad (5.11)$$

ausgegangen, in dem die so genannte Schubfläche A_s über den noch zu bestimmenden Korrekturfaktor κ aus der Querschnittsfläche A folgt. Das Produkt

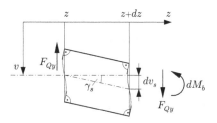

Bild 5.4. Zur Schubverformung des Balkenelementes

GA_s heißt Schubsteifigkeit des Balkens. Zur Festlegung von κ dient die Annahme, dass die elastisch gespeicherte Energie im Balkenelement infolge der mittleren Schubverzerrung γ_s oder infolge der durch die Schubspannungsverteilung bedingten Schubverzerrung $\gamma(y)$ gleich gesetzt werden darf. Die erstgenannte Energie beträgt wegen der Linearität zwischen F_{Qy} und der Verschiebung dv_s (Bild 5.4)

$$\frac{1}{2}F_{Qy}dv_s = \frac{1}{2}F_{Qy}\gamma_s dz \tag{5.12}$$

und die letztgenannte analog

$$\frac{1}{2}\int_A \tau(y)\gamma(y)dAdz \ . \tag{5.13}$$

Der Vergleich von (5.12) mit (5.13) liefert unter Berücksichtigung von (1.16), (5.7) und (5.11)

$$\kappa\frac{F_{Qy}^2}{GA} = \int_A \frac{\tau^2}{G}dA = \frac{F_{Qy}^2}{GI_{xx}^2}\int_h \frac{S_x^2(y)}{b(y)}dy \tag{5.14}$$

bzw.

$$\kappa = \frac{A}{I_{xx}^2}\int_h \frac{S_x^2(y)}{b(y)}dy \ . \tag{5.15}$$

Für das Rechteck nach Bild 5.3 ergibt sich mit dem statischen Moment (5.8) und $A = bh$ sowie $I_{xx} = bh^3/12$

$$\kappa = \frac{bh}{b^2h^6}12^2 \cdot \frac{1}{b} \cdot \frac{b^2}{4}\int_{-h/2}^{h/2}\left(\frac{h^4}{16} - \frac{1}{2}h^2y^2 + y^4\right)dy$$

$$= 36 \cdot 2\left(\frac{1}{16} \cdot \frac{1}{2} - \frac{1}{2} \cdot \frac{1}{3} \cdot \frac{1}{8} + \frac{1}{5} \cdot \frac{1}{32}\right) = \frac{6}{5} \ . \tag{5.16}$$

Für andere gedrungene Querschnittsformen bleibt der Korrekturfaktor auch nahe eins. Wir verzichten auf die Angabe entsprechender Zahlenwerte. Denn bei schlanken Balken kann die Schubdurchsenkung, wie auch das folgende Beispiel zeigt, gegenüber der Biegedurchsenkung vernachlässigt werden. Dagegen sollten bei dicken Balken außer der Schubdurchsenkung auch die Lagernachgiebigkeiten berücksichtigt werden. Dies ist mit Hilfe von Computerprogrammen, z. B. auf der Basis der Methode der finiten Elemente, möglich. Die Durchsenkung v_S eines Balkens infolge bereichsweise konstanten Querkraftschubes ändert sich in jedem Balkenbereich proportional zum dortigen Schubwinkel γ_s und der dazugehörigen Bereichskoordinate. Insbesondere treten im Gegensatz zur elastischen Linie infolge Biegung an Querkraftsprungstellen Sprünge des Schubwinkels auf. Dies ist z. B. an der Einspannung des Balkens in Bild 5.3 der Fall. Die Gleichung für die Durchsenkungsfunktion lautet hier

$$v_s(z) = \gamma_s z \ . \tag{5.17}$$

Sie erfüllt die Randbedingung $v_s(0) = 0$, aber es gilt $v'_s(0) = \gamma_s \neq 0$. Die Gesamtdurchsenkung v ergibt sich als Summe der Anteile infolge Biegung v_b und Schub v_s aus

$$v = v_b + v_s \ . \tag{5.18}$$

Beispiel 5.1
Für den Balken nach Bild 5.3 sind der Gesamtdurchsenkungsverlauf sowie die biege- und schubbedingten Verschiebungsanteile des Kraftangriffspunktes gesucht. Die elastischen Konstanten E und G seien bekannt.
Lösung:
Nach Einführung des Koordinatensystems z, v und Freischnitt (Bild 5.5)

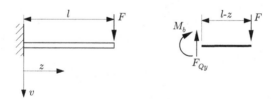

Bild 5.5. Zur Balkendurchsenkung infolge Biegung und Schub

ergeben sich die Schnittreaktionen

$$M_b = -F(l - z) \ , \quad F_{Qy} = F = \text{konst.}$$

Die Gleichung der Biegelinie (4.26) liefert

$$EIv_b'' = F(l - z) \, ,$$
$$EIv_b' = F\left(lz - \frac{z^2}{2} + C_1\right) \, ,$$
$$EIv_b = F\left(l\frac{z^2}{2} - \frac{z^3}{6} + C_1 z + C_2\right) \, .$$

Die Randbedingungen $v_b(0) = 0$ und $v_b'(0) = 0$ führen auf $C_1 = C_2 = 0$, so dass die Biegebelastung den Durchsenkungsverlauf

$$v_b = \frac{F}{EI}\left(\frac{lz^2}{2} - \frac{z^3}{6}\right)$$

verursacht. Die Verschiebung des Kraftangriffspunktes beträgt damit

$$v_b(l) = \frac{Fl^3}{3EI} \, ,$$

vgl. a. (4.27a).

Der Durchsenkungsverlauf infolge der konstanten Querkraft $F_{Qy} = F$ ist mit (5.17), (5.11)

$$v_s = \gamma_s z = \frac{\kappa F}{GA} z$$

und die Verschiebung des Kraftangriffspunktes infolge Schub

$$v_s(l) = \frac{\kappa F}{GA} l \, .$$

Der Gesamtdurchsenkungsverlauf

$$v = v_b + v_s = \frac{F}{EI}\left(\frac{lz^2}{2} - \frac{z^3}{6}\right) + \frac{\kappa F}{GA} z$$

ergibt wegen des Schubanteils an der Einspannung die erwartete Verdrehung der Balkenachse

$$v'(0) = v_s'(0) = \gamma_s = \frac{\kappa F}{GA} \, .$$

Die biege- und schubbedingten Verschiebungsanteile des Kraftangriffspunktes bilden unter Berücksichtigung von (1.17) und der Querschnittsabmessungen nach Bild 5.3 das Verhältnis

$$\frac{v_s(l)}{v_b(l)} = \frac{\kappa Fl}{GA} \cdot \frac{3EI}{Fl^3} = \frac{3\kappa E}{G} \cdot \frac{bh^3}{12bhl^2} = \frac{\kappa Eh^2}{4Gl^2} = \frac{3(1 + \nu)}{5}\left(\frac{h}{l}\right)^2 \, .$$

Mit der Querkontraktionszahl $\nu \approx 0{,}3$ ist dieses Ergebnis durch den Ausdruck $(h/l)^2$ bestimmt. Für typische Balkenabmessungen gilt $(h/l)^2 \ll 1$, und die Gesamtdurchsenkung der Balkenachse kann näherungsweise allein durch den Biegeanteil ausgedrückt werden. □

Beispiel 5.2

Ein schlanker Balken besteht aus zwei aufeinander geklebten gleichen Teilbalken und unterliegt einer Dreipunktbiegebelastung (Bild 5.6).

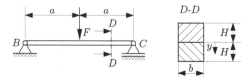

Bild 5.6. Dreipunktbiegung eines zusammengesetzten Balkens

Die zulässige Schubspannung der Klebefuge τ_{zul} soll nicht überschritten werden. Gesucht sind die zulässige Kraft F und das Verhältnis der maximalen Biegedurchsenkungen für intakte (i) und gelöste (l) Klebeverbindung.
Lösung:
Die maximale Schubspannung τ_{max} des geklebten Balkens mit Rechteckquerschnitt tritt nach (5.9) bei $y = 0$ auf, und es gilt

$$\tau_{max} = \frac{3}{2} \cdot \frac{F/2}{b \cdot 2H} \le \tau_{zul} \, , \quad F \le \frac{8}{3} b H \tau_{zul} \, .$$

Die maximale Biegedurchsenkung v_F entsteht an der Krafteinleitungsstelle. Sie ist umgekehrt proportional zum Flächenträgheitsmoment des Balkenquerschnittes. Der intakte Balken besitzt das Trägheitsmoment $I_i = b(2H)^3/12$. Das Trägheitsmoment der beiden voneinander gelösten Balken beträgt in der Summe $I_l = 2bH^3/12$. Das entsprechende Verhältnis der maximalen Biegedurchsenkungen ist

$$\frac{v_{Fi}}{v_{Fl}} = \frac{I_l}{I_i} = \frac{2bH^3}{b(2H)^3} = \frac{1}{4} \, .$$

Die Durchsenkung infolge Querkraftschub wurde wegen der vorausgesetzten Schlankheit des Balkens vernachlässigt. Bezüglich der Krafteinleitungsprobleme sei auf Kapitel 10 verwiesen. □

5.2 Balken mit dünnwandigen offenen Querschnitten

Im Gegensatz zu Balken mit gedrungenen Querschnittsformen werden jetzt Querschnittsformen betrachtet, bei denen ähnlich wie in Abschnitt 3.3 eine Abmessung deutlich kleiner als die verbleibenden ist. Die Vorgehensweise wird am Beispiel eines querkraftbelasteten prismatischen Balkens mit einfach symmetrischem U-Querschnitt demonstriert (Bild 5.7).

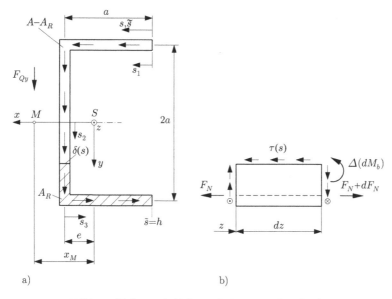

Bild 5.7. Balken mit U-Querschnitt unter Querkraft

Der Ursprung der Hauptachsenkoordinaten x, y befindet sich voraussetzungsgemäß wieder im Schwerpunkt S. Auf Grund der jetzt vorliegenden Querschnittsform des am Mantel von tangentialen Flächenkräften freien Balkenkörpers kann angenommen werden, dass die Schubspannung τ näherungsweise gleichmäßig über die Wanddicke $\delta \ll a$ verteilt und parallel zur mittleren Konturlinie orientiert ist. Dies gilt unabhängig von der Richtung der hier z-unabhängigen Querkraft.

Wir untersuchen nur den Fall einer Querkraftkomponente F_{Qy}. Zur Bestimmung des Zusammenhanges zwischen Querkraftschub- und Biegenormalspannungen betrachten wir ein Teil des Balkenelementes der Länge dz (Bild 5.7b). Dort wurde zur Gewährleistung der Momentenbilanz der dem Teil des Balkenelementes entsprechende Anteil des Biegemomentenzuwachses $\Delta(dM_b)$ mit eingetragen. Die Biegespannungsverteilung ist analog zu (5.1)

$$\sigma_z = \frac{M_b(z)}{I_{xx}} \cdot y \ . \tag{5.19}$$

Ihre Integration über der im Bild 5.7a schraffiert gekennzeichneten Restfläche A_R liefert die Normalkraft

$$F_N = \int\limits_{A_R} \sigma_z dA \ . \tag{5.20}$$

Analog zu (5.3) steht der Zuwachs dF_N der Normalkraft F_N mit der resultierenden Kraft der Schubspannungen an der Fläche $s = $ konst., $0 \leq s \leq h$, h-Länge der mittleren Querschnittskontur, im Gleichgewicht (Bild 5.7b), d. h.

$$\rightarrow : \quad -\tau(s)\delta(s)dz + dF_N = 0 \tag{5.21}$$

bzw. mit (5.20), (5.19) und $dA = \delta(\tilde{s})d\tilde{s}$, $s \leq \tilde{s} \leq h$

$$\tau(s) = \frac{1}{\delta(s)} \cdot \frac{d}{dz} \int\limits_{A_R} \sigma_z dA = \frac{1}{\delta(s)I_{xx}} \cdot \frac{dM_b}{dz} \cdot \int\limits_{s}^{h} y(\tilde{s})\delta(\tilde{s})d\tilde{s} . \tag{5.22}$$

Das statische Moment bezüglich der x-Achse lautet jetzt

$$S_x = \int\limits_{s}^{h} y(\tilde{s})\delta(\tilde{s})d\tilde{s} = - \int\limits_{0}^{s} y(\tilde{s})\delta(\tilde{s})d\tilde{s} . \tag{5.23}$$

Wegen (5.5) folgt dann aus (5.22)

$$\tau(s) = \frac{F_{Qy}S_x(s)}{I_{xx}\delta(s)} . \tag{5.24}$$

Für den vorliegenden Querschnitt sei die Wanddicke δ unabhängig von der Konturkoordinate s. Dann ist in (5.24) nur der Verlauf des statischen Momentes zu berechnen. Hierzu unterteilen wir die Konturlinie in drei Bereiche und werten die rechte Gleichung von (5.23) aus. Dabei erinnern wir uns an die Voraussetzung, dass x und y Hauptachsenkoordinaten mit dem Ursprung im Schwerpunkt darstellen.

$$S_{x1} = - \int\limits_{0}^{s_1} -a\delta d\tilde{s}_1 = \delta a s_1 , \quad 0 \leq s_1 \leq a ,$$

$$S_{x2} = S_{x1}(a) - \int\limits_{-a}^{s_2} \tilde{s}_2\delta d\tilde{s}_2 = a^2\delta - \frac{\delta}{2}(s_2^2 - a^2) = \frac{\delta}{2}(3a^2 - s_2^2) , \quad -a \leq s_2 \leq a ,$$

$$S_{x3} = S_{x2}(a) - \int\limits_{0}^{s_3} a\delta d\tilde{s}_3 = \delta(a^2 - as_3) , \quad 0 \leq s_3 \leq a .$$

Bild 5.8 zeigt den normierten Schubspannungsverlauf

$$\frac{\tau I_{xx}}{F_{Qy}a^2} = \frac{S_x(s)}{\delta a^2} ,$$

aufgetragen über der Konturkoordinate s. An den Ecken wird der Schubfluss $\tau\delta$ stetig umgelenkt. Dies darf nicht darüber hinwegtäuschen, dass dort

Spannungserhöhungen existieren, die mit der dargelegten Theorie nicht erfasst werden.

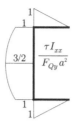

Bild 5.8. Nomierter Schubspannungsverlauf

Das vorliegende Beispiel soll noch zur Erklärung des so genannten Schubmittelpunktes benutzt werden. Durch diesen Punkt, in Bild 5.7a mit M bezeichnet, verläuft die Wirkungslinie der Querkraft F_{Qy}. Wenn die äußeren Querkräfte in der Ebene $x = x_M$ liegen, verursachen sie keine Torsion des Stabes, also weder Torsionsschubspannungen im Stab noch Verdrehungen der Stabquerschnitte. Die statische Äquivalenz der Querkraft F_{Qy} mit der Schubspannungsverteilung erfordert die Momentenäquivalenz, welche bei Bezug auf den Schwerpunkt mit (5.24) und den berechneten statischen Momenten unter Ausnutzung der Symmetrie auf

$$F_{Qy}x_M = \frac{F_{Qy}}{I_{xx}}\left[2a\delta \int\limits_0^a as_1 ds_1 + e\frac{\delta}{2}\int\limits_{-a}^a (3a^2 - s_2^2)ds_2\right]$$

führt.
Bei Beachtung der Dünnwandigkeit ergibt sich das Trägheitsmoment I_{xx} zu

$$I_{xx} \approx \frac{\delta(2a)^3}{12} + 2a\delta a^2 = \frac{8}{3}\delta a^3$$

und der Schwerpunktabstand e zu

$$e \approx \frac{2a\delta\frac{a}{2}}{4a\delta} = \frac{a}{4} \, ,$$

so dass für die horizontale Koordinate des Schubmittelpunktes nach Auswertung der Integrale

$$x_M = \frac{3}{8\delta a^3}\delta a^4\left[2 \cdot \frac{1}{2} + \frac{1}{4} \cdot \frac{1}{2}\left(3 - \frac{1}{3}\right) \cdot 2\right] = \frac{5}{8}a$$

folgt.
Im allgemeinen Fall der Querkraftbiegung um beide Hauptachsen treten auch äußere Querkräfte in x-Richtung auf. Deren Wirkungslinien müssen zur

Vermeidung von Torsion ebenfalls durch den Schubmittelpunkt verlaufen, d. h. im vorliegenden Fall in der Symmetrieebene des Stabes $y = 0$ liegen.

Die obigen Überlegungen können auch auf andere Querschnittsformen angewendet werden. Sonderfälle hierfür mit Kennzeichnung des Schubmittelpunktes zeigt Bild 5.9.

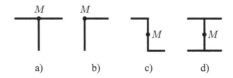

Bild 5.9. Zur Lage des Schubmittelpunktes M spezieller Querschnitte

Ergänzend sei noch angemerkt, dass bei Querschnitten mit verzweigter Konturlinie wie in Bild 5.9a, d die Schubflüsse aller Zweige an der Konturverzweigungsstelle die Kräftebilanz erfüllen müssen, d. h. dort ist die Summe aller Schubzuflüsse gleich der Summe aller Schubabflüsse.

Bezüglich weiterer Beispiele sowie auch dünnwandiger geschlossener Querschnitte wird auf die umfangreiche Spezialliteratur verwiesen.

Kapitel 6

Festigkeitshypothesen

6

6

6 Festigkeitshypothesen

6 Festigkeitshypothesen

6.1 Problem der Festigkeitsbewertung

Bereits in Abschnitt 1.5 wurde die Forderung angesprochen, die in Bauteilen infolge Belastung auftretenden Beanspruchungen und Verformungen so zu begrenzen, dass die Funktionsfähigkeit der Bauteile erhalten bleibt. Im Zugversuch nach Bild 1.6 ist der Spannungszustand einachsig und der Verzerrungszustand dreiachsig. Bei reiner Schubbeanspruchung gemäß den Bildern 1.4, 1.7 und 2.5 liegt ein zweiachsiger Spannungszustand und wegen (2.52) bis (2.54) ein zweiachsiger Verzerrungszustand vor. Im allgemeinen Fall können alle Hauptspannungen und -dehnungen verschieden von null sein. Der festigkeitsmäßige Vergleich dieser Beanspruchungen mit der Beanspruchbarkeit von Probekörpern unter einfachen Versuchsbedingungen erfordert Hypothesen, die eine äquivalente Bewertung der komplizierten und der einfachen Beanspruchung ermöglichen, so genannte Festigkeits- oder Anstrengungshypothesen. Die Gültigkeit dieser Hypothesen hängt vom Material des Bauteiles, der Art seines Versagens, dem Zeitablauf der Belastung, der Temperatur des Bauteiles und weiteren möglichen Einflüssen ab. Diese Vielfalt kann nur unter einschränkenden Bedingungen berücksichtigt werden.

Im Folgenden betrachten wir Materialien, die sowohl hinsichtlich ihrer Verformungseigenschaften als auch bezüglich ihres Festigkeitsverhaltens isotrop sind. Wir setzen für das Bauteil und den Versuchskörper Raumtemperatur voraus. Die Belastung sei wie beim Zugversuch (s. Abschnitt 1.3) monoton wachsend sowie isotherm und quasistatisch. Zyklische Belastungen, die mit weitergehenden Experimenten verbunden sind, werden hier nicht betrachtet.

6.2 Beispiele für Festigkeitshypothesen

Wir fragen zunächst nach einer im Versuch festzustellenden Begrenzung der Größe der Koordinaten des Spannungstensors. Die Antwort auf diese Frage lässt sich am einfachsten in einem Hauptachsenbezugssystem für den Spannungstensor finden und führt im Raum der Hauptspannungen auf eine Fläche für den kritischen Zustand

$$f(\sigma_1, \sigma_2, \sigma_3) = 0 , \tag{6.1}$$

die so definiert ist, dass auf einer ihrer Seiten der Zustand unkritisch ist, während auf der anderen Seite Versagen vorliegt. Wegen der Isotropie des Materials sind alle Hauptspannungen gleichberechtigt, was eine wenigstens dreifache Symmetrie der Fläche (6.1) zur Folge hat.

Im ebenen Spannungszustand geht, wenn z. B. $\sigma_2 = 0$ gesetzt wird, die räumliche Fläche (6.1) in eine ebene Kurve über, die der Gleichung

$$f(\sigma_1, \sigma_3) = 0 \qquad (6.2)$$

genügt.

Die einfachste Beschreibung des spröden Trennbruches liefert die Hypothese der maximalen Hauptnormalspannung, auch als Normalspannungshypothese bezeichnet. Sie geht davon aus, dass Trennbruch durch Zugspannungen verursacht wird und begrenzt deshalb die maximale positive Hauptspannung durch eine Bruchfestigkeit für Zug σ_{Bz}. Werden die Hauptspannungen in der Reihenfolge $\sigma_1 \geq \sigma_2 \geq \sigma_3$ geordnet, so definiert

$$\sigma_{v1} = \sigma_1 \,, \quad \sigma_1 > 0 \qquad (6.3)$$

eine erste Vergleichsspannung, welche zur Vermeidung des Bruches der Bedingung

$$\sigma_{v1} < \sigma_{Bz} \qquad (6.4)$$

genügen muss. Das Kleiner-Zeichen kann ähnlich wie in Abschnitt 1.5 und im Folgenden durch Einführung eines Sicherheitsfaktors in ein Gleichheitszeichen überführt werden. Sind alle Hauptspannungen negativ, so tritt nach obiger Hypothese kein Bruch ein. Praktisch wird aber auch die betragsmäßig größte negative Hauptspannung durch eine Druckfestigkeit σ_{Bd} begrenzt, die meist deutlich größer als die Zugfestigkeit ist. Es gilt dann

$$\sigma_{v1} = -\sigma_3 \,, \quad \sigma_3 < 0 \,, \qquad (6.5)$$

und Bruch wird bei

$$\sigma_{v1} < \sigma_{Bd} \qquad (6.6)$$

vermieden. Die durch die Vergleichsspannung σ_{v1} bestimmte Bruchgrenzfläche (6.3) mit $\sigma_{v1} = \sigma_{Bz}$ und (6.5) mit $\sigma_{v1} = \sigma_{Bd}$ hat wegen der isotropiebedingten Dreifachsymmetrie die Form einer Würfeloberfläche, wobei zwei Eckpunkte des Würfels auf der Raumdiagonale $\sigma_1 = \sigma_2 = \sigma_3$ liegen. Die entsprechende quadratische Grenzkurve des ebenen Spannungszustandes nach (6.2) ist in Bild 6.1 dargestellt und wird wegen ihrer Symmetrie nur unterhalb der eingezeichneten Symmetrielinie ausgewertet. Auf die im Widerspruch zu der Festlegung $\sigma_1 \geq \sigma_2 \geq \sigma_3$ stehenden Ungleichungen $\sigma_1 \geq \sigma_3 \geq \sigma_2 = 0$ im ersten Halbquadranten und $0 = \sigma_2 \geq \sigma_1 \geq \sigma_3$ im dritten Halbquadranten muss keine Rücksicht genommen werden, da es nur auf die Nichtüberschreitung der Begrenzungsgeraden $\sigma_1 = \sigma_{Bz}$ und $\sigma_3 = -\sigma_{Bd}$

ankommt. Die mit •1 bezeichneten Punkte zeigen intakte Materialzustände
an, während •1z auf Zugbruch und •1d auf Bruch unter Druck verweisen.
Materialien, auf die die Normalspannungshypothese anwendbar ist, sind z. B.
Konstruktionskeramiken und Hartmetalle.

Die Beschränkung auf zwei Materialkennwerte σ_{Bz} und σ_{Bd} sowie die Außer-
achtlassung der mittleren Hauptspannung lassen nur eine grobe Beschreibung
des realen Bruchverhaltens zu. Für höhere Genauigkeitsansprüche muss die
durch (6.1) charakterisierte Grenzfläche im Hauptspannungsraum unter Ausnutzung der Dreifachsymmetrie vollständig ausgemessen werden.

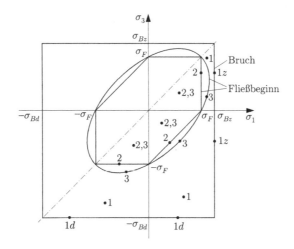

Bild 6.1. Versagensgrenzkurven für den ebenen Spannungszustand

Experimente zeigen, dass das plastische Fließen von duktilen polykristallinen
Metallen hauptsächlich durch die maximale Schubspannung (2.32) bzw. (2.33)
verursacht wird. Bei Annahme der so genannten Schubspannungshypothese
führt der Vergleich von (2.33) mit einem einachsigen Spannungszustand

$$\tau_{\max} = \frac{1}{2}(\sigma_1 - \sigma_3) = \frac{\sigma_{v2}}{2} \, , \qquad \sigma_1 \geq \sigma_2 \geq \sigma_3 \tag{6.7}$$

auf die Vergleichsspannung nach TRESCA (1814–1885)

$$\sigma_{v2} = \sigma_1 - \sigma_3 \, . \tag{6.8}$$

Diese Vergleichsspannung darf eine im einachsigen Zugversuch zu bestimmende Fließfestigkeit σ_F nicht überschreiten, wenn Fließen vermieden werden soll,
d. h.

$$\sigma_{v2} < \sigma_F \, . \tag{6.9}$$

Die vollständige Fließgrenzfläche $\tau_{\max} = \sigma_F/2$ mit $\tau_{\max}$ nach (2.32) bildet wegen der isotropiebedingten Dreifachsymmetrie von (2.32) im Hauptspannungsraum ein gleichflächiges offenes Sechseckprisma um die Raumdiagonale $\sigma_1 = \sigma_2 = \sigma_3$. Die Schnittkurve des Sechseckprismas mit der Ebene $\sigma_2 = 0$ des ebenen Spannungszustandes ist ein Sechseck gemäß Bild 6.1. Die Punkte •2 repräsentieren elastische Materialzustände, wenn sie sich im Inneren des Sechsecks befinden. Liegen diese Punkte auf dem Sechseckrand, so zeigen sie den Beginn, das Andauern oder das Ende eines Fließvorganges an.

Die experimentellen Daten zum Fließen duktiler polykristalliner Metalle können auch durch die Vergleichsspannung σ_{v3} nach HUBER (1872–1950), v. MISES (1883–1953) und HENCKY (1885–1951) beschrieben werden, die sich nicht wesentlich von der TRESCA-Vergleichsspannung unterscheidet. Sie ist definiert durch

$$\sigma_{v3} = \sqrt{\frac{1}{2}\left[(\sigma_x - \sigma_y)^2 + (\sigma_x - \sigma_z)^2 + (\sigma_y - \sigma_z)^2 + 6(\tau_{xy}^2 + \tau_{xz}^2 + \tau_{yz}^2)\right]}$$

$$= \sqrt{\frac{1}{2}\left[(\sigma_1 - \sigma_2)^2 + (\sigma_1 - \sigma_3)^2 + (\sigma_2 - \sigma_3)^2\right]} \ . \tag{6.10}$$

Fließen bleibt aus, solange die Vergleichsspannung σ_{v3} die Fließspannung σ_F nicht erreicht,

$$\sigma_{v3} < \sigma_F \ . \tag{6.11}$$

Die zweite Gleichung von (6.10) zeigt an, dass die mit σ_{v3} berechnete Fließgrenzfläche $\sigma_{v3} = \sigma_F$ im Hauptspannungsraum einen offenen Kreiszylinder um die Raumdiagonale $\sigma_1 = \sigma_2 = \sigma_3$ darstellt. In (6.10) ist auch ersichtlich, dass der einem vorliegenden Spannungszustand überlagerte hydrostatische Spannungszustand herausfällt und deshalb die Vergleichsspannung σ_{v3} nicht beeinflusst. Der Kreiszylinder erzeugt mit der Ebene $\sigma_2 = 0$ eine elliptische Schnittlinie (Bild 6.1). Hinsichtlich der Punkte •3 gilt das schon bezüglich der TRESCA-Bedingung Gesagte.

Für die Vergleichsspannung (6.10) existieren verschiedene Motivationen. Eine davon benutzt die Zusatzvoraussetzung isotropen linear-elastischen Materialverhaltens und die Hypothese, dass die im Material elastisch gespeicherte spezifische Gestaltänderungsenergie (2.85) für das plastische Fließen ursächlich ist. Im einachsigen Spannungszustand liefert (2.85)

$$U_G^* = \frac{2\sigma_{v3}^2}{12G} \ . \tag{6.12}$$

Der Vergleich von (6.12) mit (2.85) führt zu (6.10). Andere Motivationen beruhen auf den hier nicht erklärten Begriffen der zweiten Invariante des Spannungsdeviators oder der Oktaederschubspannung, die ihre Bedeutung auch dann beibehalten, wenn nicht auf die spezifische elastische Gestaltänderungsenergie (2.85) zurückgegriffen werden kann.

Die drei angegebenen Vergleichsspannungen sind bei Vorliegen eines eineindeutigen Zusammenhanges zwischen Spannungen und Verzerrungen wie z. B. im HOOKEschen Gesetz (2.52) bis (2.54) und (2.59) in Vergleichsdehnungen umrechenbar. Dies ist bei elastoplastischem Materialverhalten (s. Bild 1.6b) oder bei viskoelastischen Materialeigenschaften (s. Abschnitt 11.2) nicht gegeben. Dann liegt es nahe, als Beanspruchungsmaß von vornherein eine Vergleichsdehnung zu benutzen. Als solche kommen z. B. die maximale Hauptdehnung und die größte Schubverzerrung in Frage. Diese Beanspruchungen wären dann durch eine kritische Verzerrung für Bruch oder Schädigung zu begrenzen.

Die bisher betrachteten Beanspruchungen wurden bezüglich der Zeit als monoton bis zu einem konstanten zulässigen Wert wachsend vorausgesetzt. Wechselnde Beanspruchungen, deren Amplituden deutlich unter den statischen Festigkeitswerten liegen, können bei hinreichend großer Lastwechselzahl zum Bruch führen. Zur Berücksichtigung dieses Phänomens werden so genannte Schädigungshypothesen benötigt, die weitere experimentell zu bestimmende Materialkennwerte erfordern. Diesbezügliche Informationen sind der Spezialliteratur zu entnehmen.

Beispiel 6.1
Eine Welle mit Kreisquerschnitt (Bild 6.2) ist infolge der Kraft F auf Biegung und infolge des Momentes M_t auf Torsion beansprucht.

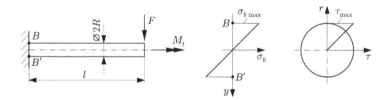

Bild 6.2. Welle unter Biege- und Torsionsbeanspruchung

Gesucht sind Ort und Größe der maximalen Vergleichsspannung nach der Hypothese der spezifischen elastischen Gestaltänderungsenergie. Die Querkraftschubspannungen und Randstöreffekte sollen vernachlässigt werden.
Lösung:
Das maximale Biegemoment tritt an der Einspannung auf und hat die Größe $M_{b\,max} = Fl > 0$. Das Torsionsmoment ist in allen Querschnitten gleich dem eingeleiteten Moment M_t. Ohne Berücksichtigung des Störeinflusses der Einspannung (s. Kapitel 10) ergibt sich der maximale Biegespannungsbetrag

in den Punkten B und B' nach Bild 6.2 und (4.11) zu

$$|\sigma_b|_{\max} = \frac{M_{b\,\max}}{W_b} = \frac{Fl}{W_b} \; .$$

Die maximale Schubspannung infolge Torsion liegt an allen Punkten des Zylindermantels vor (Bild 6.2) und beträgt gemäß (3.8)

$$\tau_{\max} = \frac{M_t}{W_t} \; .$$

Die Vergleichsspannung nach der Hypothese der spezifischen elastischen Gestaltänderungsenergie (6.10) reduziert sich für die Körperpunkte, in denen die Biegenormalspannung σ_b und die Torsionsschubspannung τ wirken, auf

$$\sigma_{v3} = \sqrt{\frac{1}{2}\left(2\sigma_b^2 + 6\tau^2\right)} = \sqrt{\sigma_b^2 + 3\tau^2} \; .$$

Ihr Maximalwert ist wegen $I = \pi R^4/4$, $|y|_{\max} = R$ in (4.10) mit $W_b = \pi R^3/4$ und $W_t = \pi R^3/2$ aus (3.10), d. h. $W_t = 2W_b$, durch

$$\sigma_{v3\,\max} = \sqrt{\sigma_{b\,\max}^2 + 3\tau_{\max}^2} = \sqrt{\left(\frac{Fl}{W_b}\right)^2 + 3\left(\frac{M_t}{2W_b}\right)^2}$$

an den Stellen B und B' gegeben.   □

Beispiel 6.2
Ein Material besitze die Zugfestigkeit $\sigma_{Bz} = 0,5\sigma_0$ und die Druckfestigkeit $\sigma_{Bd} = 2\sigma_0$. Es unterliegt einem ebenen Spannungszustand nach Bild 6.3.

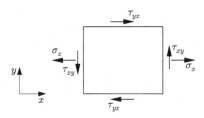

Bild 6.3. Ebener Spannungszustand

Die Beanspruchungsfälle

a) $\sigma_x = -2\sigma_0$, $\tau_{xy} = \sigma_0$

b) $\sigma_x = 0$, $\tau_{xy} = \sigma_0$

sind nach der Hypothese der maximalen Hauptnormalspannung zu prüfen.
Lösung:
Die Hauptspannungen für den ebenen Spannungszustand folgen aus (2.13)

mit den Indizes 1, 3 statt 1, 2 zu

$$\sigma_{1,3} = \frac{\sigma_x}{2} \pm \sqrt{\left(\frac{\sigma_x}{2}\right)^2 + \tau_{xy}^2} \,, \quad \sigma_2 = 0 \,.$$

Im Beanspruchungsfall a) ergeben sich die Werte

$$\sigma_{1,3} = -\sigma_0 \pm \sqrt{2}\sigma_0 \,, \quad \sigma_1 = 0,414\sigma_0 \,, \quad \sigma_3 = -2,414\sigma_0 \,, \quad \sigma_2 = 0 \,,$$

die in Bild 6.4 durch den Punkt $\circ P_a$ gekennzeichnet sind und die mit (6.3) bis (6.6) zu den Ungleichungen

$$\sigma_{v1} = \quad \sigma_1 = 0,414\sigma_0 < \sigma_{Bz} = 0,5\sigma_0 \,,$$
$$\sigma_{v1} = -\sigma_3 = 2,414\sigma_0 > \sigma_{Bd} = 2\sigma_0$$

führen.

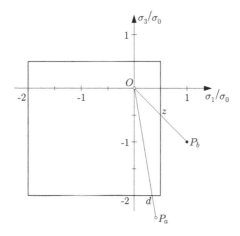

Bild 6.4. Bruchgrenzkurve und Beanspruchungen im ebenen Spannungszustand

Der Beanspruchungsfall b) liefert entsprechend

$$\sigma_{1,3} = \pm\sigma_0 \,, \quad \sigma_1 = \sigma_0 \,, \quad \sigma_3 = -\sigma_0 \,, \quad \sigma_2 = 0 \,.$$

Er wird in Bild 6.4 durch den Punkt $\bullet P_b$ symbolisiert und genügt wegen (6.3) bis (6.6)

$$\sigma_{v1} = \quad \sigma_1 = \sigma_0 > \sigma_{Bz} = 0,5\sigma_0 \,,$$
$$\sigma_{v1} = -\sigma_3 = \sigma_0 < \sigma_{Bd} = 2\sigma_0 \,.$$

Beide Beanspruchungsfälle liegen außerhalb der Bruchgrenzkurve. Sie sind deshalb nicht realisierbar. Würde versucht werden, die mit $\circ P_a$ bzw. $\bullet P_b$ gekennzeichneten Spannungszustände auf Wegen mit konstanten Verhältnissen

σ_3/σ_1 zu erreichen, so führte der Weg $\overline{OP_a}$ zu einem Druckbruch bei d, der Weg $\overline{OP_b}$ dagegen zu einem Zugbruch bei z (Bild 6.4). $\qquad\square$

Kapitel 7

Energiemethoden

7

7   **Energiemethoden**

7

7 Energiemethoden

Die bisherigen Betrachtungen betrafen im Wesentlichen die Berechnung der Verteilungen von Spannungen, Verzerrungen und Verschiebungen an allen Punkten eines Körpers. Die Grundlagen für die Berechnung dieser Verteilungen (Felder) bildeten die für den Körper gültigen Gleichgewichtsbedingungen, d. h. die statischen Bilanzen der auf den Körper wirkenden Kräfte und Momente, des Weiteren die kinematischen Beziehungen zwischen den Verschiebungen und Verzerrungen sowie der für das Körpermaterial typische Zusammenhang zwischen Spannungen und Verzerrungen. Die Lösung des auf dieser Grundlage beruhenden Gleichungssystems erfolgte unter Hinzunahme weiterer vereinfachender Annahmen speziell für stabförmige Körper unter Längskraft-, Torsions-, Biege- oder Querkraftschubbelastung. Wegen der Linearität aller benutzten Gleichungen können die Ergebnisse für einzeln auftretende Teillasten zu einem Gesamtergebnis für das gemeinsame Auftreten dieser Teillasten aufsummiert werden (Prinzip der Überlagerung).

Die Lösung des auf den genannten Grundlagen beruhenden Gleichungssystems ist auf verschiedenen Wegen möglich, die u. U. vom Anwendungszweck des Ergebnisses abhängen. Insbesondere existieren für Stabtragwerke Aufgabenstellungen, bei denen nur die Verschiebungen und Verdrehungen an einzelnen Punkten der Stabachsen oder im Fall statischer Unbestimmtheit die ergänzenden Gleichungen zur Ermittlung von Lager- bzw. Schnittreaktionen gefragt sind. Eine Möglichkeit, diese reduzierte Information mit entsprechend geringerem Aufwand gewinnen zu können, beruht auf der Existenz der elastischen Verzerrungsenergie für das gesamte Tragwerk. Die Verzerrungsenergie ist durch die Steifigkeit oder Nachgiebigkeit des Tragwerkes charakterisiert, in welche die Abmessungen und die elastischen Materialeigenschaften eingehen. In diesem Zusammenhang sind die so genannten Einflusszahlen bedeutsam, die im Folgenden am Beispiel der Balkenbiegung erklärt werden.

7.1 Einflusszahlen

Wir betrachten nochmals einen eingespannten Balken, der am freien Ende durch eine Einzelkraft F und ein Einzelmoment M belastet ist (Bild 7.1).

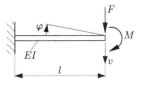

Bild 7.1. Eingespannter Balken unter Einzelkraft und -moment

Die Verschiebung v und Verdrehung φ der Balkenachse am Balkenende können aus (4.27) entnommen werden:

$$v = \frac{l^3}{3EI}F + \frac{l^2}{2EI}M \ , \qquad (7.1a)$$

$$\varphi = \frac{l^2}{2EI}F + \frac{l}{EI}M \ . \qquad (7.1b)$$

Die in dem linearen Gleichungssystem (7.1) enthaltene Matrix

$$\frac{1}{EI}\begin{pmatrix} l^3/3 & l^2/2 \\ l^2/2 & l \end{pmatrix} = \begin{pmatrix} \alpha & \gamma \\ \delta & \beta \end{pmatrix} \qquad (7.2)$$

besitzt als Elemente die Einflusszahlen α, γ, δ und β, welche den Einfluss der Lasten F und M auf die Verformungen v und φ vermitteln. Die Matrix (7.2) ist symmetrisch bezüglich der Hauptdiagonale, d. h.

$$\gamma = \delta \ . \qquad (7.3)$$

Im Beispiel von Bild 7.1 verursachten die Lasten F und M als Wirkungen Verschiebungen und Verdrehungen am gleichen Ort.

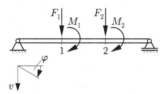

Bild 7.2. Gestützter Balken unter zwei Lastgruppen

Eine komplexere Situation von zwei Lastgruppen F_1, M_1 und F_2, M_2, die an den verschiedenen Orten 1 und 2 eines gestützten Balkens angreifen, zeigt Bild 7.2. Wegen der Linearität der zugrunde liegenden Gleichungen dürfen wieder die Verformungen infolge der einzelnen Lasten zu Gesamtverformungen überlagert werden. Das Ergebnis lautet in Verallgemeinerung von (7.1)

$$v_1 = \alpha_{11}F_1 + \alpha_{12}F_2 + \gamma_{11}M_1 + \gamma_{12}M_2 \ , \qquad (7.4a)$$

$$v_2 = \alpha_{21}F_1 + \alpha_{22}F_2 + \gamma_{21}M_1 + \gamma_{22}M_2 \ , \qquad (7.4b)$$

$$\varphi_1 = \delta_{11}F_1 + \delta_{12}F_2 + \beta_{11}M_1 + \beta_{12}M_2 \ , \qquad (7.4c)$$

$$\varphi_2 = \delta_{21}F_1 + \delta_{22}F_2 + \beta_{21}M_1 + \beta_{22}M_2 \ . \qquad (7.4d)$$

Es kann wieder aus der Lösung der Gleichung der elastischen Linie gewonnen werden. Die Indizes an den Lasten und Verformungen zeigen jetzt die Stelle des Auftretens dieser Größen am Balken an (Bild 7.2). Die aus den Einflusszahlen α_{ij}, γ_{ij}, δ_{ij} und β_{ij} für $i, j = 1, 2$ bestehende, durch die Nachgiebigkeit des Balkens bestimmte Koeffizientenmatrix von (7.4) ist wie die Koeffizientenmatrix (7.2) symmetrisch zur Hauptdiagonale, d. h. es gilt

$$\alpha_{ij} = \alpha_{ji}\,,\quad \gamma_{ij} = \delta_{ji}\,,\quad \beta_{ij} = \beta_{ji}\,,\quad i,j = 1,2\,. \tag{7.5}$$

Die nach MAXWELL (1831–1879) benannten Symmetriebeziehungen (7.5) beruhen auf der Existenz einer elastisch gespeicherten Verzerrungsenergie für das Tragwerk. Da sich die Energie eines Körpers aus der Summe der Energien seiner Teile ergibt, ist die Existenz der Verzerrungsenergie des Körpers gesichert, wenn dem Körpermaterial in jedem Körperelement eine spezifische Verzerrungsenergie zuordenbar ist. Wie in Abschnitt 2.6 gezeigt wurde, gehört zu dem linearen HOOKEschen Material (2.52) bis (2.54) und (2.59) wegen der Symmetrieeigenschaften der Koeffizientenmatrix von (2.52) bis (2.54) eine solche lokale spezifische Verzerrungsenergie, und folglich besitzen Tragwerke aus HOOKEschem Material eine globale elastische Verzerrungsenergie. Auch für Tragwerke ist die wechselseitige Bedingtheit von Existenz einer Verzerrungsenergie und Symmetrie der Nachgiebigkeitsmatrix gegeben. Dies soll am Beispiel des Balkens von Bild 7.3 durch Realisierung verschiedener Lastwege demonstriert werden.

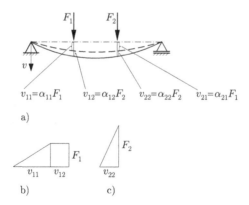

Bild 7.3. Anordnung zur Erzeugung verschiedener Lastwege

Auf einem ersten Lastweg 1 erzeugt die Kraft F_1 an der Stelle 1 die mit ihr linear anwachsende Verschiebung $v_{11} = \alpha_{11}F_1$ sowie an der Stelle 2 die mit ihr linear anwachsende Verschiebung $v_{21} = \alpha_{21}F_1$ und bleibt anschließend konstant. Dann erzeugt die Kraft F_2 an der Stelle 2 die mit ihr linear anwachsende Verschiebung $v_{22} = \alpha_{22}F_2$ zusätzlich zu der schon infolge der

Kraft F_1 verursachten Verschiebung v_{21} und außerdem an der Stelle 1 die zu v_{11} hinzukommende mit F_2 linear anwachsende Verschiebung $v_{12} = \alpha_{12}F_2$ (Bild 7.3a). Der gesamte Belastungsvorgang erfolgt quasistatisch, d. h. ohne Beschleunigung irgendwelcher Balkenelemente. Die Annahme dieser bisher immer getroffenen Voraussetzung für Lastaufbringungsprozesse sei hier nochmals besonders hervorgehoben.

Die Kraft F_1 verrichtet während ihrer Verschiebung $v_1 = v_{11} + v_{12}$ an der Stelle 1 gemäß Bild 7.3a die durch die Fläche in Bild 3.7b angegebene Arbeit

$$\frac{1}{2}F_1 v_{11} + F_1 v_{12} = \frac{1}{2}\alpha_{11}F_1^2 + \alpha_{12}F_1 F_2 \ . \tag{7.6}$$

Die von der Kraft F_1 an der Stelle 2 vor Aufbringen der Kraft F_2 verursachte Verschiebung v_{21} geht nicht in die Arbeit, welche die Kraft F_2 verrichtet, ein. Letztere beträgt (Bild 7.3a, c)

$$\frac{1}{2}F_2 v_{22} = \frac{1}{2}\alpha_{22}F_2^2 \ . \tag{7.7}$$

Die durch die Kräfte F_1 und F_2 auf dem Belastungsweg 1 verrichtete gesamte Arbeit $W_a^{(1)}$ folgt aus der Summe von (7.6) und (7.7), d. h.

$$W_a^{(1)} = \frac{1}{2}\alpha_{11}F_1^2 + \alpha_{12}F_1 F_2 + \frac{1}{2}\alpha_{22}F_2^2 \ . \tag{7.8}$$

Der Index „a" weist darauf hin, dass die von der Umgebung auf den Balken ausgeübten Kräfte, also die äußeren Kräfte, die Arbeit $W_a^{(1)}$ verrichtet haben. Zu den äußeren Kräften existieren an den Krafteinleitungsstellen innere Kräfte, welche als Reaktionen mit den äußeren Kräften während des gesamten Belastungsweges im Gleichgewicht stehen und folglich die Arbeit

$$W_i^{(1)} = -W_a^{(1)} \tag{7.9}$$

verrichten. Das Minuszeichen entsteht wie in (2.64), weil die inneren Kräfte entgegengesetzt zu den zugeordneten Verschiebungen orientiert sind.

Auf einem zweiten Belastungsweg 2, bei dem die Kräfte F_1 und F_2 gegenüber dem ersten Belastungsweg in umgekehrter Reihenfolge bis zu den gleichen Endwerten wie beim Belastungsweg 1 aufgebracht werden, wird die Arbeit

$$W_a^{(2)} = \frac{1}{2}\alpha_{22}F_2^2 + \alpha_{21}F_2 F_1 + \frac{1}{2}\alpha_{11}F_1^2 = -W_i^{(2)} \tag{7.10}$$

verrichtet.

Die realisierte Arbeit soll unabhängig von der Reihenfolge der Lastaufbringung sein. Dann gilt

$$W_a^{(1)} = W_a^{(2)} = -W_i^{(1)} = -W_i^{(2)} = U \ , \tag{7.11}$$

wobei U das Potenzial der inneren Kräfte bzw. die im Balken elastisch gespeicherte Energie bezeichnet. Kinetische Energieanteile treten nicht auf, da die Belastung, wie oben betont wurde, quasistatisch erfolgte.

Aus dem wegen (7.11) gültigen Vergleich von (7.8) mit (7.10) ergibt sich die Symmetrie $\alpha_{12} = \alpha_{21}$. Diese Symmetrie erlaubt wie im Fall der lokal gültigen spezifischen elastischen Verzerrungsenergie (2.82) die Darstellung der globalen Verzerrungsenergie des Balkens von Bild 7.3 in der Form

$$U = \frac{1}{2}F_1 v_1 + \frac{1}{2}F_2 v_2 \ , \qquad (7.12)$$

wobei v_1 bzw. v_2 die Verschiebungen an den Stellen 1 bzw. 2 nach Aufbringung der Kräfte F_1 und F_2 bezeichnen. Die Bestätigung von (7.12) erfolgt durch Einsetzen von

$$v_1 = \alpha_{11}F_1 + \alpha_{12}F_2 \ , \quad v_2 = \alpha_{21}F_1 + \alpha_{22}F_2 \qquad (7.13)$$

in (7.12), Anwendung von $\alpha_{12} = \alpha_{21}$ und Vergleich des Ergebnisses mit (7.10), (7.11).

Die demonstrierte Vorgehensweise kann für beliebige Lastpaare der Anordnung von Bild 7.2 angewendet werden und führt dann auf die Symmetrien (7.5). Die Verallgemeinerung von (7.4) auf n Kräfte F_j und n Momente M_j ergibt die Verformungen v_i und φ_i an den Lasteinleitungsstellen i

$$v_i = \sum_{j=1}^{n}(\alpha_{ij}F_j + \gamma_{ij}M_j) \ , \quad \varphi_i = \sum_{j=1}^{n}(\delta_{ij}F_j + \beta_{ij}M_j) \qquad (7.14)$$

mit den Symmetriebeziehungen

$$\alpha_{ij} = \alpha_{ji} \ , \quad \gamma_{ij} = \delta_{ji} \ , \quad \beta_{ij} = \beta_{ji} \ , \quad i,j = 1,\ldots,n \ . \qquad (7.15)$$

Die dazugehörige Verzerrungsenergie ist zunächst

$$U = \frac{1}{2}\sum_{i=1}^{n}(F_i v_i + M_i \varphi_i) \qquad (7.16)$$

bzw. nach Einsetzen von (7.14)

$$U = \frac{1}{2}\sum_{i=1}^{n}\sum_{j=1}^{n}(F_i \alpha_{ij}F_j + F_i \gamma_{ij}M_j + M_i \delta_{ij}F_j + M_i \beta_{ij}M_j) \ , \qquad (7.17)$$

wobei noch (7.15) benutzt werden kann.

7.2 Satz von CASTIGLIANO

Von der elastischen Verzerrungsenergie (7.17) des Balkens bilden wir die partielle Ableitung nach einer in den Summen befindlichen Kraft F_k. Die Ableitung darf unter die Summenzeichen gezogen werden. Mit $\partial F_j / \partial F_k = 1$ für $j = k$ und $\partial F_j / \partial F_k = 0$ für $j \neq k$ sowie den entsprechenden Gleichungen zum Index i folgt unter Nutzung von (7.15)

$$
\begin{aligned}
\frac{\partial U}{\partial F_k} &= \frac{1}{2} \sum_{i=1}^{n} (\alpha_{ik} F_i + \delta_{ik} M_i) + \frac{1}{2} \sum_{j=1}^{n} (\alpha_{kj} F_j + \gamma_{kj} M_j) \\
&= \frac{1}{2} \sum_{j=1}^{n} (\alpha_{kj} F_j + \gamma_{kj} M_j) + \frac{1}{2} \sum_{j=1}^{n} (\alpha_{kj} F_j + \gamma_{kj} M_j) \\
&= \sum_{j=1}^{n} (\alpha_{kj} F_j + \gamma_{kj} M_j) \ .
\end{aligned}
\tag{7.18}
$$

Der letzte Ausdruck stellt aber wegen der ersten Gleichung aus (7.14) die Verschiebung v_k in Richtung der Kraft F_k dar, weshalb

$$
\frac{\partial U}{\partial F_k} = v_k
\tag{7.19}
$$

gilt. Analog finden wir

$$
\frac{\partial U}{\partial M_k} = \varphi_k \ .
\tag{7.20}
$$

Die Beziehungen (7.19) und (7.20) geben den Inhalt des Satzes von CASTIGLIANO (1847–1884) für linear-elastisches Material wieder, wonach die partielle Ableitung der Verzerrungsenergie des Balkens nach einer Einzellast die zugeordnete Verformung in Richtung dieser Einzellast liefert. Der hier am Beispiel abgeleitete Satz, der in manchen Büchern als zweiter, in anderen Büchern als erster Satz von CASTIGLIANO bezeichnet wird, gilt, weil er allein auf der Existenz der lokalen spezifischen elastischen Verzerrungsenergie (2.81) beruht, für beliebige im Gleichgewicht befindliche Körper. Für die Anwendung des Satzes auf stabförmige Körper ist es nur erforderlich, die elastische Verzerrungsenergie mittels der jeweiligen Beanspruchungstheorie durch alle Lasten auszudrücken, die zur Verzerrungsenergie des Körpers beitragen. Kontinuierlich verteilte Lasten sind mit einzubeziehen, da sie auch an der Verzerrungsenergie beteiligt sind. Lagerreaktionen statisch bestimmter Systeme, welche Verschiebungen des Körpers als Ganzes, so genannte Starrkörperverschiebungen, verhindern, tragen nicht zur Verzerrungsenergie bei und dürfen deshalb nicht als Argumente in der Verzerrungsenergie enthalten sein. Statisch unbestimmte Lagerreaktionen werden zunächst als äußere Lasten in die Verzerrungsenergie mit einbezogen. Die Anwendung von (7.19) und (7.20) auf diese Reaktionen liefert nach Nullsetzen der zugeordneten Verschiebungen und Verdrehungen die fehlenden Bestimmungsgleichungen zur Berechnung der statisch Unbestimmten.

Es sei noch erwähnt, dass Beziehungen von der Art wie (7.19) und (7.20) auch im Fall nichtlinear elastischen Materialverhaltens angebbar sind, wenn die spezifische Verzerrungsenergie durch die spezifische Ergänzungsenergie gemäß (2.72) ersetzt wird. Von der Ergänzungsenergie ist auch bei der Berücksichtigung von Wärmespannungen auszugehen.

7.3 Verzerrungsenergie der Balken und Stäbe

In die Verzerrungsenergie der Balken und Stäbe aus linear-elastischem Material können Anteile infolge Biegung U_B, Torsion U_T, Längsbeanspruchung U_L und Querkraftschub U_Q eingehen. Die Verzerrungsenergie berechnet sich als Integral der spezifischen Verzerrungsenergie (2.82) über das Balken- oder Stabvolumen V unter Beachtung des jeweiligen Spannungszustandes und des HOOKEschen Gesetzes. Mit der Biegespannung σ_b bei gerader Biegung infolge des Biegemomentes M_{bx} um eine Hauptachse x mit dem Flächenträgheitsmoment I_{xx} ergibt sich gemäß (2.82), (4.2) und (4.8)

$$U_B = \frac{1}{2} \int\limits_V \frac{\sigma_b^2}{E} dV = \frac{1}{2} \int\limits_l \int\limits_A \frac{M_{bx}^2}{EI_{xx}^2} y^2 dA dz = \frac{1}{2} \int\limits_l \frac{M_{bx}^2}{EI_{xx}} dz \ . \qquad (7.21)$$

Bei schiefer Biegung entsteht für jede Hauptachse ein Anteil wie in (7.21). Das Torsionsmoment M_t verursacht in einem Stab mit Kreis- bzw. Kreisringquerschnitt nach (2.82), (3.2) und (3.7) die Verzerrungsenergie

$$U_T = \frac{1}{2} \int\limits_V \frac{\tau^2}{G} dV = \frac{1}{2} \int\limits_l \int\limits_A \frac{M_t^2}{GI_p^2} r^2 dA dz = \frac{1}{2} \int\limits_l \frac{M_t^2}{GI_p} dz \ . \qquad (7.22)$$

Bei anderen Querschnittsformen ist I_p durch I_t wie z. B. nach (3.12) zu ersetzen.

Eine Längskraft F_L führt bei gleichmäßiger Normalspannungsverteilung σ über der Querschnittsfläche A auf die Verzerrungsenergie (2.70)

$$U_L = \frac{1}{2} \int\limits_V \frac{\sigma^2}{E} dV = \frac{1}{2} \int\limits_l \frac{F_L^2}{EA^2} A dz = \frac{1}{2} \int\limits_l \frac{F_L^2}{EA} dz \ . \qquad (7.23)$$

Häufig sind die Längskraft und die Dehnsteifigkeit EA konstant über der Stablänge. Dann gilt die vereinfachte Beziehung

$$U_L = \frac{F_L^2 l}{2EA} \ . \qquad (7.24)$$

Die Verzerrungsenergie infolge Querkraftschubspannungen bei gerader Biegung um die Hauptachse x ist mit (2.82), (1.16) und (5.7)

$$U_Q = \frac{1}{2} \int_V \frac{\tau^2}{G} dV = \frac{1}{2} \int_l \int_A \frac{F_{Qy}^2 S_x^2(y)}{G I_{xx}^2 b^2(y)} dA dz \qquad (7.25)$$

bzw. mit $dA = b(y)dy$ und $\kappa = \kappa_y = $ konst. in (5.15)

$$U_Q = \frac{\kappa_y}{2} \int_l \frac{F_{Qy}^2}{GA} dz . \qquad (7.26)$$

Bei Systemen aus m Balken und Stäben summieren sich die Verzerrungsenergien U_i der einzelnen Balken und Stäbe i zur Gesamtverzerrungsenergie

$$U = \sum_{i=1}^{m} U_i . \qquad (7.27)$$

Erfolgt eine Querkraftbiegung um beide Hauptachsen x und y, ergibt sich die Verschiebung v_k in Richtung einer Kraft F_k nach (7.19) und (7.27) bei Berücksichtigung aller Beanspruchungen (7.21), (7.22), (7.23) und (7.26) zu

$$v_k = \frac{\partial U}{\partial F_k} = \sum_{i=1}^{m} \int_{l_i} \left\{ \frac{M_{bxi}}{(EI_{xx})_i} \frac{\partial M_{bxi}}{\partial F_k} + \frac{M_{byi}}{(EI_{yy})_i} \frac{\partial M_{byi}}{\partial F_k} + \frac{M_{ti}}{(GI_t)_i} \frac{\partial M_{ti}}{\partial F_k} + \right.$$

$$\left. + \frac{F_{Li}}{(EA)_i} \frac{\partial F_{Li}}{\partial F_k} + \kappa_{xi} \frac{F_{Qxi}}{(GA)_i} \frac{\partial F_{Qxi}}{\partial F_k} + \kappa_{yi} \frac{F_{Qyi}}{(GA)_i} \frac{\partial F_{Qyi}}{\partial F_k} \right\} dz_i . \qquad (7.28)$$

Dabei konnte die partielle Ableitung $\partial()/\partial F_k$ unter die Integralzeichen gezogen werden, weil die Integrationsgebiete l_i nicht von F_k abhängen.

Die Vorgehensweise zur Bestimmung einer Verdrehung φ_k in Richtung eines Einzelmomentes M_k verläuft analog:

$$\varphi_k = \frac{\partial U}{\partial M_k} = \sum_{i=1}^{m} \int_{l_i} \left\{ \frac{M_{bxi}}{(EI_{xx})_i} \frac{\partial M_{bxi}}{\partial M_k} + \frac{M_{byi}}{(EI_{yy})_i} \frac{\partial M_{byi}}{\partial M_k} + \frac{M_{ti}}{(GI_t)_i} \frac{\partial M_{ti}}{\partial M_k} + \right.$$

$$\left. + \frac{F_{Li}}{(EA)_i} \frac{\partial F_{Li}}{\partial M_k} + \kappa_{xi} \frac{F_{Qxi}}{(GA)_i} \frac{\partial F_{qxi}}{\partial M_k} + \kappa_{yi} \frac{F_{Qyi}}{(GA)_i} \frac{\partial F_{Qyi}}{\partial M_k} \right\} dz_i . \qquad (7.29)$$

Hier gibt φ_k die Verdrehung des Balkenquerschnitts, d.h. die Verdrehung der Balkenachse abzüglich der mittleren Schubverzerrung, an.

Bei ebener Verformung ebener Tragwerke, die aus schlanken Balken bestehen, können häufig Quer- und Längskrafteinflüsse gegenüber den Biegeeffekten vernachlässigt werden. Im Fall räumlicher Anordnungen sind außer der Biegeverformung auftretende Torsionsverformungen meistens zu berücksichtigen.

Bevor wir die Leistungsfähigkeit der Vorschriften (7.28) und (7.29) demonstrieren, führen wir noch einige hilfreiche Überlegungen aus, die die geometrische Anordnung von Tragwerken einschließlich ihrer Lasten betreffen.

7.4 Symmetrie und Antisymmetrie

Aufgaben, die Symmetrien oder Antisymmetrien enthalten, können häufig vereinfacht werden. Diesbezügliche Überlegungen sind nicht an die Nutzung von Energiemethoden gebunden, werden aber hier ausgeführt, weil sich die Beispiele dieses Kapitels gut für ihre Anwendung eignen.

Im Folgenden betrachten wir beispielhaft ebene Tragwerke, die aus Balken bestehen und wenigstens eine Symmetrieachse besitzen. Die Lasten seien zu dieser Symmetrieachse entweder symmetrisch oder antisymmetrisch angeordnet wie im Fall des im Gleichgewicht befindlichen Balkens nach Bild 7.4.

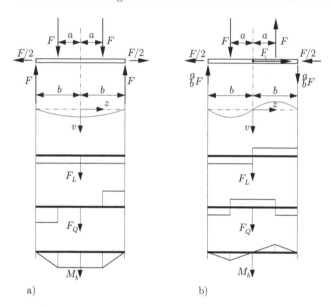

Bild 7.4. Symmetrischer Balken symmetrisch a) und antisymmetrisch b) belastet

Der Ursprung des z, v-Koordinatensystems befindet sich auf der Symmetrieachse des Balkens. Zur Vermeidung von Starrkörperverschiebungen werden im Einklang mit der Symmetrie (Bild 7.4a) und der Antisymmetrie (Bild 7.4b) die Vertikalverschiebungen der Balkenenden und die Horizontalverschiebung der Balkenmitte null gesetzt.

Definitionsgemäß gilt für eine mit $f_S(z)$ bezeichnete symmetrische Funktion

$$f_S(z) = f_S(-z) \tag{7.30}$$

und für eine antisymmetrische Funktion $f_A(z)$

$$f_A(z) = -f_A(-z) \ , \qquad f_A(0) = 0 \ . \qquad (7.31\text{a,b})$$

In Bild 7.4a erfüllen Durchbiegung v, Längskraft F_L und Moment M_b die Gleichung (7.30), dagegen Verdrehung v' und Querkraft F_Q die Beziehungen (7.31). In Bild 7.4b gilt umgekehrt, dass die Durchbiegung v, die Längskraft F_L und das Moment M_b den Beziehungen (7.31) genügen, während die Verdrehung v' und die Querkraft F_Q die Gleichung (7.30) befriedigen. Das aus (7.31b) folgende wichtige Ergebnis ist hervorzuheben:

- Bei einem geometrisch, d. h. hinsichtlich seiner Abmessungen, symmetrischen Balken mit symmetrischer Belastung verschwinden auf der Symmetrieachse die Verdrehung und die Querkraft.
- Bei einem geometrisch symmetrischen Balken mit antisymmetrischer Belastung verschwinden auf der Symmetrieachse die Durchbiegung, die Längskraft und das Moment.

Beliebige Lastfälle geometrisch symmetrischer Tragwerke können immer in symmetrische und antisymmetrische Teillastfälle zerlegt werden. Das Gesamtgleichungssystem zur Bestimmung eventueller statisch Unbestimmter zerfällt dabei vorteilhaft in zwei kleinere entkoppelte Gleichungssysteme. Die Gesamtlösung ergibt sich durch Überlagerung (Superposition) der Teillösungen. Diese Vorgehensweise enthält selbstverständlich die Möglichkeit, bei rein symmetrischer oder rein antisymmetrischer Belastung geometrisch symmetrischer Tragwerke von Beginn an die Zahl der statisch Unbestimmten zu reduzieren.

Zur Demonstration betrachten wir den durch die Streckenlast q unsymmetrisch belasteten geometrisch symmetrischen Rahmen nach Bild 7.5.

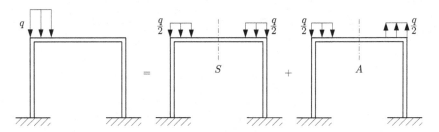

Bild 7.5. Unsymmetrisch belasteter symmetrischer Rahmen

Die Lagerung enthält drei statisch Unbestimmte. Im symmetrischen Teillastfall (S) verschwindet auf S die Querkraft. Es verbleiben Längskraft und Biegemoment als statisch Unbestimmte. Im antisymmetrischen Teillastfall

(A) verschwinden Längskraft und Biegemoment auf A. Es verbleibt nur die Querkraft als statisch Unbestimmte.

Auf die gewonnenen Erkenntnisse kommen wir im nächsten Abschnitt nochmals zurück.

7.5 Anwendungsfälle

❯ 7.5.1 Gerade Biegung

Zur Überprüfung der abgeleiteten Methode nach CASTIGLIANO betrachten wir nochmals den eingespannten Balken unter Einzelkraft und -moment (Bild 7.6).

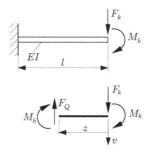

Bild 7.6. Eingespannter Balken unter Einzelkraft und -moment

Wir fragen nach der Verschiebung und der Verdrehung des rechten Balkenendes. Es soll nur der Biegeanteil der Verzerrungsenergie berücksichtigt werden. Gemäß (7.28) sind der Biegemomentenverlauf $M_b(z, F_k, M_k)$ und die partiellen Ableitungen $\partial M_b/\partial F_k$ sowie $\partial M_b/\partial M_k$ zu berechnen:

$$M_b = -F_k z - M_k \; , \quad \frac{\partial M_b}{\partial F_k} = -z \; , \quad \frac{\partial M_b}{\partial M_k} = -1 \; . \tag{7.32}$$

Aus (7.28), (7.29) und (7.32) folgt

$$v_k = \int\limits_l \frac{M_b}{EI} \frac{\partial M_b}{\partial F_k} dz = \frac{1}{EI} \int\limits_0^l (F_k z^2 + M_k z) dz = \frac{F_k l^3}{3EI} + \frac{M_k l^2}{2EI} \; , \tag{7.33a}$$

$$\varphi_k = \int\limits_l \frac{M_b}{EI} \frac{\partial M_b}{\partial M_k} dz = \frac{1}{EI} \int\limits_0^l (F_k z + M_k) dz = \frac{F_k l^2}{2EI} + \frac{M_k l}{EI} \; , \tag{7.33b}$$

d. h. die Bestätigung von (7.1). Zu bemerken ist, dass sich die Minuszeichen der Ausdrücke (7.32) bei der Produktbildung unter den Integralen von (7.33) herausquadrieren. Deshalb ist hier die Zuordnung der Zählpfeile für die

Schnittgröße M_b und die Durchsenkung v anders als bei der Gleichung der elastischen Linie (4.25) bedeutungslos. Sie muss nur im Integrationsbereich fest beibehalten werden. Wir verzichten deshalb in übersichtlichen Fällen auf die Angabe dieser Zählpfeile.

Beispiel 7.1

Für den durch die Kraft F belasteten abgewinkelten Balken nach Bild 7.7 ist die Verschiebung des Lagers B gesucht.

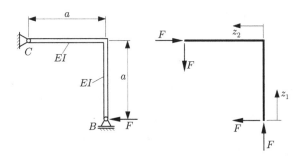

Bild 7.7. Abgewinkelter Balken

Es soll nur Biegeenergie berücksichtigt werden.

Lösung:

Das Tragwerk ist statisch bestimmt gelagert. Die Verzerrungsenergie darf als Lastargument nur die äußere Kraft F enthalten. Die Lagerreaktionen bei B und C sind deshalb durch F auszudrücken. Die Verschiebung v_B des Lagers B findet horizontal statt. Sie wird durch

$$v_B = \frac{\partial U}{\partial F}$$

bestimmt. Für den abgewinkelten Balken sind die beiden Bereiche mit den Bereichskoordinaten z_1 und z_2 festzulegen. Zur Berechnung der Biegemomente und der partiellen Ableitungen empfiehlt sich das Anlegen einer Tabelle. Wegen der Beschränkung auf Biegung wird der Index „b" beim Biegemoment weggelassen. Außerdem werden für die beiden Bereiche $i = 1, 2$ die jeweiligen Integrationsgrenzen eingetragen.

i	M_i	$\dfrac{\partial M_i}{\partial F}$	Grenzen
1	$F z_1$	z_1	$0, a$
2	$F a - F z_2$	$a - z_2$	$0, a$

Die Ausführung der Integration nach (7.28) liefert

$$v_B = \frac{\partial U}{\partial F} = \int\limits_0^a \frac{M_1}{EI}\frac{\partial M_1}{\partial F}dz_1 + \int\limits_0^a \frac{M_2}{EI}\frac{\partial M_2}{\partial F}dz_2$$

$$= \frac{Fa^3}{EI}\left(\frac{1}{3} + 1 - \frac{2}{2} + \frac{1}{3}\right) = \frac{2Fa^3}{3EI} \ .$$

Das Ergebnis ist identisch mit dem des Anwendungsfalles nach Bild 4.19. □

Der Satz von CASTIGLIANO lässt sich, wie in Abschnitt 7.2 schon bemerkt, auch auf statisch unbestimmt gelagerte Tragwerke anwenden. Die statisch unbestimmten Lagerreaktionen, d. h. die r überzähligen Lagerreaktionen $X_l, l = 1, \ldots, r$, die nicht durch Anwendung der Gleichgewichtsbilanzen allein ermittelt werden können, sind als zunächst nicht zu den Lagerlasten zu zählende äußere Lasten aufzufassen. Sie gehen neben den gegebenen äußeren Einzellasten F_i, M_j und den durch Parameter q_k charakterisierten äußeren Streckenlasten in die Argumentliste der Verzerrungsenergie ein. Die r Zwangsbedingungen verschwindender Verformungen an den Lagern lauten dann

$$\frac{\partial U(F_i, M_j, q_k, X_l)}{\partial X_m} = 0 \ , \quad m = 1, \ldots, r \qquad (7.34)$$

und ergeben die fehlenden Gleichungen zur Bestimmung der statisch Unbestimmten.
Wir betrachten hierzu den durch eine konstante Streckenlast der Intensität q belasteten Balken nach Bild 7.8, dessen Lagerreaktionen gesucht sind.

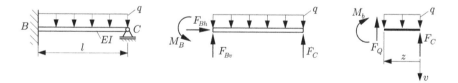

Bild 7.8. Balken mit konstanter Streckenlast

Es liegt eine einfache statische Unbestimmtheit vor. Wir wählen zweckmäßig F_C als statisch Unbestimmte und drücken das Biegemoment M_b durch die äußere Streckenlast q sowie die statisch Unbestimmte $X_1 = F_C$ aus, ohne weitere Gleichgewichtsbedingungen benutzen zu müssen. Dann gilt

$$M_b = F_C z - q\frac{z^2}{2} \ , \quad \frac{\partial M_b}{\partial F_C} = z \ .$$

Bei Beschränkung auf den Biegeanteil in der Verzerrungsenergie erhalten wir

$$v_C = \frac{\partial U(q, F_C)}{\partial F_C} = \int\limits_0^l \frac{M_b}{EI} \frac{\partial M_b}{\partial F_C} dz = \frac{1}{EI} \int\limits_0^l \left(F_C z^2 - q\frac{z^3}{2} \right) dz$$

$$= \frac{1}{EI} \left(F_C \frac{l^3}{3} - \frac{ql^4}{8} \right) = 0 \;,$$

d. h.

$$F_C = \frac{3}{8} ql \;.$$

Die statischen Bilanzen liefern damit

$$\rightarrow : \quad F_{Bh} = 0 \;,$$

$$\uparrow \; : \quad F_{Bv} - ql + \frac{3}{8}ql = 0 \;, \qquad F_{Bv} = \frac{5}{8}ql \;,$$

$$\widehat{C} \; : \quad M_B - q\frac{l^2}{2} + \frac{3}{8}ql^2 = 0 \;, \quad M_B = \frac{1}{8}ql^2 \;.$$

Das Ergebnis ist identisch mit dem des Anwendungsfalles nach Bild 4.22.

Beispiel 7.2

Ein gerader Balken mit der Biegesteifigkeit EI unterliegt teilweise einer konstanten Streckenlast q (Bild 7.9).

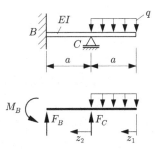

Bild 7.9. Gerader Balken, teilweise unter Streckenlast

Gesucht sind die Lagerreaktionen.

Lösung:

Nach dem Freimachen und Weglassen der verschwindenden horizontalen Lagerkraft bei B verbleiben zwei statische Bilanzgleichungen für die drei Lagerreaktionen. Es liegt also einfache statische Unbestimmtheit vor. Wir wählen zweckmäßig F_C als statisch Unbestimmte, teilen zwei Bereiche $i = 1, 2$ ein und legen zur Auswertung des Satzes von CASTIGLIANO auf der Grundlage des Biegeanteils der Verzerrungsenergie eine Tabelle für die Biegemomente

M_i und die partiellen Ableitungen $\partial M_i/\partial F_C$ an.

i	M_i	$\dfrac{\partial M_i}{\partial F_C}$	Grenzen
1	$q\dfrac{z_1^2}{2}$	0	$0, a$
2	$qa\left(\dfrac{a}{2}+z_2\right)-F_C z_2$	$-z_2$	$0, a$

Es gilt

$$v_C = \frac{\partial U(q,F_C)}{\partial F_C} = \frac{a^3}{EI}\left[qa\left(-\frac{1}{2}\cdot\frac{1}{2}-\frac{1}{3}\right)+F_C\frac{1}{3}\right] = 0 \;,$$

d. h.

$$F_C = \frac{7}{4}qa \;.$$

Die statischen Bilanzen ergeben damit

$$\uparrow \;:\;\; F_B - qa + F_C = 0 \;, \qquad F_B = -\frac{3}{4}qa \;,$$

$$\widehat{B} \;:\;\; M_B + F_C a - qa\frac{3a}{2} = 0 \;, \quad M_B = -\frac{1}{4}qa^2 \;.$$

$\square$

Wenn für ein Tragwerk Verformungen an Stellen gesucht werden, an denen keine Einzellasten in Richtung der gesuchten Verformung wirken, so werden dort Hilfslasten installiert, die nach Bildung der diesbezüglichen partiellen Ableitungen null zu setzen sind. Wir betrachten hierzu das Tragwerk von Bild 7.10, für das die Verschiebung des Lagers C gesucht ist.

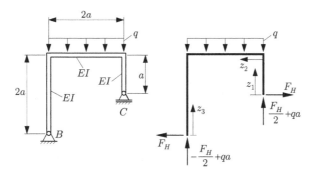

Bild 7.10. Zur Benutzung einer Hilfskraft

Da am horizontal verschieblichen Lager C keine Horizontalkraft vorliegt, wird dort die Hilfskraft F_H angebracht. Die Lagerreaktionen des statisch bestimmten Tragwerkes sind durch die äußere Streckenlast q und die als äußere Last geltende Hilfskraft F_H auszudrücken. Dies wurde in Bild 7.10 schon ausgeführt. Für die drei Bereiche i, $i = 1, 2, 3$ fertigen wir eine Tabelle der Biegemomente M_i, der partiellen Ableitungen $\partial M_i / \partial F_H$ und der Integrationsgrenzen an.

i	M_i	$\dfrac{\partial M_i}{\partial F_H}$	Grenzen
1	$F_H z_1$	z_1	$0, a$
2	$\left(\dfrac{F_H}{2} + qa\right) z_2 - q\dfrac{z_2^2}{2} + F_H a$	$\dfrac{z_2}{2} + a$	$0, 2a$
3	$F_H z_3$	z_3	$0, 2a$

Die Verschiebung des Lagers C ergibt sich mit (7.28) zu

$$v_C = v_H \bigg|_{F_H=0} = \frac{\partial U(q, F_H)}{\partial F_H}\bigg|_{F_H=0} = \frac{qa^4}{EI}\left(\frac{1}{2} \cdot \frac{8}{3} + \frac{4}{2} - \frac{1}{4} \cdot \frac{16}{4} - \frac{1}{2} \cdot \frac{8}{3}\right) = \frac{qa^4}{EI} .$$

Bei statisch unbestimmten Systemen treten die gegebenen äußeren Lasten, die statisch Unbestimmten und die Hilfslasten als Argumente in der Verzerrungsenergie auf.

Beispiel 7.3
Für das mehrfach abgewinkelte Tragwerk mit konstanter Biegesteifigkeit EI nach Bild 7.11 sind die Lagerreaktionen, die Verschiebung des Angriffspunktes der Kraft F und die Verdrehung des Balkenendes am Lager C gesucht.

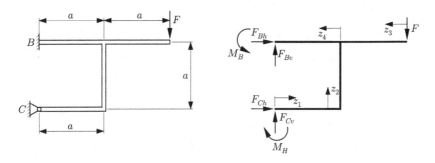

Bild 7.11. Mehrfach abgewinkeltes Tragwerk

Lösung:
Das Freimachen zeigt eine zweifache statische Unbestimmtheit des Trag-

werkes an. Als statisch Unbestimmte werden die Lagerkräfte F_{Ch} und F_{Cv} gewählt. Die Verschiebung des Angriffspunktes der Kraft F hat im Rahmen der linearen Biegetheorie nur eine vertikale Komponente, welche in Richtung von F liegt. Hier wird also keine Hilfskraft benötigt. Dagegen muss zur Berechnung der Verdrehung bei C ein Hilfsmoment M_H eingeführt werden. In den Biegemomenten M_i der vier Bereiche $i = 1, \ldots, 4$ sind demnach die Lasten F, F_{Ch}, F_{Cv} und M_H zu berücksichtigen. Die entsprechende Tabelle mit den Integrationsgrenzen $0, a$ für alle Bereiche ist nachfolgend angegeben.

i	M_i	$\dfrac{\partial M_i}{\partial F_{Ch}}$	$\dfrac{\partial M_i}{\partial F_{Cv}}$	$\dfrac{\partial M_i}{\partial F}$	$\dfrac{\partial M_i}{\partial M_H}$
1	$F_{Cv}z_1 + M_H$	0	z_1	0	1
2	$F_{Cv}a + M_H - F_{Ch}z_2$	$-z_2$	a	0	1
3	$F z_3$	0	0	z_3	0
4	$F(a + z_4) + F_{Cv}(a - z_4)$ $-F_{Ch}a + M_H$	$-a$	$a - z_4$	$a + z_4$	1

Die Gleichungen für die statisch Unbestimmten und die Verformungen lauten

$$
0 = \left.\frac{\partial U(F, F_{Ch}, F_{Cv}, M_H)}{\partial F_{Ch}}\right|_{M_H=0}
$$
$$
= \frac{a^3}{EI}\left[F_{Ch}\left(\frac{1}{3} + 1\right) + F_{Cv}\left(-\frac{1}{2} - 1 + \frac{1}{2}\right) + F\left(-1 - \frac{1}{2}\right)\right],
$$

$$
0 = \left.\frac{\partial U(F, F_{Ch}, F_{Cv}, M_H)}{\partial F_{Cv}}\right|_{M_H=0}
$$
$$
= \frac{a^3}{EI}\left[F_{Ch}\left(-\frac{1}{2} - 1 + \frac{1}{2}\right) + F_{Cv}\left(\frac{1}{3} + 1 + 1 - \frac{2}{2} + \frac{1}{3}\right) + F\left(1 - \frac{1}{3}\right)\right],
$$

$$
v_F = \left.\frac{\partial U(F, F_{Ch}, F_{Cv}, M_H)}{\partial F}\right|_{M_H=0}
$$
$$
= \frac{a^3}{EI}\left[F_{Ch}\left(-1 - \frac{1}{2}\right) + F_{Cv}\left(1 - \frac{1}{3}\right) + F\left(\frac{1}{3} + 1 + \frac{2}{2} + \frac{1}{3}\right)\right],
$$

$$\varphi_C = \frac{\partial U(F, F_{Ch}, F_{Cv}, M_H)}{\partial M_H}\bigg|_{M_H=0}$$

$$= \frac{a^2}{EI}\Big[F_{Ch}\big(-\frac{1}{2}-1\big) + F_{Cv}\big(\frac{1}{2}+1+1-\frac{1}{2}\big) + F\big(1+\frac{1}{2}\big)\Big] \ .$$

Wegen $M_H = 0$ bezieht sich die durch zugeordnete Unterstreichungen gekennzeichnete Symmetrie des Gleichungssystems nur auf die Koeffizientenmatrix der ersten drei Gleichungen. Die Auflösung des Gleichungssystems liefert

$$F_{Ch} = \frac{3}{2}F \ , \quad F_{Cv} = \frac{1}{2}F \ .$$

Die statischen Bilanzen und die restlichen Lagerreaktionen sind dann

$$\rightarrow: \quad F_{Bh} + F_{Ch} = 0 \ , \qquad F_{Bh} = -\frac{3}{2}F \ ,$$

$$\uparrow: \quad F_{Bv} + F_{Cv} - F = 0 \ , \qquad F_{Bv} = \frac{1}{2}F \ ,$$

$$\curvearrowright B: \quad M_B - F2a + F_{Ch}a = 0 \ , \quad M_B = \frac{1}{2}Fa \ .$$

Die Verformungen ergeben sich nach Einsetzen der Ergebnisse für F_{Ch} und F_{Cv} zu

$$v_F = \frac{3}{4}\frac{Fa^3}{EI} \ , \quad \varphi_C = \frac{Fa^2}{4EI} \ .$$

$\square$

In den bisher behandelten Anwendungsfällen und Beispielen bestanden die Tragwerke aus unverzweigten oder verzweigten Balkenstrukturen. Außer solchen als offen bezeichneten Tragwerken existieren auch geschlossene Strukturen, so genannte geschlossene Rahmen wie z. B. in Bild 7.12.

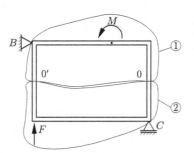

Bild 7.12. Geschlossener Rahmen

Die Lagerreaktionen dieses Tragwerkes ergeben sich nach Freischneiden des gesamten Tragwerkes aus den drei Gleichgewichtsbilanzen, jedoch nicht die

Schnittreaktionen. Mit einem Schnitt wie in Bild 7.12 können z. B. an der Stelle 0 die Schnittreaktionen Biegemoment M_0, Querkraft F_{Q0} und Längskraft F_{L0} eingeführt werden. Die Schnittreaktionen an der Stelle $0'$ sind dann über die Gleichgewichtsbedingungen für den Rahmenteil ① oder ② abhängig von M_0, F_{Q0}, F_{L0} und den äußeren Lasten ausdrückbar. Letztere enthalten die gegebenen äußeren Lasten und die statisch bestimmten Lagerreaktionen als schon berechnete lineare Funktionen der gegebenen äußeren Lasten. Die Schnittreaktionen M_0, F_{Q0} und F_{L0} stellen statisch Unbestimmte des als dreifach innerlich statisch unbestimmt bezeichneten Tragwerkes dar. Die Verzerrungsenergie der Tragwerksteile ist dann eine Funktion der äußeren Lasten F und M sowie der statisch Unbestimmten M_0, F_{Q0} und F_{L0}:

$$U_1 = U_1(F, M, M_0, F_{Q0}, F_{L0}) , \quad U_2 = U_2(F, M, M_0, F_{Q0}, F_{L0}) . \quad (7.35)$$

Die einzuhaltende Stetigkeit der Verformungen an der Stelle 0 erfordert die Gleichheit der Verformungen des Teils ① und des Teils ② an der Stelle 0, d. h. wegen der entgegengesetzten Orientierungen der Schnittreaktionen von Teil ① und ②,

$$\frac{\partial U_1}{\partial M_0} = -\frac{\partial U_2}{\partial M_0} , \quad \frac{\partial U_1}{\partial F_{Q0}} = -\frac{\partial U_2}{\partial F_{Q0}} , \quad \frac{\partial U_1}{\partial F_{L0}} = -\frac{\partial U_2}{\partial F_{L0}} \quad (7.36)$$

bzw. wegen der Zusammensetzung der gesamten Energie gemäß

$$U = U_1 + U_2 , \quad (7.37)$$

$$\frac{\partial U}{\partial M_0} = 0 , \quad \frac{\partial U}{\partial F_{Q0}} = 0 , \quad \frac{\partial U}{\partial F_{L0}} = 0 . \quad (7.38a,b,c)$$

Das Gleichungssystem (7.38) wird zur Berechnung der statisch Unbestimmten M_0, F_{Q0} und F_{L0} benutzt.

Als Demonstration betrachten wir den durch ein Einzelmoment M_C an der Ecke C belasteten Rahmen nach Bild 7.13. Die Biegesteifigkeit sei EI.

Die Anwendung der Gleichgewichtsbedingungen auf den äußerlich statisch bestimmten Rahmen ergibt die eingetragenen Lagerkräfte. Ein möglicher zweckmäßiger Teilschnitt an der rechten oberen Rahmenecke führt auf die drei statisch unbestimmten Schnittreaktionen M_0, F_{h0} und F_{v0}, wobei die Kräfte sowohl als Längs- als auch als Querkräfte agieren. Wir berücksichtigen nur Biegeanteile in der Verzerrungsenergie und stellen die Momentenverläufe in vier Bereichen nebst deren Ableitungen nach den statisch Unbestimmten in einer Tabelle zusammen.

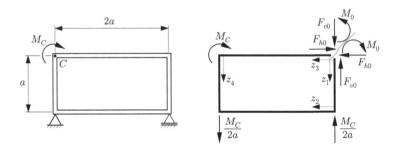

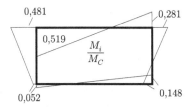

Bild 7.13. Geschlossener Rahmen unter Einzelmoment

i	M_i	$\dfrac{\partial M_i}{\partial M_0}$	$\dfrac{\partial M_i}{\partial F_{h0}}$	$\dfrac{\partial M_i}{\partial F_{v0}}$	Grenzen
1	$M_0 - F_{h0}z_1$	1	$-z_1$	0	$0, a$
2	$M_0 - F_{h0}a - \left(\dfrac{M_C}{2a} + F_{v0}\right)z_2$	1	$-a$	$-z_2$	$0, 2a$
3	$M_0 - F_{v0}z_3$	1	0	$-z_3$	$0, 2a$
4	$M_0 - F_{v0}2a - F_{h0}z_4 - M_C$	1	$-z_4$	$-2a$	$0, a$

Die Auswertung von (7.38) ergibt das Gleichungssystem

$$\frac{\partial U}{\partial M_0} = 0 \ , \quad \frac{\partial U}{\partial F_{h0}} = 0 \ , \quad \frac{\partial U}{\partial F_{v0}} = 0$$

mit den Koeffizienten

$\dfrac{M_0}{a}$	F_{h0}	F_{v0}	$\dfrac{M_C}{a}$
$1 + 2 + 2 + 1$	$-\dfrac{1}{2} - 2 - \dfrac{1}{2}$	$-\dfrac{4}{2} - \dfrac{4}{2} - 2$	$-\dfrac{4}{4} - 1$
$-\dfrac{1}{2} - 2 - \dfrac{1}{2}$	$\dfrac{1}{3} + 2 + \dfrac{1}{3}$	$\dfrac{4}{2} + \dfrac{2}{2}$	$\dfrac{4}{4} + \dfrac{1}{2}$
$-\dfrac{4}{2} - \dfrac{4}{2} - 2$	$\dfrac{4}{2} + \dfrac{2}{2}$	$\dfrac{8}{3} + \dfrac{8}{3} + 4$	$\dfrac{8}{6} + 2$

Das inhomogene Gleichungssystem besitzt erwartungsgemäß wieder eine symmetrische Koeffizientenmatrix. Seine Lösung lautet:

$$M_0 = -\frac{59}{210}M_C \ , \quad F_{h0} = -\frac{3M_C}{7a} \ , \quad F_{v0} = -\frac{2M_C}{5a} \ .$$

In Bild 7.13 ist noch der Biegemomentenverlauf angegeben. Der maximale Betrag des Biegemomentes tritt neben der Lasteinleitungsstelle (im Bereich 3 für $z_3 \to 2a$) auf und hat den Wert

$$|M_b|_{max} = 0,519M_C \ .$$

Beispiel 7.4
Man bestimme die Schnittreaktionen M_0, F_{h0} und F_{v0} des Rahmens von Bild 7.13 mittels des Satzes von CASTIGLIANO unter Ausnutzung der geometrischen Symmetrie.
Lösung:
Die Gesamtbelastung zerfällt gemäß Bild 7.14a in eine symmetrische Teilbelastung (S) und eine antisymmetrische Teilbelastung (A).

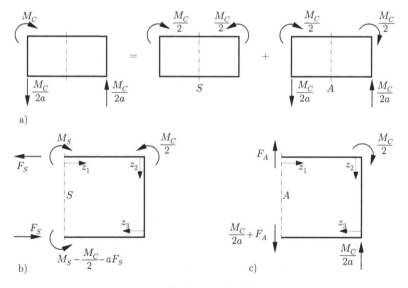

Bild 7.14. Zerlegung der Belastung

Die Schnittmomente und ihre Ableitungen für den symmetrischen Belastungsanteil ergeben gemäß Bild 7.14b die nachfolgende Tabelle.

i	M_i	$\dfrac{\partial M_i}{\partial M_S}$	$\dfrac{\partial M_i}{\partial F_S}$	Grenzen
1	M_S	1	0	$0, a$
2	$M_S - \dfrac{M_C}{2} - F_S z_2$	1	$-z_2$	$0, a$
3	$M_S - \dfrac{M_C}{2} - F_S a$	1	$-a$	$0, a$

und nach (7.38) das Gleichungssystem

$$\frac{\partial U}{\partial M_S} = 2\frac{a}{EI}\left[M_S(1+1+1) - F_S a\left(\frac{1}{2}+1\right) - \frac{M_C}{2}(1+1)\right] = 0,$$

$$\frac{\partial U}{\partial F_S} = 2\frac{a^2}{EI}\left[M_S\left(-\frac{1}{2}-1\right) + F_S a\left(\frac{1}{3}+1\right) + \frac{M_C}{2}\left(\frac{1}{2}+1\right)\right] = 0$$

mit der Lösung $F_S = -3M_C/(7a)$ und $M_S = 5M_C/42$.
Der antisymmetrische Belastungsanteil entsprechend Bild 7.14c liefert die Tabelle

i	M_i	$\dfrac{\partial M_i}{\partial F_A}$	Grenzen
1	$F_A z_1$	z_1	$0, a$
2	$F_A a + \dfrac{M_C}{2}$	a	$0, a$
3	$F_A(a - z_3) + \dfrac{M_C}{2} - \dfrac{M_C}{2a}z_3$	$a - z_3$	$0, a$

und nach (2.38b) die Gleichung

$$\frac{\partial U}{\partial F_A} = 2\frac{a^2}{EI}\left[F_A a\left(\frac{1}{3}+1+1-\frac{2}{2}+\frac{1}{3}\right) + \frac{M_C}{2}\left(1+1-\frac{2}{2}+\frac{1}{3}\right)\right] = 0$$

mit der Lösung $F_A = -2M_C/(5a)$.
Aus den Bildern 7.13 und 7.14 folgen $F_{h0} = F_S$, $F_{v0} = F_A$ und $M_0 = M_S + aF_A = (5/42 - 2/5)M_C = -59M_C/210$, d. h. die Bestätigung des vorher ermittelten Ergebnisses.
Ergänzend sei angemerkt, dass das symmetrische Teilproblem aus Bild 7.14a in ein zweifach symmetrisches und ein symmetrisch/antisymmetrisches Unterteilproblem zerlegt werden könnte. Alle drei Teilaufgaben wären dann nur einfach innerlich statisch unbestimmt. Wir überlassen dem Leser die Ausführung dieses Ansatzes und den Vergleich des Ergebnisses mit der vorliegenden Lösung. □

Beispiel 7.5

Der Kreisringrahmen nach Bild 7.15 ist durch die Kraft F belastet. Seine Biegesteifigkeit betrage EI. Es gilt $b \ll R$.

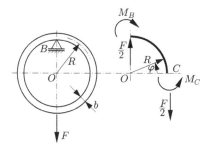

Bild 7.15. Kreisringrahmen unter Einzelkraft

Gesucht werden Größe und Ort des maximalen Biegemomentenbetrages sowie die Verschiebung v_F des Kraftangriffspunktes.

Lösung:

Wegen der Doppelsymmetrie des Tragwerkes einschließlich Belastung reicht es aus, nur einen Viertelkreis des Rahmens zu betrachten (Bild 7.15). An der Stelle C erzeugt die äußere Kraft F wegen der Symmetrie zur vertikalen Achse OB eine Längskraft von der Größe $F/2$. Auf der horizontalen Symmetrieachse OC verschwindet die Querkraft. Es verbleibt als statisch Unbestimmte allein das Schnittmoment M_C.

Wir berücksichtigen nur Biegeenergie. Das Biegemoment an der Stelle φ sowie seine partiellen Ableitungen nach M_C und F ergeben sich zu

$$M = M_C - \frac{F}{2}R(1 - \cos\varphi) \,, \quad \frac{\partial M}{\partial M_C} = 1 \,, \quad \frac{\partial M}{\partial F} = -\frac{R}{2}(1 - \cos\varphi) \,.$$

Die Auswertung von (7.38a) liefert für vier Viertelkreise

$$\frac{\partial U}{\partial M_C} = 4 \int_0^{\pi/2} \frac{M}{EI} \frac{\partial M}{\partial M_C} R d\varphi = \frac{4R}{EI}\left[M_C \frac{\pi}{2} + \frac{FR}{2}\left(-\frac{\pi}{2} + 1 \right) \right] = 0 \,,$$

$$\frac{\partial U}{\partial F} = 4 \int_0^{\pi/2} \frac{M}{EI} \frac{\partial M}{\partial F} R d\varphi = \frac{4R^2}{EI}\left[\frac{M_C}{2}\left(-\frac{\pi}{2} + 1 \right) + \frac{FR}{4} \int_0^{\pi/2} \left(1 - \cos\varphi \right)^2 d\varphi \right] \,.$$

Aus der ersten Gleichung folgt

$$M_C = FR\left(\frac{1}{2} - \frac{1}{\pi} \right) = 0{,}1817 FR = M(0)$$

und damit $M(\pi/2) = -0,3183FR$. Wegen des monotonen Momentenverlaufes tritt der maximale Biegemomentenbetrag

$$|M|_{\mathrm{max}} = |M(\pi/2)| = 0,3183FR$$

am Lager B auf.

Die Verschiebung des Kraftangriffspunktes

$$v_F = \frac{\partial U}{\partial F}$$

folgt aus der zweiten Gleichung und dem Ergebnis für M_C zu

$$v_F = \frac{4R^2}{EI}\left[\frac{M_C}{2}\left(-\frac{\pi}{2}+1\right)+\frac{FR}{4}\left(\frac{\pi}{2}-2+\frac{\pi}{4}\right)\right] = \frac{FR^3}{EI}\left(\frac{\pi}{4}-\frac{2}{\pi}\right) = 0,1488\frac{FR^3}{EI}\;.$$

□

❯ 7.5.2 Berücksichtigung von Biegung und Torsion

Häufig unterliegen ebene Tragwerke einer räumlichen Belastung, die zu Biege- und Torsionsbeanspruchungen des Tragwerkes führt. Eine solche Situation ist für den abgewinkelten Balken von Bild 7.16 gegeben, an dem eine Einzelkraft F senkrecht zur Tragwerksebene angreift.

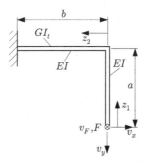

Bild 7.16. Abgewinkelter Balken räumlich belastet

Die Biegesteifigkeit EI und die Torsionssteifigkeit GI_t seien bekannt. Gesucht wird die Verschiebung des Kraftangriffspunktes.

Zunächst ist festzustellen, dass der Verschiebungsvektor des Kraftangriffspunktes die drei Vektorkoordinaten v_x, v_y und v_F besitzen könnte. Hilfskräfte in Richtung von v_x und v_y erzeugen jedoch keine Verschiebung in Richtung von v_F, so dass wegen der Symmetrie der Einflusszahlen auch F keine Verschiebung in Richtung von v_x und v_y verursacht. Es verbleibt also nur die Verschiebung v_F in Richtung von F.

Die erforderlichen Schnittmomente für Biegung M_b und Torsion M_t sowie die dazugehörigen Ableitungen nach der Kraft F sind:

$$M_{b1} = Fz_1 \; , \quad \frac{\partial M_{b1}}{\partial F} = z_1 \; ,$$

$$M_{b2} = Fz_2 \; , \quad \frac{\partial M_{b2}}{\partial F} = z_2 \; , \qquad M_{t2} = Fa \; , \quad \frac{\partial M_{t2}}{\partial F} = a \; .$$

Die Auswertung von (7.28) liefert

$$v_F = \frac{\partial U}{\partial F} = \int_0^a \frac{M_{b1}}{EI} \frac{\partial M_{b1}}{\partial F} dz_1 + \int_0^b \left(\frac{M_{b2}}{EI} \frac{\partial M_{b2}}{\partial F} + \frac{M_{t2}}{GI_t} \frac{\partial M_{t2}}{\partial F} \right) dz_2$$

$$= \frac{Fa^3}{3EI} + \frac{Fb^3}{3EI} + \frac{Fa^2 b}{GI_t} = \frac{F}{3EI}(a^3 + b^3) + \frac{Fa^2 b}{GI_t} \; .$$

Beispiel 7.6

Ein eingespannter Viertelkreisbalken mit den Steifigkeiten für Biegung EI und Torsion GI_t ist durch eine senkrecht auf der Viertelkreisebene stehende Kraft F belastet (Bild 7.17). Seine Querschnittsabmessungen seien wesentlich kleiner als sein Krümmungsradius a.

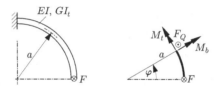

Bild 7.17. Räumlich belasteter Viertelkreisbalken

Gesucht ist die Verschiebung v_F des Kraftangriffspunktes.
Lösung:
Nach Freischnitt ergeben sich die Schnittmomente und ihre Ableitungen

$$M_b = -Fa \sin \varphi \; , \qquad \frac{\partial M_b}{\partial F} = -a \sin \varphi \; ,$$

$$M_t = Fa(1 - \cos \varphi) \; , \qquad \frac{\partial M_t}{\partial F} = a(1 - \cos \varphi) \; .$$

Die Auswertung von (7.28) für Biegung und Torsion liefert

$$v_F = \frac{\partial U}{\partial F} = \int_0^{\pi/2} \left[\frac{Fa^3}{EI} \sin^2 \varphi + \frac{Fa^3}{GI_t}(1 - \cos\varphi)^2 \right] d\varphi$$

$$= \frac{Fa^3}{EI} \left[\frac{\pi}{4} + \frac{EI}{GI_t} \left(\frac{3\pi}{4} - 2 \right) \right] .$$

Verschiebungen in anderen Richtungen als die der Kraft F treten wie bei der Anordnung von Bild 7.16 nicht auf. □

❯ 7.5.3 Längskrafteinfluss

Bei Fachwerken bestehen die Schnittreaktionen allein aus Längskräften. Bild 7.18 zeigt ein einfaches Fachwerk, dessen Stäbe die Längssteifigkeit EA besitzen und das durch die Einzelkraft F belastet ist.

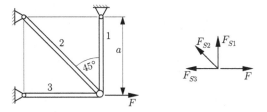

Bild 7.18. Fachwerk mit Einzelkraftbelastung

Gesucht sind die Stabkräfte. Freimachen des Knotens weist auf drei Stabkräfte und folglich auf einfach statische Unbestimmtheit hin. Wir wählen die Stabkraft F_{S2} als statisch Unbestimmte. Die Knotengleichgewichtsgleichungen

$$\uparrow: \ F_{S2}\frac{\sqrt{2}}{2} + F_{S1} = 0 , \quad \leftarrow: \ F_{S3} + F_{S2}\frac{\sqrt{2}}{2} - F = 0$$

liefern die Stabkräfte in Abhängigkeit von der gegebenen äußeren Kraft F und der gewählten statisch Unbestimmten F_{S2}. Die Stabkräfte, ihre Ableitungen nach der statisch Unbestimmten F_{S2} und die Stablängen werden in einer Tabelle zusammengefasst.

i	F_{Si}	$\dfrac{\partial F_{Si}}{F_{S2}}$	Stablänge
1	$-\dfrac{\sqrt{2}}{2}F_{S2}$	$-\dfrac{\sqrt{2}}{2}$	a
2	F_{S2}	1	$\sqrt{2}a$
3	$F-\dfrac{\sqrt{2}}{2}F_{S2}$	$-\dfrac{\sqrt{2}}{2}$	a

Die Auswertung von entweder (7.34) oder (7.38c) zusammen mit (7.24) und (7.27) ergibt

$$\frac{\partial U}{\partial F_{S2}} = \sum_{i=1}^{3} \frac{l_i F_{Si}}{EA} \frac{\partial F_{Si}}{\partial F_{S2}} = \frac{a}{EA}\left(\frac{1}{2}F_{S2} + \sqrt{2}F_{S2} - \frac{\sqrt{2}}{2}F + \frac{1}{2}F_{S2}\right) = 0 \; ,$$

$$F_{S2} = \frac{\sqrt{2}F}{2(1+\sqrt{2})} \; .$$

Einsetzen dieses Ergebnisses in die Knotengleichgewichtsgleichungen führt auf

$$F_{S1} = -\frac{F}{2(1+\sqrt{2})} \; , \quad F_{S3} = -\frac{1+2\sqrt{2}}{2(1+\sqrt{2})}F \; .$$

Beispiel 7.7

Der eingespannte Balken von Bild 7.19 hat die Biegesteifigkeit EI und sei durch einen elastischen Stab mit der Längssteifigkeit EA gestützt. Gesucht ist die Stabkraft.

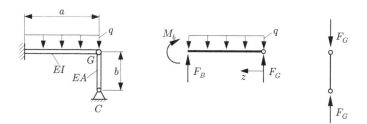

Bild 7.19. Eingespannter Balken mit elastischer Stütze

Lösung:

Freischnitt von Balken und Stab weisen auf einfach statische Unbestimmtheit hin. Wir wählen F_G als statisch Unbestimmte. Das Schnittmoment M_b im

Balken und seine Ableitung nach F_G sind

$$M_b = F_G z - \frac{q}{2} z^2 \;, \quad \frac{\partial M_b}{\partial F_G} = z \;.$$

Die Auswertung von (7.34) oder (7.38c) zusammen mit (7.21), (7.24) und (7.27) liefert

$$\frac{\partial U}{\partial F_G} = \int\limits_0^a \frac{M_b}{EI} \frac{\partial M_b}{\partial F_G} dz + \frac{F_G b}{EA} = \frac{a^3}{EI}\left(\frac{1}{3}F_G - \frac{1}{8}qa\right) + \frac{F_G b}{EA} = 0$$

und folglich

$$F_G = \frac{3}{8}qa \cdot \frac{1}{1 + \dfrac{3I}{a^2 A} \cdot \dfrac{b}{a}} \;.$$

Das Ergebnis führt für $3Ib/(a^3 A) \to 0$ auf den bekannten Wert der Anordnung nach Bild 7.8. □

Kapitel 8

Elastostatische Stabilitätsprobleme

8

8

8 Elastostatische Stabilitätsprobleme

Bei allen bisher erörterten Problemen lag den Gleichgewichtsbedingungen der betrachteten Körper näherungsweise der unverformte Ausgangszustand zugrunde. Einfache Beispiele weisen darauf hin, dass Körper ihre Gleichgewichtslage bei geringfügiger Verletzung der statischen Bilanzen verlassen können, wobei sie ihre Tragfähigkeit verlieren. Für das Verständnis dieser bedeutsamen Erscheinung muss die lastbedingte Lageänderung, welche Starrkörperverschiebungen und Verformungen der Körper umfasst, in den statischen Bilanzen berücksichtigt werden. Wir erläutern dies zunächst an Beispielen diskreter konservativer Systeme vom Freiheitsgrad 1. Solche Systeme bestehen aus einem starren Körper, der kinematisch und elastisch mit der Umgebung verbunden ist. Außerdem wechselwirkt der Körper über konservative Lasten mit der Umgebung. Konservative Lasten besitzen, wie schon in Abschnitt 2.6 erklärt, ein Potenzial, das der potenziellen Energie gleicht, welche bei der Arbeitsverrichtung durch die jeweilige konservative Last gespeichert wird. Es existiert deshalb immer die grundsätzliche Möglichkeit der mathematischen Umrechnung zwischen konservativen Lasten und ihrem Potenzial bzw. umgekehrt.

Die an den diskreten konservativen Systemen vom Freiheitsgrad 1 gewonnenen Erkenntnisse werden anschließend partiell auf diskrete Systeme mit höherem Freiheitsgrad und kontinuierliche Systeme verallgemeinert.

8.1 Gleichgewichtsarten konservativer Systeme vom Freiheitsgrad 1

Wir betrachten einführend zunächst einen starren homogenen Stab, dessen im Stabschwerpunkt S angreifende, vertikal nach unten gerichtete konstante Eigengewichtskraft F_G von einem gelenkigen Lager B aufgenommen wird, so dass sich der Stab bei vertikaler Anordnung im Gleichgewicht befindet (Bild 8.1a, c).

Wird der stehende Stab (Bild 8.1a) aus seiner vertikalen Lage um den kleinen Winkel φ ausgelenkt (Bild 8.1b), so kann zwar noch die vertikale Kräftebilanz mit $F_{Bv} = F_G$ erfüllt werden, nicht aber die Momentenbilanz. Es verbleibt wegen des nicht ausgeglichenen Kräftepaares nach Bild 8.1b das Moment $F_G x_S = F_G(l/2)\sin\varphi$, das offensichtlich eine Vergrößerung des Winkels φ verursacht. Der stehende Stab entfernt sich also bei einer geringfügigen geometrischen Störung der Gleichgewichtslage von dieser Lage. Eine solche Gleichgewichtslage heißt instabil oder labil.

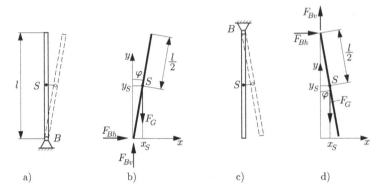

Bild 8.1. Verschiedene Gleichgewichtsarten eines Stabes

Bei der hängenden Gleichgewichtsanordnung des Stabes (Bild 8.1c) führt eine kleine Auslenkung φ (Bild 8.1d) zu dem nichtausgeglichenen rücktreibenden Moment $F_G x_S = F_G(l/2)\sin\varphi$. Wie die Anschauung bzw. die hier nicht ausgeführte Lösung des kinetischen Problems zeigt, schwingt dann der Stab als Pendel mit kleiner Amplitude um die Ausgangslage, bleibt also in der Nähe der Ausgangsanordnung. Eine Gleichgewichtslage dieser Art wird als stabil bezeichnet.

Die Eigenschaft der nichtausgeglichenen Last, den Stab von der betrachteten Gleichgewichtslage zu entfernen oder ihn dahin zurückzubewegen und dort zu belassen, kann, wenn diese Last wie im vorliegenden Fall konservativ ist, d. h. ein Potenzial besitzt, auch energetisch ausgedrückt werden. Hierfür benutzen wir ein kartesisches Bezugssystem mit den Koordinaten x und y. Der Ursprung des Bezugssystems wird zweckmäßig in den Fußpunkt der vertikalen Stabanordnung gemäß Bild 8.1 gelegt. Außer den kartesischen Koordinaten führen wir noch eine Winkelkoordinate φ ein, die in der stehenden Anordnung (Bild 8.1b) im Uhrzeigersinn und in der hängenden Anordnung (Bild 8.1d) entgegen dem Uhrzeigersinn gezählt wird.

Die Arbeit W bei Verschiebung des Stabschwerpunktes S in Richtung der Koordinate y von $y = 0$ bis $y = y_S$ beträgt in der Anordnung von Bild 8.1

$$W = -\int\limits_0^{y_S} F_G \, dy = -F_G y_S \; . \tag{8.1}$$

Hier wurde berücksichtigt, dass die in Betrag und Richtung konstante Gewichtskraft F_G eine entgegengesetzt zur Koordinate y gerichtete Orientierung besitzt. Eine konstante Kraft ist immer konservativ, denn die Arbeit (8.1) der konstanten Kraft F_G hängt nur von der Lagekoordinate y_S des Kraftangriffspunktes ab und nicht von der Art des Weges, den der Kraftangriffspunkt zwischen Anfangs- und Endpunkt des Weges durchläuft. Das Potenzial zu der Arbeit (8.1) genügt der Definition

$$V = -W = F_G y_S \;. \tag{8.2}$$

Für die stehende Anordnung (Index s) nach Bild 8.1a, b ist das Potenzial

$$V_s = F_G y_S = F_G \sqrt{\left(\frac{l}{2}\right)^2 - x_S^2} = F_G \frac{l}{2} \cos\varphi \;. \tag{8.3}$$

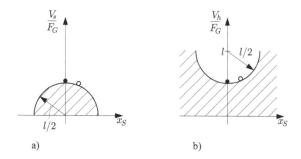

a)   b)

Bild 8.2. Potenzielle Energie als Potenzialgebirge

Das normierte Potenzial $V_s/F_G = y_S$ ergibt eine Kreisgleichung mit dem Radius $l/2$ und dem Mittelpunkt im Koordinatenursprung. Es kann als Potenzialgebirge über der Grundrisskoordinate x_S veranschaulicht werden (Bild 8.2a). Eine auf dem Potenzialberg von Bild 8.2a, dem relativen Maximum des Potenzials, angeordnete Kugel rollt nach einer kleinen Lagestörung, die auch kinetisch durch eine geringfügige Anfangswinkelgeschwindigkeit der massebehafteten Kugel ersetzt werden kann, den Potenzialhang hinab und entfernt sich von der Ausgangslage. Diese Kugel ist analog zu dem gemäß Bild 8.1a im Gleichgewicht befindlichen Stab. Zur Feststellung der Kleinheit der Winkelgeschwindigkeit muss auf die Kinetik verwiesen werden.

Im Fall der hängenden Anordnung (Index h) nach Bild 8.1c, d ist das Potenzial der Gewichtskraft

$$V_h = F_G y_S = F_G \left[l - \sqrt{\left(\frac{l}{2}\right)^2 - x_S^2} \right] = F_G l \left(1 - \frac{1}{2}\cos\varphi \right) \;. \tag{8.4}$$

Das normierte Potenzial $V_h/F_G = y_S$ genügt einer Kreisgleichung mit dem Radius $l/2$ und dem Mittelpunkt bei $y_S = l$ (Bild 8.2b). Eine in der Potenzialmulde, dem relativen Minimum des Potenzials, positionierte Kugel rollt nach einer Lagestörung, die wiederum durch eine kinetische Störung ersetzt werden kann, zurück und schwingt um die Ausgangslage, bleibt also in der näheren Umgebung der Ausgangslage. Diese Kugel ist analog zu dem im Gleichgewicht befindlichen hängenden Stab.

Die Möglichkeit, verschiedene Arten des Gleichgewichts durch die Lage einer im Potenzialgebirge beweglichen Kugel zu charakterisieren, drücken wir jetzt mathematisch etwas allgemeiner aus. Der Charakter der Potenziale (8.3) und (8.4) in der Umgebung einer Gleichgewichtslage wird durch das Verhalten seines Zuwachses ΔV bezüglich der Lagekoordinate beschrieben. Wir benutzen statt der Grundrisskoordinate $x_S = (l/2)\sin\varphi$ den Winkel φ als mögliche, mit der Kinematik des Systems verträgliche Lagekoordinate und die Definition $d()/d\varphi = ()'$. Damit ergibt sich der Potenzialzuwachs ohne Rücksicht auf Erfüllung des Gleichgewichtes als TAYLOR-Reihenentwicklung um eine bei $\varphi = \varphi_0$ angenommene Gleichgewichtslage zu

$$\Delta V = V(\varphi_0 + \Delta\varphi) - V(\varphi_0) = V_0' \Delta\varphi + \frac{1}{2!} V_0'' (\Delta\varphi)^2 + \dots, \qquad |\Delta\varphi| \ll 1, \quad (8.5)$$

wobei der Index „0" die Einsetzung des Argumentes $\varphi = \varphi_0$ nach Bildung der Ableitung bezeichnet. Die Gleichgewichtslage $\varphi = \varphi_0$ ist zunächst noch nicht bekannt. Sie kann aber, wie Bild 8.2 zeigt, durch Nullsetzen der ersten Ableitung des Potenzials $V(x_S)$ nach der Grundrisskoordinate x_S bestimmt werden. An den Stellen, wo das Potenzial diese Bedingung erfüllt, hier $x_S = 0$, heißt es stationär. Die anschauliche Stationaritätsforderung an das Potenzial wird mit $V'(\varphi) = x_S'(\varphi)dV(x_S)/dx_S$ für $x_S'(\varphi) \neq 0$ durch die Ableitung $V'(\varphi)$ nach der rechnerisch bequemeren Lagekoordinate φ ausgedrückt.

Im Fall der stehenden Anordnung gemäß Bild 8.1a ist die erste Ableitung des Potenzials (8.3) nach der Lagekoordinate φ

$$V_s' = -F_G \frac{l}{2} \sin\varphi \ .$$

Sie stellt offensichtlich auch das nichtausgeglichene Moment des Kräftepaares $(F_G l/2)\sin\varphi$ dar. Das Verschwinden der Potenzialableitung bzw. des Momentes zeigt die Gleichgewichtslage an:

$$V_s' = 0 \ , \quad \sin\varphi = 0 \ , \quad \varphi = \varphi_0 = 0 \ , \quad V_{s0}' = 0 \ . \qquad (8.6)$$

Das Gleichgewicht ist hier nur für einen speziellen Wert $\varphi = \varphi_0$ erfüllt. Die zweite Ableitung des Potenzials

$$V_s'' = -F_G \frac{l}{2} \cos\varphi$$

hat bei $\varphi = \varphi_0 = 0$ den Wert $V_{s0}'' = -F_G l/2$. Damit ergibt sich der Potenzialzuwachs (8.5) in zweiter Ordnung zu

$$\Delta V_s \approx -\frac{1}{4} F_G l (\Delta\varphi)^2 < 0 \ . \qquad (8.7)$$

Der Nichtgleichgewichtszustand in Nachbarschaft der instabilen Gleichgewichtslage nach Bild 8.1a bzw. Bild 8.2a geht also mit einem negativen Potenzialzuwachs einher.

Für die hängende Anordnung nach Bild 8.1c, d bzw. Bild 8.2b ergeben sich
gemäß der ersten und zweiten Ableitung von (8.4) nach der Winkelkoordinate

$$V_h' = F_G \frac{l}{2} \sin \varphi \; , \quad V_h'' = F_G \frac{l}{2} \cos \varphi$$

die Gleichgewichtslage mit

$$V_h' = 0 \; , \quad \sin \varphi = 0 \; , \quad \varphi = \varphi_0 = 0 \; , \quad V_{h0}' = 0 \tag{8.8}$$

und der Potenzialzuwachs (8.5) in zweiter Ordnung

$$\Delta V_h \approx \frac{1}{4} F_G l (\Delta \varphi)^2 > 0 \; . \tag{8.9}$$

Der Nichtgleichgewichtszustand in Nachbarschaft der stabilen Gleichgewichtslage gemäß Bild 8.1c bzw. Bild 8.2b ist demnach mit einem positiven
Potenzialzuwachs verbunden.

In den Anordnungen nach Bild 8.1 muss die Beschränkung auf $|\varphi| \ll 1$ nicht
eingehalten werden. Insofern bedeutet $\varphi = \pm 2n\pi$, $n = 1, 2, 3, \ldots$ eine Wiederholung des schon Vorhandenen, während $\varphi = \pm n\pi$, $n = 1, 3, 5, \ldots$ die
stehende mit der hängenden Anordnung austauscht.

Die obigen Überlegungen sind wie folgt zusammenzufassen. Bei diskreten
konservativen Systemen, deren Anordnung durch nur eine Lagekoordinate
beschrieben wird, führt ein stationärer Wert der potenziellen Energie in der
Lagekoordinate auf die dazugehörige Gleichgewichtsbedingung des Systems.
Eine Gleichgewichtslage, für die die potenzielle Energie ein relatives Minimum
besitzt, ist stabil, bei einem relativen Maximum instabil oder labil. Ein Wendepunkt, s.u. Bild 8.4c, führt ebenfalls zu einer instabilen Gleichgewichtslage.
Die Prüfung der Art des Extremums erfolgt über das Vorzeichen des Poten-
zialzuwachses bezüglich des Lagekoordinatenzuwachses ohne Rücksicht auf
Erfüllung der Gleichgewichtsbedingung. Künftig wollen wir unter Extrema
relative Extrema verstehen.

Im Folgenden betrachten wir Modelle einfacher technischer Anordnungen,
in denen neben dem Potenzial der konstanten äußeren Last diskrete elastische Federpotenziale vorkommen. Für die vollständige Beschreibung der
dann möglichen Gleichgewichtslagen ist die Berücksichtigung der Verformung
in der Gleichgewichtsbedingung zwingend erforderlich. Dadurch entsteht eine
gegenüber der früher behandelten linearen Theorie zur Berechnung von Spannungen und Verzerrungen qualitativ neue nichtlineare Problemklasse, die solche kritischen Phänomene wie Mehrdeutigkeit und Instabilität der Lösungen
offenbart.

❯ 8.1.1 Verzweigung und Stabilität der Gleichgewichtslösungen

Wir setzen die vorangegangenen Überlegungen fort und untersuchen jetzt die Gleichgewichtslagen des nach Bild 8.3 bei D elastisch eingespannten starren Stabes, der durch eine richtungstreue äußere Kraft F belastet ist. Wird der Stab um den Winkel φ ausgelenkt, verschiebt sich der Kraftangriffspunkt um den Koordinatenwert $y = l(1-\cos\varphi)$. Dabei soll die Kraft F für jeden Winkel φ die vertikale Kräftebilanz und die Momentenbilanz des Stabes erfüllen. Ersteres ist in der Freischnittskizze von Bild 8.3 bereits berücksichtigt worden (die horizontale Lagerkraft ist hier null). Wegen der Befriedigung der noch anzugebenden Momentengleichgewichtsbedingung hängt die Kraft F, welche als Gleichgewichtskraft bezeichnet wird, vom Winkel φ ab.

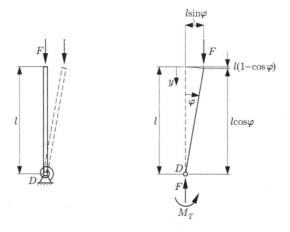

Bild 8.3. Elastisch eingespannter Stab unter richtungstreuer Kraft

Von der Gleichgewichtskraft F i. Allg. verschieden ist eine als konstant vorausgesetzte äußere Kraft F^a, welche dieselbe Orientierung und denselben Angriffspunkt wie die Gleichgewichtskraft F besitzt. Zu ihr gehört das äußere Potenzial

$$V^a = -F^a y = -F^a l(1 - \cos\varphi) \; . \tag{8.10}$$

Das Minuszeichen in (8.10) weist darauf hin, dass das Potenzial V^a der äußeren Kraft F^a mit zunehmendem y abnimmt. Als Beispiel für die äußere Kraft F^a kann die Schwerkraft eines massebehafteten Körpers dienen, dessen Schwerpunkt sich am oberen Ende des Stabes von Bild 8.3 befindet.

Das innere Potenzial V^i des Systems ist durch die Energiespeicherfähigkeit der Feder bei D gegeben. Die Feder sei durch einen nichtlinearen Zusammenhang zwischen dem Moment M_T und dem Winkel φ mit den Eigenschaften

$$M_T(\varphi) = c_1\varphi + c_2\varphi^2 + c_3\varphi^3 \; , \quad c_1 > 0 \; , \quad M_T'(\varphi) > 0 \tag{8.11}$$

charakterisiert. Das Federpotenzial des auf die Feder mit der Orientierung φ wirkenden Momentes ist damit

$$V^i = \int_0^\varphi M_T(\bar{\varphi})d\bar{\varphi} \;. \tag{8.12}$$

Das gesamte Potenzial V folgt aus der Summe der Teilpotenziale

$$V = V^a + V^i = \int_0^\varphi M_T(\bar{\varphi})d\bar{\varphi} - F^a l(1 - \cos\varphi) \;. \tag{8.13}$$

Seine Ableitung nach der Lagekoordinate φ ist

$$V' = M_T(\varphi) - F^a l \sin\varphi \;. \tag{8.14}$$

Nullsetzen der Ableitung liefert die in φ ausgedrückte Gleichgewichtsgleichung

$$M_T(\varphi) - Fl \sin\varphi = 0 \;, \tag{8.15}$$

in der jetzt die Gleichgewichtskraft F als Funktion der Lagekoordinate φ anstelle der konstanten äußeren Kraft F^a auftritt. Die Beziehung (8.15) kann auch unmittelbar als Momentenbilanz aus Bild 8.3 abgelesen werden. Der Zusammenhang zwischen der Gleichgewichtslast F und der Lagekoordinate φ ist, anders als bei den bisher betrachteten elastischen Systemen der vorausgegangenen Kapitel, nichtlinear.
Bei der Auswertung von (8.15) sind zwei Fälle zu unterscheiden. Wegen (8.11) stellt

$$\varphi = 0 \tag{8.16}$$

eine Lösung von (8.15) dar. Die zweite Lösung beschränken wir auf betragsmäßig kleine Winkel, d. h.

$$\varphi \neq 0 \;, \quad |\varphi| \ll 1 \;. \tag{8.17}$$

Die Gleichgewichtskraft F aus (8.15) ist dann mit (8.11), $\sin\varphi \approx \varphi - \varphi^3/6$ und der Definition der kritischen Kraft $F_c = c_1/l$

$$F \approx \frac{1 + \dfrac{c_2}{c_1}\varphi + \dfrac{c_3}{c_1}\varphi^2}{1 - \varphi^2/6} F_c \;. \tag{8.18}$$

Zur Illustration von (8.18) betrachten wir drei Sonderfälle der Konstanten in (8.11):

a) $c_2 = c_3 = 0$ (lineare Kennlinie),

$$F = \frac{F_c}{1 - \varphi^2/6} \approx \left(1 + \frac{\varphi^2}{6}\right)F_c \,, \qquad (8.19)$$

siehe Bild 8.4a,

b) $c_2 = 0$, $c_3 = -c_1 < 0$ (kubische Kennlinie),

$$F = \frac{1 - \varphi^2}{1 - \varphi^2/6}F_c \approx (1 - \varphi^2)(1 + \frac{\varphi^2}{6})F_c \approx \left(1 - \frac{5}{6}\varphi^2\right)F_c \,, \qquad (8.20)$$

siehe Bild 8.4b,

c) $c_2 = +c_1$, $c_3 = 0$ (quadratische Kennlinie),

$$F = \frac{1 + \varphi}{1 - \varphi^2/6}F_c \approx (1 + \varphi)(1 + \frac{\varphi^2}{6})F_c \approx (1 + \varphi)F_c \,, \qquad (8.21)$$

siehe Bild 8.4c.

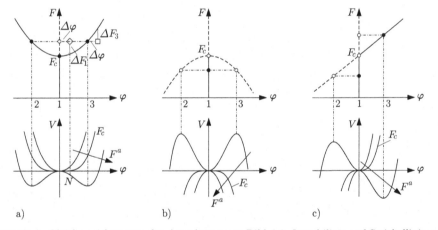

Bild 8.4. Gleichgewichtsarten der Anordnung aus Bild 8.3, Instabilität auf Strichellinien; der Pfeil für die Kraft F^a zeigt deren Zunahme an

Wie dem Bild 8.4a zu entnehmen ist, verliert die Umkehrfunktion der Gleichgewichtslösung $F(\varphi)$ des Falles a) oberhalb von $F = F_c$ ihre Eindeutigkeit. Man spricht von Lösungsverzweigung an dem kritischen Punkt $\varphi = \varphi_c = 0$, $F = F_c$, der ein Verzweigungspunkt ist. Die Kraft F_c heißt Verzweigungslast. Für einen Wert $F > F_c$ liegen drei verschiedene Gleichgewichtslagen mit den Winkeln φ_1, φ_2 und φ_3 vor.
Im Fall b) nach Bild 8.4b existieren mit $F < F_c$ drei verschiedene Winkel φ_1, φ_2 und φ_3.

Die Anordnung c) gestattet gemäß Bild 8.4c für $F < F_c$ zwei verschiedene Winkel φ_1 und φ_2 sowie für $F > F_c$ zwei verschiedene Winkel φ_1 und φ_3. Für technische Zwecke wird gefordert, die Gleichgewichtslösungen zu ermitteln, welche gegenüber einer Störung stabil sind. Hierzu betrachten wir zunächst in Bild 8.4a die mit dem Symbol „$\diamond$" gekennzeichnete äußere Kraft F^a und bilden die Nichtgleichgewichtskraft

$$\Delta F_1 = F^a - F(\varphi_1 + \Delta\varphi) > 0 \qquad (8.22)$$

infolge einer geringfügigen geometrischen Störung $\Delta\varphi$ der Gleichgewichtslage 1. Gemäß (8.22) sowie Bild 8.3 vergrößert sie den Winkel φ, so dass eine Entfernung von der Gleichgewichtslage 1 und anschließend eine Annäherung an die Gleichgewichtslage 3 stattfindet.

Die mit „$\square$" in Bild 8.4a gekennzeichnete äußere Kraft F^a führt auf die Nichtgleichgewichtskraft

$$\Delta F_3 = F^a - F(\varphi_3 + \Delta\varphi) < 0 \; . \qquad (8.23)$$

Letztere verursacht nach Bild 8.3 eine Winkelverkleinerung und deshalb zunächst eine Annäherung an die Gleichgewichtslage 3. Der Stab schwingt aber über die Gleichgewichtslage 3 hinaus zu einer Nichtgleichgewichtsposition links von der Gleichgewichtslage 3. Die dabei entstehende Nichtgleichgewichtskraft ist bei hinreichender Kleinheit der geometrischen Störung wie ΔF_1 in (8.22) positiv und bewegt den Stab gemäß Bild 8.3 zur Gleichgewichtslage 3 zurück. Der Stab schwingt um die Gleichgewichtslage mit nicht anwachsender Amplitude. Die linke Seite des Bildes 8.4a liefert wegen Symmetrie der Anordnung das gleiche Ergebnis. Folglich stellen die ausgezogenen Kurvenstücke und gefüllten Kreise stabile Gleichgewichtslagen dar, während der leere Kreis eine instabile Gleichgewichtslage markiert. Eine ähnliche Diskussion könnte für die übrigen Lösungen in Bild 8.4 geführt werden. Wir gehen jedoch vom Kraftbild zum physikalisch gleichberechtigten, aber formal übersichtlicheren Energiebild über.

Zunächst benutzen wir als Anschauungsbeispiel wieder die Anordnung aus Bild 8.4a. Die gesamte potenzielle Energie hat in diesem Fall wegen $M_T(\varphi) = c_1\varphi$ und mit (8.13) die Form

$$V = V^i + V^a = \frac{1}{2}c_1\varphi^2 - F^a l(1 - \cos\varphi) \; . \qquad (8.24)$$

In Bild 8.4a ist der qualitative Verlauf des Potenzials V über der Lagekoordinate φ mit der äußeren Kraft F^a als Parameter aufgetragen. Bei zunehmender äußerer Kraft ändert sich die Form des Potenzialverlaufes dahingehend, dass sich das anfänglich deutliche Minimum erst abflacht und dann in ein Maximum umwandelt, wobei gleichzeitig zwei neue symmetrisch angeordnete Minima entstehen. Die Lagekoordinate der Potenzialminima hängt dabei stetig von der Gleichgewichtskraft ab. Zu der vorher im Kraftdiagramm von Bild 8.4a festgestellten instabilen Gleichgewichtslage 1 gehört im Potenzialdiagramm ein Maximum und zu den stabilen Gleichgewichtslagen 2 und 3 je ein Potenzialminimum. Die der Potenzialableitung $\partial V(\varphi, F^a)/\partial\varphi$ am Nichtgleichgewichtspunkt N entsprechende Nichtgleichgewichtslast, die im Potenzialgebirge als Hangabtriebskraft interpretiert werden kann, bewegt den Stab von der instabilen Gleichgewichtslage 1 weg. Das Entgegengesetzte gilt für die stabilen Gleichgewichtslagen 2 und 3. Eine Gleichgewichtslage eines diskreten konservativen Systems ist also stabil (in Bild 8.4a durch ausgefüllte Kreise gekennzeichnet), wenn dort die gesamte potenzielle Energie ein Minimum besitzt, bei einem Maximum instabil oder labil, siehe leerer Kreis in Bild 8.4a (DIRICHLET, 1805–1859).

Der genaue allgemeine Beweis der DIRICHLETschen Stabilitätsaussage ergibt sich aus der Gültigkeit der beiden Grundgesetze der Kinetik, der Impulsbilanz und der Drehimpulsbilanz, die hier nicht zur Verfügung stehen.

Ergänzend zu der obigen mechanischen Betrachtung sei angemerkt, dass zu Bild 8.4a in der Thermodynamik ein Analogon existiert, welches dort Phasenübergänge 2. Ordnung beschreibt.

Im Fall b) der kubischen Kennlinie ist das gesamte Potenzial

$$V = \frac{1}{2}c_1\varphi^2 - \frac{1}{4}c_1\varphi^4 - F^a l(1 - \cos\varphi) \qquad (8.25)$$

und im Fall c) bei quadratischer Kennlinie

$$V = \frac{1}{2}c_1\varphi^2 + \frac{1}{3}c_1\varphi^3 - F^a l(1 - \cos\varphi) \ . \qquad (8.26)$$

Die entsprechenden Verläufe sind unter den Gleichgewichtskraftdiagrammen in Bild 8.4b, c angegeben und ähnlich wie Bild 8.4a diskutierbar.

Zur quantitativen energetischen Prüfung der Stabilität aller Varianten des Systems von Bild 8.3 untersuchen wir die analytischen Bedingungen für die Existenz der Extrema der gesamten potenziellen Energie. Dazu bilden wir die Ableitungen des Potenzials bis zur hier ausreichenden vierten Ordnung nach dem Lageparameter φ. Aus (8.14) ergibt sich

$$V'' = M_T' - F^a l \cos\varphi \ , \quad V''' = M_T'' + F^a l \sin\varphi \ , \quad V'''' = M_T''' + F^a l \cos\varphi \ .$$
$$(8.27a,b,c)$$

Für die Gleichgewichtslage $\varphi = \varphi_1 = 0$ folgt in allen drei Fällen der verschiedenen Federgesetze von (8.11) aus

$$V'' = c_1 - Fl = 0 \qquad (8.28)$$

die den kritischen Punkt C charakterisierende kritische Kraft $F_c = c_1/l$, unterhalb derer $V'' > 0$ gilt, d.h. ein Minimum bzw. Stabilität vorliegen. Gleichgewichtslagen mit Kräften oberhalb dieses Punktes besitzen ein Potenzialmaximum und sind instabil.

Bei Untersuchung der Stabilität der so genannten nachkritischen Gleichgewichtslagen $\varphi \neq 0$ in (8.19) bis (8.21) sind wieder die drei Fälle unterschiedlicher Konstantenfestlegungen für die Federcharakteristik (8.11) zu diskutieren. Wegen Gleichgewicht gilt $F^a = F$, und F^a in (8.27a) kann durch F aus (8.15) ersetzt werden, wobei wir die Fälle b) und c) zur Vereinfachung auf $|\varphi| \ll 1$, d.h. (8.20) und (8.21) beschränken. Mit $F_c l = c_1$ folgt dann:

a) $c_2 = c_3 = 0$

$$V'' = c_1 - \frac{c_1 \varphi}{\sin \varphi} \cos \varphi = c_1 \Big(1 - \frac{\varphi}{\tan \varphi}\Big) > 0 \ ,$$

Minimum $\widehat{=}$ Stabilität ,

b) $c_2 = 0 \ , \quad c_3 = -c_1 < 0 \ , \quad \cos \varphi \approx 1 - \frac{\varphi^2}{2} \ ,$

$$V'' \approx c_1 - 3c_1\varphi^2 - c_1\Big(1 - \frac{5}{6}\varphi^2\Big)\Big(1 - \frac{\varphi^2}{2}\Big) \approx -\frac{5}{3}c_1\varphi^2 < 0 \ ,$$

Maximum $\widehat{=}$ Instabilität ,

c) $c_2 = +c_1 \ , \quad c_3 = 0 \ ,$

$$V'' \approx c_1 + 2c_1\varphi - c_1(1+\varphi)\Big(1 - \frac{\varphi^2}{2}\Big) \approx c_1\varphi \ ,$$

$\varphi < 0 \ ,$ Maximum $\widehat{=}$ Instabilität ; $\quad \varphi > 0 \ ,$ Minimum $\widehat{=}$ Stabilität.

Für die analytische Stabilitätsprüfung des kritischen Punktes C müssen wegen (8.28) höhere Ableitungen von V herangezogen werden. In der Auswertung von (8.27b, c) mit (8.11), $\varphi = 0$ und $F^a l = c_1$ unterscheiden wir die Fälle a), b) und c):

a) $V''' = 0 \ , \quad V'''' = c_1 > 0 \ ,$ Minimum $\widehat{=}$ Stabilität ,

b) $V''' = 0 \ , \quad V'''' = -6c_1 + c_1 = -5c_1 < 0 \ ,$ Maximum $\widehat{=}$ Instabilität ,

c) $V''' = 2c_1 \neq 0 \ ,$ Wendepunkt $\widehat{=}$ Instabilität .

Die durch den Wendepunkt im Potenzialverlauf (Bild 8.4c), Fall $F^a = F_c$ angezeigte Instabilität ergibt sich daraus, dass der Wendepunkt immer einen negativen Potenzialzuwachs erlaubt, wenn auch im Gegensatz zum Maximum (Bild 8.4b) nur bei einer der beiden möglichen entgegengesetzt orientierten geometrischen Störungen.

Ein wichtiges Ergebnis von Bild 8.4 besteht darin, dass die im Verzweigungspunkt instabilen Systeme b) und c) unterhalb der Verzweigungspunkte instabile Gleichgewichtslagen besitzen. Dies kann bei konstruktiven Abweichungen von der idealen Geometrie, so genannten Imperfektionen, dazu führen, dass aus den mehrdeutigen Verzweigungspunkten eindeutige Lastmaxima mit einer im Vergleich zur Verzweigungslast abgesenkten Lastgröße, so genannte Grenzpunkte, entstehen. Diese und die für größere Koordinatenbeträge sich anschließenden Gleichgewichtslagen sind für konstante äußere Kräfte F^a instabil. Die Kenntnis der Verzweigungspunkte reicht dann zur Dimensionierung des Systems nicht aus. Auf diesen Sachverhalt kommen wir in Abschnitt 8.1.2 nochmals zurück.

Beispiel 8.1
Ein vertikal angeordneter starrer Stab unterliegt einer vertikalen richtungstreuen Kraft F. Sein Loslager D ist durch eine lineare Feder mit der Konstante c horizontal gestützt (Bild 8.5).

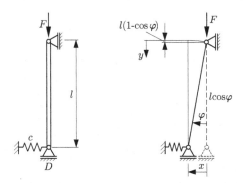

Bild 8.5. Zum Ausweichproblem eines Stabes

Gesucht werden die kritische Kraft, bei welcher der Stab auszuweichen beginnt, und die nachkritischen Gleichgewichtslagen in der Nähe der kritischen Gleichgewichtslage. Außerdem ist die Stabilität der Gleichgewichtslagen zu prüfen, für die die Gleichgewichtskraft F einer konstanten äußeren Kraft F^a gleicht.
Lösung:
Die potenzielle Energie V^a der noch nicht die Kräftebilanz erfüllenden äußeren Kraft F^a ist $V^a = -F^a y = -F^a l(1 - \cos\varphi)$ und die potenzielle Energie der Feder $V^i = (c/2)x^2 = (c/2)l^2 \sin^2\varphi$. Damit folgen das gesamte Potenzial und seine Ableitungen nach dem Lageparameter φ

$$V = V^a + V^i = \frac{c}{2}l^2 \sin^2\varphi - F^a l(1 - \cos\varphi) \ ,$$

$$V' = cl^2 \sin\varphi\cos\varphi - F^a l \sin\varphi = \frac{c}{2}l^2 \sin 2\varphi - F^a l \sin\varphi \ ,$$

$$V'' = cl^2 \cos 2\varphi - F^a l \cos\varphi .$$

Die Gleichgewichtslagen ergeben sich aus $V' = 0$, d. h.

$$(cl \cos \varphi - F) \sin \varphi = 0$$

mit der Fallunterscheidung

1) $\sin \varphi = 0$: $\varphi = 0$, $F = F_1$ beliebig ,
2) $cl \cos \varphi - F = 0$: $F = F_2 = cl \cos \varphi \approx cl(1 - \varphi^2/2)$, $|\varphi| \ll 1$.

Der Ausweichvorgang beginnt bei $\varphi = 0$ am kritischen Punkt C, wo $V''(0) = cl^2 - F_c l = 0$ auf die kritische Kraft $F_c = cl$ führt.

Zur Stabilitätsprüfung der beiden Fälle werden die Gleichgewichtslösungen in die zweite Ableitung V'' eingesetzt.

1) $\varphi = 0$, F_1 beliebig : $V''(0) = cl^2 - F_1 l$

$F_1 < cl$, $V'' > 0$,   Stabilität

$F_1 > cl$, $V'' < 0$,   Instabilität .

2) $\varphi \neq 0$, $F_2 = cl \cos \varphi$: $V'' = cl^2 \cos 2\varphi - cl^2 \cos^2 \varphi = -cl^2 \sin^2 \varphi$

$V'' < 0$,   Instabilität .

Im kritischen Punkt $\varphi = 0$, $F^a = F_c = cl$ sind wegen $V'' = 0$ höhere Ableitungen zu untersuchen.

$$V''' = -2cl^2 \sin 2\varphi + F^a l \sin \varphi , \quad V'''(0, F_c) = 0 ,$$
$$V'''' = -4cl^2 \cos 2\varphi + F^a l \cos \varphi , \quad V''''(0, F_c) = -3cl^2 < 0 , \quad \text{Instabilität} .$$

Kraft- und Potenzialdiagramm entsprechen qualitativ dem Bild 8.4b.   □

❷ 8.1.2 Imperfektionseinfluss

Wie schon angedeutet, führen Systeme mit instabilen Verzweigungspunkten entsprechend Bild 8.4b, c, wenn sie geometrisch imperfekt (fehlerhaft) sind, auf Lastmaxima (Grenzpunkte) mit abgesenkter Größe. Zur Demonstration dieses Sachverhaltes betrachten wir das Beispiel 8.1 nach Bild 8.5, welches jetzt gemäß Bild 8.6 mit der Imperfektion $0 < \varphi_0 \ll 1$ ausgestattet ist, und nehmen wieder an, dass zu der eingezeichneten Gleichgewichtskraft F eine konstante äußere Kraft F^a gleicher Orientierung wie F existiert.

Vor der Belastung gelten $\psi = 0$, $\Delta x = \Delta y = 0$ und $\varphi = \varphi_0$. Das gesamte Potenzial V der Anordnung und seine Ableitung V' nach dem Lageparameter φ sind

$$V = \frac{1}{2}c(\Delta x)^2 - F^a \Delta y = \frac{1}{2}cl^2(\sin \varphi - \sin \varphi_0)^2 - F^a l(\cos \varphi_0 - \cos \varphi) , \quad (8.29)$$

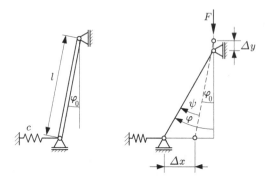

Bild 8.6. Zum Verzweigungsproblem imperfekter Systeme

$$V' = cl^2(\sin\varphi - \sin\varphi_0)\cos\varphi - F^a l \sin\varphi \ . \tag{8.30}$$

Die Gleichgewichtskraft $F(\varphi)$ folgt aus der Forderung nach Stationarität von V, d. h.

$$V' = 0 \ , \quad \frac{F}{cl} = \cos\varphi - \sin\varphi_0 \cot\varphi \ . \tag{8.31}$$

Ein stationärer Wert der Kraft $F(\varphi)$ als notwendige Voraussetzung für ein Maximum kann für

$$\frac{F'}{cl} = -\sin\varphi + \frac{\sin\varphi_0}{\sin^2\varphi} = 0 \ , \quad \sin^3\varphi_c = \sin\varphi_0 \tag{8.32}$$

erwartet werden. Sein normierter Wert ist mit (8.31) und (8.32)

$$\frac{F_c}{cl} = \cos\varphi_c - \sin^3\varphi_c \cot\varphi_c = (1 - \sin^2\varphi_c)\cos\varphi_c = \cos^3\varphi_c \le 1 \ . \tag{8.33}$$

Er stellt mit $0 < \varphi_0 < \varphi_c < \pi/2$ in der zweiten Gleichung von (8.32) und

$$\frac{F''}{cl} = -\cos\varphi - \frac{2\sin\varphi_0}{\sin^3\varphi}\cos\varphi \ ,$$

d. h.

$$\left.\frac{F''}{cl}\right|_{\varphi=\varphi_c} = -\cos\varphi_c - 2\cos\varphi_c = -3\cos\varphi_c < 0 \ , \tag{8.34}$$

wie in Abschnitt 8.1.1 vorhergesagt, ein Maximum dar, oberhalb dessen keine Gleichgewichtslast existiert. Die folgende Tabelle demonstriert den Einfluss der Imperfektion φ_0 auf die Absenkung der kritischen Last gemäß der zweiten Gleichung von (8.32) und (8.33).

$\varphi_0/^\circ$	0	2	4
$\varphi_c/^\circ$	0	19,1	24,3
$F_c/(cl)$	1	0,844	0,757

In Bild 8.7 sind die normierten Gleichgewichtskräfte $F/(cl)$ für verschiedene Imperfektionen φ_0 über dem Lagewinkel φ aufgetragen. Die leeren Kreise „$\circ$" zeigen die kritischen Punkte C an. Gleichgewichtslagen in diesen Punkten und rechts davon sind instabil, da sie bei geometrischen Störungen infolge der entstehenden Nichtgleichgewichtskräfte verlassen werden.

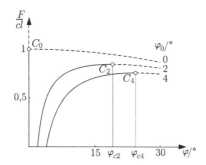

Bild 8.7. Gleichgewichtskräfte des Beispieles 8.1 mit verschiedenen Imperfektionen

Für die energetische Stabilitätsprüfung berechnen wir die zweite Ableitung des Potenzials (8.29) nach dem Lageparameter

$$V'' = cl^2(\cos^2\varphi - \sin^2\varphi + \sin\varphi_0\sin\varphi) - F^a l \cos\varphi \ . \tag{8.35}$$

Einsetzen der Gleichgewichtskraft (8.31) für F^a in (8.35) ergibt

$$V'' = cl^2(\cos^2\varphi - \sin^2\varphi + \sin\varphi_0\sin\varphi - \cos^2\varphi + \sin\varphi_0\frac{\cos^2\varphi}{\sin\varphi})$$

$$= \frac{cl^2}{\sin\varphi}(\sin\varphi_0 - \sin^3\varphi) \ . \tag{8.36}$$

Dieser Ausdruck ist für $\varphi < \varphi_c$ gemäß der zweiten Gleichung von (8.32) positiv, für $\varphi = \varphi_c$ null und für $\varphi > \varphi_c$ in der Nähe von φ_c negativ. Er zeigt jeweils den Übergang von den stabilen (ausgezogenen) zu den instabilen (gestrichelten) Gleichgewichtslagen an. Das an der Übergangsstelle $\varphi = \varphi_c$ befindliche Kraftmaximum, auch als Grenzlast bezeichnet, entspricht jetzt einem kritischen Punkt (so genannter Grenzpunkt), an dem zwar die zweite Ableitung des Potenzials nach dem Lageparameter verschwindet, aber keine Lösungsverzweigung eintritt.

Es sei noch erwähnt, dass der prozentuale Abfall der kritischen Last infolge Imperfektionen bei unsymmetrischen Systemen des Typs gemäß Bild 8.4c von niedrigerer Ordnung in der Imperfektion als bei symmetrischen Systemen des Typs gemäß Bild 8.4b ist und deshalb deutlicher ausfällt. In beiden Fällen der Systeme entsprechend Bild 8.4b, c reicht die alleinige Kenntnis der Verzweigungslast des perfekten Systems für die Beurteilung des Tragverhaltens nicht aus. Solche Systeme werden als imperfektionsempfindlich bezeichnet. Dagegen sind am Verzweigungspunkt und im nachkritischen Bereich stabile Anordnungen, wie in Bild 8.4a gezeigt, nicht imperfektionsempfindlich.

Beispiel 8.2
Der Stab des Systems nach Bild 8.3 besitze im unbelasteten Zustand eine geringfügige Auslenkung (Imperfektion) $|\varphi_0| \ll 1$ (Bild 8.8a) und eine elastische Einspannung mit dem Drehfedermoment $M_T = c\varphi$ (Bild 8.8b).

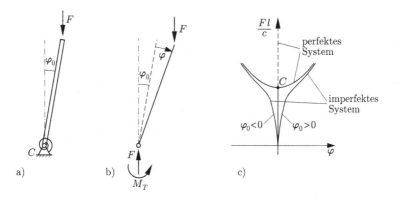

Bild 8.8. Elastisch eingespannter Druckstab mit Imperfektion

Gesucht werden die zu der vertikal wirkenden konstanten äußeren Kraft F^a gehörende Gleichgewichtskraft $F(\varphi)$ und die Art des Gleichgewichtes.
Lösung:
Das gesamte Potenzial V des Systems und seine ersten beiden Ableitungen nach der Lagekoordinate φ sind

$$V = \frac{1}{2}c\varphi^2 - F^a l\left[\cos\varphi_0 - \cos(\varphi_0 + \varphi)\right] ,$$
$$V' = c\varphi - F^a l\sin(\varphi_0 + \varphi) ,$$
$$V'' = c - F^a l\cos(\varphi_0 + \varphi) .$$

Die Stationaritätsforderung an das Potenzial ergibt die Gleichgewichtsbedingung

$$c\varphi - Fl\sin(\varphi_0 + \varphi) = 0 \,, \qquad F = \frac{c}{l}\frac{\varphi}{\sin(\varphi_0 + \varphi)} \,.$$

Damit wird die zweite Ableitung

$$V'' = c\left[1 - \frac{\varphi}{\tan(\varphi_0 + \varphi)}\right] > 0 \,, \qquad 0 \le \varphi < \pi - \varphi_0 \,, \quad \varphi_0 > 0 \,,$$

d. h. das Gleichgewicht ist im angegebenen Auslenkungsbereich stabil. Bild 8.8c zeigt die qualitative Darstellung der entsprechenden Gleichgewichtskraft neben dem schon bekannten Gleichgewichtskraftdiagramm des perfekten Systems. Für negative Imperfektionen und Lagekoordinaten ergibt sich das an der Vertikalen gespiegelte Bild.   □

Beispiel 8.3
Der starre rechtwinklige Träger nach Bild 8.9a ist bei B gelenkig gelagert und durch eine vertikal wirkende lineare Feder mit der Konstante c elastisch gestützt.

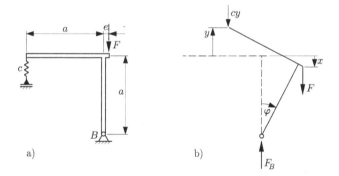

Bild 8.9. Rechtwinkliger Träger unbelastet a) und belastet b)

Im belasteten Zustand unterliegt er der vertikal nach unten gerichteten Gleichgewichtskraft F, die zu einer konstanten äußeren Kraft F^a gehört. Die Wirkungslinie von F besitzt am Belastungsbeginn die Exzentrizität (Imperfektion) e. Gesucht sind die kritische Kraft des perfekten Systems für $e = 0$, die Gleichgewichtskraft in Abhängigkeit von der Auslenkung φ (Bild 8.9b) für das perfekte System mit $e = 0$ und für das imperfekte System mit $e = 0,02a$ einschließlich der zu erwartenden Grenzlast.
Lösung:
Die Geometrie des Systems deutet auf ein unsymmetrisches Verhalten bezüglich der Auslenkung φ hin (Bild 8.9b). Es werden deshalb Ableitungen $d()/d\varphi = ()'$ bis zu dritten Ordnung bereitgestellt.

Für die Verschiebungskoordinaten x und y nach Bild 8.9b folgt

$$x = a(1 - \cos\varphi) + e\sin\varphi\ , \qquad y = a\sin\varphi - a(1 - \cos\varphi)\ ,$$
$$x' = a\sin\varphi + e\cos\varphi\ , \qquad y' = a\cos\varphi - a\sin\varphi\ ,$$
$$x'' = a\cos\varphi - e\sin\varphi\ , \qquad y'' = -a\sin\varphi - a\cos\varphi\ ,$$
$$x''' = -a\sin\varphi - e\cos\varphi\ , \qquad y''' = -a\cos\varphi + a\sin\varphi\ .$$

Die gesamte potenzielle Energie des Systems und ihre Ableitungen sind

$$V = \frac{1}{2}cy^2 - F^a x\ , \qquad V' = cyy' - F^a x'\ ,$$
$$V'' = c(y'^2 + yy'') - F^a x''\ , \qquad V''' = c(3y'y'' + yy''') - F^a x'''\ .$$

Die Stationaritätsforderung an die potenzielle Energie liefert die Gleichgewichtsbedingung $V' = 0$ bzw.

$$cyy' - Fx' = ca^2(\cos^2\varphi - \sin^2\varphi + \sin\varphi - \cos\varphi) - F(a\sin\varphi + e\cos\varphi) = 0\ .$$

Für das perfekte System $e = 0$ existieren zwei Lösungen:

$$\varphi = 0\ , \quad F = F_1 \text{ beliebig}$$

und

$$\varphi \neq 0\ , \quad F = F_2 = ca(\cos^2\varphi - \sin^2\varphi + \sin\varphi - \cos\varphi)/\sin\varphi$$

bzw. mit $|\varphi| \ll 1$ und $\cos\varphi \approx 1 - \dfrac{\varphi^2}{2}$, $\sin\varphi \approx \varphi$

$$\varphi \neq 0\ , \qquad F_2 = ca\left(1 - \frac{3}{2}\varphi\right)\ .$$

Die kritische Kraft des perfekten Systems folgt aus $V'' = 0$ für $\varphi = 0$ zu

$$F_c = c\frac{y'^2 + yy''}{x''}\bigg|_{\varphi=0} = ca\ .$$

Bei diesem Kraftwert zweigt von der Gleichgewichtslösung $\varphi = 0$, F_1 beliebig, die Gleichgewichtslösung $\varphi \neq 0$, $F_2 = ca(1 - 3\varphi/2)$ ab (Bild 8.10).
Der Verzweigungspunkt $\varphi = 0$, $F = F_c$ ist wegen

$$V'''(0, F_c) = -3ca^2 \neq 0$$

instabil.

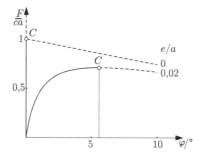

Bild 8.10. Gleichgewichtslösungen des Beispiels 8.3

Die Gleichgewichtskraft des imperfekten Systems folgt aus $V' = 0$ zu

$$\frac{F}{ca} = \frac{\cos^2\varphi - \sin^2\varphi + \sin\varphi - \cos\varphi}{\sin\varphi + \dfrac{e}{a}\cos\varphi} = \frac{\cos 2\varphi + \sin\varphi - \cos\varphi}{\sin\varphi + \dfrac{e}{a}\cos\varphi}.$$

Der Verlauf dieser Funktion für $e = 0,02a$ ist in Bild 8.10 mit eingetragen. Er zeigt bei $\varphi = 5,6°$ am kritischen Punkt, der jetzt ein Grenzpunkt ist, als Maximum die Grenzlast $F_c(e = 0,02a) = 0,71ca$, welche deutlich unter der kritischen Verzweigungslast $F_c(e = 0) = ca$ liegt.   □

Ähnlich wie in Bild 8.7 ist in Bild 8.10 die Gleichgewichtslösung des imperfekten Systems für Winkel rechts des als Kraftmaximum vorliegenden kritischen Punktes instabil. Das Beispiel 8.3 demonstriert nochmals die begrenzte Aussagekraft der Verzweigungslast für das Tragverhalten.

❯ 8.1.3 Durchschlagproblem

Wir betrachten das System nach Bild 8.6 und nehmen jetzt betragsmäßig größere Winkel $0 < \varphi_0 \lesssim \pi/2$ an. Damit entsteht aus dem Verzweigungsproblem mit Imperfektionen ein so genanntes Durchschlagproblem. Als Lageparameter wird der Winkel $\psi = \varphi - \varphi_0$ benutzt, so dass im unbelasteten Zustand $\psi = 0$ gilt. Für $|\psi| \ll 1$ bleiben die im vorausgegangenen Unterabschnitt beschriebenen Systemeigenschaften qualitativ erhalten. Im vorliegenden Fall soll noch das Verhalten des Systems nach Erreichen der instabilen Gleichgewichtslage des kritischen Punktes untersucht werden.

Eine gegenüber Bild 8.7 erweiterte typische Lastverformungskurve hat qualitativ die Form nach Bild 8.11.

Die Bestimmungsgleichung aus (8.32) für die Lagekoordinate des stationären Wertes der Kraft $F(\varphi)$ liefert jetzt außer dem ersten kritischen Winkel φ_c noch einen zweiten $\bar{\varphi}_c = \pi - \varphi_c$ bzw. außer $\psi_c = \varphi_c - \varphi_0$ noch $\bar\psi_c = \bar\varphi_c - \varphi_0$. Der zweite Winkel führt mit (8.33) auf $F(\bar\psi_c) = -F_c$. Im Gebiet $\varphi_c < \varphi < \bar\varphi_c$

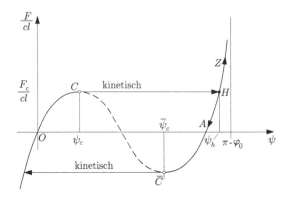

Bild 8.11. Gleichgewichtskraft des Systems nach Bild 8.6 für $0 < \varphi_0 \lesssim \pi/2$

bzw. $\psi_c < \psi < \bar\psi_c$ ist V'' entsprechend (8.36) negativ, außerhalb dieses Gebietes und der Übergangsstellen positiv. Dem stabilen Lösungsbereich $0 \le \psi < \psi_c$ schließt sich ein instabiler Bereich $\psi_c \le \psi \le \bar\psi_c$ und danach wieder ein stabiler Bereich $\psi > \bar\psi_c$ an. Letzterer endet nach weiterer Kraftzunahme oberhalb von H an der Asymptote $\psi = \pi - \varphi_0$. Die Gleichgewichtslagen im Gebiet $\psi_c < \psi < \psi_h$ sind vom lastfreien Zustand O aus durch Vorgabe konstanter äußerer Kräfte ansteigender Größe nicht erreichbar, da das System bei Einnahme des kritischen Punktes C unter Umwandlung potenzieller Energie in kinetische nach H durchschlägt. Die Koordinate der stabilen Gleichgewichtslagen hängt demnach unstetig von der Gleichgewichtskraft ab. Bei Vorgabe der Verschiebung Δy (Bild 8.6) ist der Durchschlag vermeidbar. Eine Kraftabnahme A unterhalb H führt zu dem kritischen Punkt $\bar C$, von dem aus ein rückwärtiges Durchschlagen stattfindet, welches wieder bei Verschiebungsvorgabe nicht auftritt.

Die beim Durchschlagen gewonnene kinetische Energie kann beim Anhalten des Systems Schäden verursachen.

An dem erläuterten Durchschlagproblem wird ersichtlich, dass die mit den Potenzialableitungen durchgeführten Analysen des lokalen Systemverhaltens durch Betrachtungen des globalen Systemverhaltens wesentliche Ergänzungen erfahren.

Es sei noch erwähnt, dass das beschriebene Modell ein Analogon zu Phasenübergängen 1. Ordnung in der Thermodynamik darstellt.

8.2 Diskrete konservative Systeme von höherem Freiheitsgrad

Die bisherigen Überlegungen zur Untersuchung der Gleichgewichtsarten der konservativen Systeme vom Freiheitsgrad 1 lassen sich grundsätzlich auf diskrete konservative Systeme von höherem Freiheitsgrad verallgemeinern. Dies soll hier nur angedeutet werden.

Es wird angenommen, dass die Kinematik des Systems durch f verallgemeinerte Koordinaten q_l beschreibbar ist, wobei f den Freiheitsgrad des Systems bezeichnet. Die auftretenden äußeren Lasten seien durch nur einen Lastparameter λ^a charakterisierbar. Die potenzielle Energie V der diskreten elastischen Federn des Systems und der äußeren Lasten, d. h. die gesamte potenzielle Energie, hat damit die Form

$$V = V(q_l, \ \lambda^a) \ . \tag{8.37}$$

Zur Gewinnung der Gleichgewichtsbedingungen werden zunächst die f partiellen Ableitungen $G_k(q_l, \ \lambda^a)$ des Potenzials (8.37) nach den verallgemeinerten Koordinaten q_k bei festgehaltenem Lastparameter λ^a

$$G_k(q_l, \ \lambda^a) = \frac{\partial V(q_l, \ \lambda^a)}{\partial q_k} \ , \qquad k = 1, \ ..., \ f \tag{8.38}$$

berechnet. Sie bilden den Gradienten des Potenzials. Der Stationaritätsforderung an das Potenzial (8.37) wird durch Nullsetzen der Ableitungen (8.38) und damit des Gradienten bzw. des Differenzials des Potenzials genügt. Dies ergibt f Gleichgewichtsbedingungen

$$G_k(q_l, \ \lambda) = 0 \ , \qquad k = 1, \ ..., \ f \ . \tag{8.39}$$

Die f Gleichungen (8.39) für die f Koordinaten q_l definieren einen Spaltenvektor $q_l(\lambda)$. Dieser Vektor beschreibt im f-dimensionalen Raum der Koordinaten q_l einen Gleichgewichtsweg mit λ als Wegparameter. Auf diesem Weg herrscht Stabilität, wenn die potenzielle Energie ein Minimum in den verallgemeinerten Koordinaten bei festgehaltenem Lastparameter besitzt.

Normalerweise sind die betrachteten Systeme im lastfreien Zustand und in der näheren Umgebung des lastfreien Zustandes stabil. Dann gilt für die Determinante der Matrix der zweiten Ableitungen von $V(q_l, \lambda^a)$ auf dem Gleichgwichtsweg (8.39) zunächst die Bedingung

$$\det \left[\frac{\partial^2 V(q_l, \ \lambda^a)}{\partial q_k \partial q_m} \right] > 0 \ . \tag{8.40}$$

Verlust der Eindeutigkeit, der Stabilität oder beider Eigenschaften ist erstmals möglich, wenn mit einer Nullstelle der Determinante aus (8.40) ein erster kritischer Punkt erreicht wird. Zur Untersuchung der Art des Gleichgewichtes am kritischen Punkt und auf dem nachkritischen Weg können Potenzreihenentwicklungen der Beziehungen (8.37) bis (8.40) hilfreich sein, oder es müssen numerische Methoden eingesetzt werden. Diesbezügliche Betrachtungen, welche auch für die mittels der Methode der finiten Elemente diskretisierten kontinuierlichen Systeme zutreffen, gehen über eine Einführung in die Technische Mechanik hinaus.

8.3 Knicken elastischer Stäbe

Gerade schlanke Stäbe unter axialem Druck, die als elastische Kontinua modelliert werden, können bei Kräften oberhalb eines kritischen Wertes ihre geradlinige Gestalt verlieren, indem sie ausknicken. Dieses Phänomen stellt eine mögliche Versagensursache dar und muss deshalb quantitativ untersucht werden. Seine Beschreibung gelingt durch Berücksichtigung der aktuellen Biegeverformungen in den Gleichgewichtsbedingungen. Diese Verformungen werden der Biegetheorie der Balken aus Kapitel 4 entnommen.

Bei konservativer Belastung der elastischen Stäbe existiert auch ein Potenzial, das die Biegeverformungen erfasst. Die Stationaritätsforderung an das Potenzial führt auf die Gleichgewichtsbedingungen der Stäbe in ihrer aktuellen Konfiguration.

Elastische Stäbe besitzen einen unendlichen, nicht abzählbaren Freiheitsgrad. Zur Bestimmung ihrer Biegeverformungen werden wie schon in Abschnitt 4.5 Differenzialgleichungen, die aber jetzt nichtlinear sind, benutzt, im Gegensatz zu den nichtlinearen algebraischen Gleichungen im Fall der diskreten Systeme wie z. B. (8.15). Die Verzerrungsenergie der elastischen Stäbe enthält Integrale über Ausdrücke in den Verformungsfunktionen und deren Ableitungen ähnlich wie schon in Abschnitt 7.3 angegeben. Zur Durchsetzung der Stationaritätsforderung an das gesamte Potenzial der belasteten Stäbe wird deshalb die so genannte Variationsableitung dieses integralen Potenzials anstelle der gewöhnlichen bzw. partiellen Ableitungen der Potenzialfunktion nach den Lageparametern der diskreten Systeme benötigt. Da uns die Variationsrechnung im Rahmen der eingeschränkten mathematischen Vorkenntnisse nicht zur Verfügung steht, versuchen wir, das Problem mit Hilfe von Differenzialgleichungen zu lösen.

Es sei noch erwähnt, dass das Knicken druckbelasteter Stäbe den einfachsten Fall darstellt, in dem als Kontinuum betrachtete Bauteile einer Last ausweichen. Kompliziertere Ausweichprobleme entstehen z. B. beim Beulen gedrückter Platten und Schalen oder beim Kippen von Balken mit schlanken Querschnittsformen. Diesbezüglich muss auf die Spezialliteratur verwiesen werden.

❯ 8.3.1 Gelenkig gelagerter Knickstab

Wir betrachten als Demonstrationsbeispiel den schon von EULER unter-
suchten axial gedrückten Stab nach Bild 8.12. Hinsichtlich seiner Biegeverformung benutzen wir wie in Abschnitt 4.1 die kinematische Hypothese von
BERNOULLI. Zur Vereinfachung des vorliegenden Problems nehmen wir neben der Voraussetzung gerader Biegung um die Achse mit dem minimalen
Hauptträgheitsmoment noch zusätzlich die Undehnbarkeit der Schwerpunktlinie des Stabes an, d. h. wir vernachlässigen die Längskraftverformung infolge
des axialen Druckes. Der dadurch entstehende Fehler ist nachweislich unbe-
deutend. Die in Bild 8.12 eingezeichnete Bogenlängenkoordinate s, welche die
Schnittstelle S festlegt, hat dann denselben Wert für einen Schwerpunktlini-
enpunkt in der unverformten geraden und der verformten Konfiguration. Sie
unterscheidet sich von der Achskoordinate z des Fußpunktes von S.

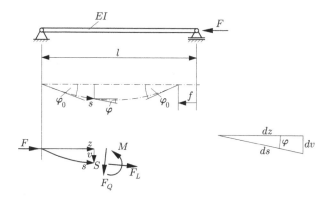

Bild 8.12. Zum gelenkig gelagerten Knickstab

Für den Zusammenhang zwischen der Krümmung $d\varphi/ds$ der Schwerpuntli-
nie und dem Biegemoment M gelten (4.23) und (4.25) in der ursprünglichen
Form

$$\frac{d\varphi}{ds} = -\frac{M}{EI} \ . \tag{8.41}$$

Die Momentenbilanz um die Schnittstelle S des verformten Balkenabschnittes
der Länge s erfordert

$$\overset{\frown}{S}: \quad M - Fv = 0 \ . \tag{8.42}$$

Durch Einsetzen von (8.41) in (8.42) und Differenziation nach s entsteht

$$\frac{d^2\varphi}{ds^2} = -\frac{F}{EI} \cdot \frac{dv}{ds} \ . \tag{8.43}$$

Gemäß Bild 8.12 gilt

$$\frac{dv}{ds} = \sin\varphi \, , \tag{8.44}$$

so dass aus (8.43)

$$\frac{d^2\varphi}{ds^2} + \frac{F}{EI}\sin\varphi = 0 \tag{8.45}$$

folgt. Für diese gewöhnliche nichtlineare Differenzialgleichung kann eine Lösung, nämlich

$$\varphi \equiv 0 \, , \tag{8.46}$$

erraten werden. Sie gilt erwartungsgemäß für nicht zu große Druckkräfte, bei denen der Stab unverformt bleibt, d. h. nicht ausknickt. Eine zweite Lösung für den verformten Zustand ist elementar nicht gewinnbar. Wir ermitteln deshalb zunächst eine Näherungslösung durch die Linearisierung

$$\sin\varphi \approx \varphi \tag{8.47}$$

in (8.45). Dies und die Abkürzung

$$\alpha^2 = \frac{F}{EI} \tag{8.48}$$

ergeben die lineare homogene Differenzialgleichung

$$\frac{d^2\varphi}{ds^2} + \frac{F}{EI}\varphi = \frac{d^2\varphi}{ds^2} + \alpha^2\varphi = 0 \, . \tag{8.49}$$

Die Beziehung (8.49) ist zwar linear in φ, enthält aber mit dem Produkt $F\varphi$ einen nichtlinearen Zusammenhang zwischen Kraft und Verdrehung, der gegenüber den linearen Modellen der Kapitel 4, 5 und 7 qualitativ andere Lösungen verursacht. Die allgemeine Lösung von (8.49) ist

$$\varphi = A\cos\alpha s + B\sin\alpha s \, , \tag{8.50}$$

wobei A und B Integrationskonstanten bezeichnen. Die Gültigkeit von (8.50) wird durch Einsetzen in (8.49) bestätigt. Zur Bestimmung der Konstanten A und B dienen zwei Randbedingungen, welche wegen der momentenfreien Lagerung (s. Bild 8.12) und (8.41)

$$\left.\frac{d\varphi}{ds}\right|_{s=0} = 0 \, , \qquad \left.\frac{d\varphi}{ds}\right|_{s=l} = 0 \tag{8.51a,b}$$

lauten. Mit der Ableitung von (8.50), d. h.

$$\frac{d\varphi}{ds} = -A\alpha\sin\alpha s + B\alpha\cos\alpha s \, , \tag{8.52}$$

liefern sie

$$B\alpha = 0 \ , \qquad A\alpha \sin \alpha l = 0 \ . \tag{8.53a,b}$$

In (8.48) hat $F = 0$ keine physikalische Bedeutung. Deshalb ist $\alpha \neq 0$, und es folgt $B = 0$. Für die von $\varphi \equiv 0$ verschiedene zweite Lösung muss $A \neq 0$ sein, was auf

$$\sin \alpha l = 0 \ , \qquad \alpha_k l = k\pi \ , \quad k = 1, 2, \ldots \tag{8.54}$$

führt. Die α_k heißen Eigenwerte des homogenen Eigenwertproblems, bestehend aus der linearen homogenen Differenzialgleichung (8.49) mit den homogenen Randbedingungen (8.51). Der niedrigste Eigenwert, bei dem Knicken stattfindet, ist der kritische, nämlich $\alpha_1 l = \alpha_c l = \pi$ mit der kleinsten kritischen Kraft gemäß (8.48)

$$F_c = EI\alpha_c^2 = \frac{\pi^2 EI}{l^2} \ . \tag{8.55}$$

Zu ihm gehört die aus (8.50) und (8.53) folgende Eigenfunktion

$$\varphi = A_c \cos \alpha_c s \ , \tag{8.56}$$

welche die Knickform bis auf die unbestimmte Amplitudenkonstante A_c beschreibt. Die Konstante A_c gibt den Neigungswinkel φ_0 an den Lagern in Bild 8.12 an. Höhere aus (8.54) zu bestimmende Eigenwerte und dazu gehörende Eigenfunktionen sind technisch uninteressant.

Das im Fall des elastischen Knickstabes erzielte Ergebnis besitzt ein Analogon zu der aus (8.15) gewinnbaren linearen Näherung für den starren Druckstab mit diskretem linearen Einspannmoment $M_T = c_1\varphi$. In erster Ordnung, $\sin \varphi \approx \varphi$, führt (8.15) auf

$$c_1\varphi - Fl\varphi = (c_1 - Fl)\varphi = 0 \ . \tag{8.57}$$

Die Erfüllung dieser Gleichgewichtsbedingung ist für beliebige Auslenkungen φ durch die kritische Kraft $F_c = c_1/l$ gegeben. Bei beiden Modellen zweigt am kritischen Punkt, der ein Verzweigungspunkt ist und durch die kritische Verzweigungslast bestimmt wird, eine zweite Lösung von der ursprünglichen Lösung ab. Der beim starren Druckstab nach Bild 8.4a durchgeführte Stabilitätstest der ursprünglichen Lösung φ_1 zeigt, wenn er auf den elastischen Knickstab angewendet wird, ebenfalls die Instabilität der ursprünglichen Lösung an.

Sowohl für den elastischen Knickstab als auch für den elastisch eingespannten starren Druckstab können infolge der Linearisierung keine Aussagen über einen Zusammenhang zwischen der äußeren Kraft und der Auslenkung jenseits des kritischen Punktes getroffen werden. Für die Gewinnung solcher Aussagen ist, wie am diskreten System nach Bild 8.4 demonstriert wurde, eine nichtlineare Analyse des nachkritischen Systemverhaltens erforderlich. In diesem Sinne suchen wir jetzt unter Benutzung der vollständigen nichtlinearen Gleichung (8.45) des kontinuierlichen Systems eine Näherungsbeziehung zwischen der Kraft F und der Balkenverdrehung φ_0 an den Lagern für eine symmetrisch vorausgesetzte Form des Durchbiegungsverlaufes (Bild 8.12). Die Substitution

$$\frac{d\varphi}{ds} = u \, , \qquad \frac{d^2\varphi}{ds^2} = \frac{du}{d\varphi} \cdot \frac{d\varphi}{ds} = u\frac{du}{d\varphi} \tag{8.58}$$

führt in (8.45) mit (8.48) zu

$$udu + \alpha^2 \sin\varphi d\varphi = 0 \tag{8.59}$$

bzw. nach unbestimmter Integration auf

$$\frac{u^2}{2} - \alpha^2 \cos\varphi = \frac{1}{2}\left(\frac{d\varphi}{ds}\right)^2 - \alpha^2 \cos\varphi = C \, . \tag{8.60}$$

Die Integrationskonstante C ist wegen (8.41) und der Momentenfreiheit der Lager durch

$$C = -\alpha^2 \cos\varphi_0 \tag{8.61}$$

gegeben, so dass

$$\frac{d\varphi}{ds} = -\alpha\sqrt{2(\cos\varphi - \cos\varphi_0)} \tag{8.62}$$

entsteht. Das Minuszeichen vor der Wurzel sorgt für Übereinstimmung mit (8.41). Gleichung (8.62) beschreibt die geometrische Gestalt der Balkendurchbiegung. Ihr Integral

$$\alpha\int\limits_0^l ds = \alpha l = -\int\limits_{\varphi_0}^{-\varphi_0} \frac{d\varphi}{\sqrt{2(\cos\varphi - \cos\varphi_0)}} \tag{8.63}$$

wird mittels der trigometrischen Formel $\cos\varphi = 1 - 2\sin^2(\varphi/2)$ und der zweckmäßigen Substitution

$$\sin\frac{\varphi}{2} = \sin\frac{\varphi_0}{2}\sin\eta \, , \qquad \varphi = \varphi_0 \ldots - \varphi_0 \, , \qquad \eta = \frac{\pi}{2} \ldots - \frac{\pi}{2} \, ,$$

$$\frac{1}{2}\cos\frac{\varphi}{2}d\varphi = \sin\frac{\varphi_0}{2}\cos\eta d\eta$$

zu

$$\alpha l = \int_{-\pi/2}^{\pi/2} \frac{d\eta}{\sqrt{1 - \sin^2 \frac{\varphi_0}{2} \sin^2 \eta}} \qquad (8.64)$$

umgeformt. Es kann zwar nicht analytisch gelöst, aber für $|\varphi| \leq |\varphi_0| \ll 1$ und $\sin^2 \frac{\varphi_0}{2} \sin^2 \eta \ll 1$ bequem mittels einer Potenzreihenentwicklung des Integranden genähert berechnet werden. Mit dem ersten Reihenglied und $\sin^2(\varphi_0/2) \approx \varphi_0^2/4$ ergibt sich

$$\alpha l \approx \int_{-\pi/2}^{\pi/2} \left(1 + \frac{1}{2} \sin^2 \frac{\varphi_0}{2} \sin^2 \eta\right) d\eta \approx \int_{-\pi/2}^{\pi/2} \left(1 + \frac{\varphi_0^2}{8} \sin^2 \eta\right) d\eta = \pi + \frac{\pi}{16} \varphi_0^2 \, .$$

$$(8.65)$$

Quadrieren und Einsetzen der Definition (8.48) liefert

$$\frac{F l^2}{EI} = \pi^2 \left(1 + \frac{\varphi_0^2}{16}\right)^2 \approx \pi^2 \left(1 + \frac{\varphi_0^2}{8}\right) \qquad (8.66)$$

bzw. wegen (8.55)

$$\frac{F}{F_c} = 1 + \frac{\varphi_0^2}{8} \, . \qquad (8.67)$$

Dieses Ergebnis ist mit der nichtlinearen Lösung (8.19) für den elastisch eingespannten starren Druckstab vergleichbar und durch ein Diagramm ähnlich wie in Bild 8.4a darzustellen.

Im Rahmen der gewonnenen Näherung berechnen wir noch die lastabhängige Verschiebung $v(l/2)$ des Schwerpunktlinienmittelpunktes quer zur Stabachse. Wegen der schon benutzten Voraussetzung $|\varphi| \ll 1$ stellt die Eigenfunktion (8.56) mit der Amplitude $A_c = \varphi_0$ eine Näherung für die Funktion des Biegewinkels dar. Sie liefert mit (8.44) und $\alpha_c l = \pi$ die gesuchte Verschiebung

$$v\left(\frac{l}{2}\right) = \int_0^{l/2} \sin \varphi \, ds \approx \int_0^{l/2} \varphi \, ds \approx \int_0^{l/2} \varphi_0 \cos \alpha_c s \, ds = \frac{\varphi_0}{\pi} l \, , \qquad (8.68)$$

woraus mit (8.67)

$$\frac{F}{F_c} = 1 + \frac{1}{8} \cdot \frac{\pi^2}{l^2} v^2 \left(\frac{l}{2}\right) \qquad (8.69)$$

entsteht.

Die Projektion der undehnbaren Bogenlängenelemente ds (Bild 8.12) auf die Ausgangsrichtung ist $dz = \cos \varphi \, ds$. Damit folgt die Verschiebung f des Kraftangriffspunktes näherungsweise zu

$$f = l - \int\limits_0^l \cos\varphi\, ds \approx l - \int\limits_0^l \left(1 - \frac{\varphi^2}{2}\right) ds = \int\limits_0^l \frac{\varphi^2}{2}\, ds \qquad (8.70)$$

bzw.

$$f = \frac{\varphi_0^2}{2} \int\limits_0^l \cos^2 \alpha_c s\, ds = \frac{\varphi_0^2}{2} \int\limits_0^l \cos^2 \frac{\pi}{l} s\, ds = \frac{l\varphi_0^2}{4}\ . \qquad (8.71)$$

Die Kombination von (8.67) und (8.71) ergibt schließlich

$$\frac{F}{F_c} = 1 + \frac{f}{2l}\ . \qquad (8.72)$$

Die beiden Gleichungen (8.67) und (8.72) zeigen, dass die Lastauslenkungskurve des elastischen Knickstabes ähnlich wie die des elastisch eingespannten starren Druckstabes im nachkritischen Bereich ansteigt. Der elastische Knickstab nach Bild 8.12 ist deshalb wie der elastisch eingespannte starre Druckstab unempfindlich gegenüber kleinen geometrischen Imperfektionen. Diese Aussage gilt auch für die noch zu besprechenden anderen Lagerungsfälle des Knickstabes. Auf diesbezügliche Beweise verzichten wir.
Zur Überprüfung der Stabilität der abzweigenden Lösung setzen wir weiterhin voraus, dass die Form der abzweigenden Lösung (8.56) bei einer Störung erhalten bleibt. Mit dieser kinematischen Zwangsbedingung wird das kontinuierliche System wie ein diskretes behandelt. Die Verdrehung von letzterem hängt nur noch von dem einen Parameter $A_c = \varphi_0$ als Lageparameter ab. Eine Diskussion der Nichtgleichgewichtskraft ähnlich wie zu Bild 8.4a, die auch energetisch ausgeführt werden kann, liefert dann Stabilität der abzweigenden Lösung. Dies steht im Einklang mit der Erfahrung. Analoge Argumente gelten für Lasten unterhalb des Verzweigungspunktes. Eine mathematisch strenge hinreichende Begründung der Stabilitätsaussage erfordert Definitionen darüber, wie Störungen der Gleichgewichtslösung und dazugehörige Abweichungen im Fall des elastischen Kontinuums angesichts des unendlichen Freiheitsgrades zu messen sind. Solche Überlegungen können hier nicht ausgeführt werden.
Der Gleichung (8.72) ist noch zu entnehmen, dass sogar Werte von f/l im Prozentbereich zu nur geringen Laststeigerungen über den kritischen Wert F_c hinaus führen. Folglich stellt die kritische Verzweigungslast eine für konstruktive Zwecke brauchbare Belastungsgrenze der Druckstäbe im elastischen Bereich dar.

Zur Bestimmung der kritischen Verzweigungslast reichte die Linearisierung (8.47) aus. Die Projektion dz des Differenzials ds auf die ursprüngliche Achsrichtung (Bild 8.12) wird in gleicher Näherungsordnung benutzt:

$$dz = ds \cos\varphi \approx ds\left(1 - \frac{\varphi^2}{2}\right) \approx ds . \tag{8.73}$$

Damit wird (8.44) zu $dv/dz = v' \approx \varphi$, und aus (8.41) folgt mit (8.42)

$$v'' + \frac{F}{EI}v = 0 . \tag{8.74}$$

Die allgemeine Lösung von (8.74) lautet mit (8.48)

$$v = C_1 \cos\alpha z + C_2 \sin\alpha z . \tag{8.75}$$

Wegen der Unverschiebbarkeit der Lager quer zur Stabachse gemäß Bild 8.12 gelten die Randbedingungen

$$v(0) = 0 , \qquad v(l) = 0 . \tag{8.76a,b}$$

Die erste liefert $C_1 = 0$. Aus der zweiten folgt

$$C_2 \sin\alpha l = 0 , \qquad \alpha_k l = k\pi , \quad k = 1, 2, \ldots . \tag{8.77}$$

Der niedrigste Eigenwert $\alpha_1 l = \alpha_c l = \pi$ führt auf die schon bekannte kritische Knickkraft (8.55) und die Eigenfunktion

$$v = C_2 \sin\frac{\pi}{l}z , \tag{8.78}$$

welche die Knickform bis auf die unbestimmte Amplitude der Ausbiegung C_2 wiedergibt.

Die beschriebene Vorgehensweise, welche auf die linearisierte Krümmung in der Differenzialgleichung (8.74) führt, wird auch als Theorie zweiter Ordnung bezeichnet. Sie soll auf weitere Lagerungsfälle angewendet werden.

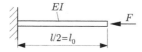

Bild 8.13. Einseitig eingespannter Knickstab

Die Ausbiegung des einseitig eingespannten Knickstabes nach Bild 8.13 mit der Länge $l_0 = l/2$, wobei l die Länge des beiderseits gelenkig gelagerten Stabes nach Bild 8.12 bezeichnet, lässt sich durch die vorliegende Lösung (8.55), (8.78) beschreiben. Dies zeigt Bild 8.14.

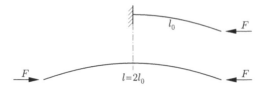

Bild 8.14. Zum Vergleich der Ausbiegung des einseitig eingespannten und des beiderseits gelenkig gelagerten Knickstabes

Zum Vergleich der beiden Systeme musste nur die Einspannstelle des Stabes nach Bild 8.13 auf die Symmetrielinie der Ausbiegung des Stabes von Bild 8.12 gelegt werden.

Die kritische Knickkraft des einseitig eingespannten Stabes beträgt demnach

$$F_c = \frac{\pi^2 EI}{4l_0^2} \ . \tag{8.79}$$

Beispiel 8.4

Für den exzentrisch gedrückten Knickstab nach Bild 8.15 ist die Gleichgewichtskraft F in Abhängigkeit von der Durchbiegung der Balkenmitte nach der Theorie zweiter Ordnung zu bestimmen.

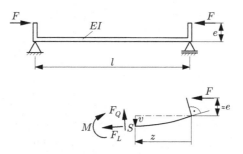

Bild 8.15. Exzentrisch gedrückter Knickstab

Lösung:

Aus der Teilschnittskizze des verformten Systems mit verschwindender Lagerkraft lesen wir die Momentenbilanz bezüglich der Schnittstelle

$$\overset{\frown}{S}: \quad F(e + v) - M = 0$$

ab. In der Theorie zweiter Ordnung ist die Gleichung der elastischen Linie gemäß (4.25) zu verwenden, wobei im Biegemoment die Durchbiegung v der Schnittstelle berücksichtigt wird. Daraus folgt

$$EIv'' = -M = -F(e + v)$$

bzw. mit $\alpha^2 = F/(EI)$

$$v'' + \alpha^2 v = -e\alpha^2 \ .$$

Die Lösung dieser linearen inhomogenen Differenzialgleichung besteht aus einem homogenen Teil v_h und einem partikulären Teil v_p, d. h. $v = v_h + v_p$. Der homogene Teil entspricht der bekannten Funktion $v_h = A\cos\alpha z + B\sin\alpha z$ gemäß (8.75), der partikuläre $v_p = -e$ wird durch Einsetzen bestätigt. Die allgemeine Lösung der Differenzialgleichung ist damit

$$v = v_h + v_p = A\cos\alpha z + B\sin\alpha z - e \ .$$

Die quer zur Stabachse unverschieblichen Lager erfordern die Randbedingungen

$$v(0) = 0 = A - e$$

und

$$v(l) = 0 = A\cos\alpha l + B\sin\alpha l - e \ .$$

Für verschwindende Exzentrizität $e = 0$ ergibt sich der schon in (8.77) gefundene niedrigste Eigenwert $\alpha_c l = \pi$ mit der bis auf die unbestimmte Amplitude B festgelegten Eigenfunktion $v = B\sin\alpha_c z$.
Bei vorhandener Exzentrizität liefert das inhomogene Gleichungssystem

$$A = e \ , \qquad B = e\frac{1 - \cos\alpha l}{\sin\alpha l} \ .$$

Einsetzen in die allgemeine Lösung an der Stelle $z = l/2$ führt unter Benutzung von $\sin\alpha l = 2\sin\alpha\frac{l}{2}\cos\alpha\frac{l}{2}$ auf

$$v\left(\frac{l}{2}\right) = e\left[\cos\alpha\frac{l}{2} + \frac{1 - \cos\alpha l}{2\cos\alpha\frac{l}{2}} - 1\right] \ .$$

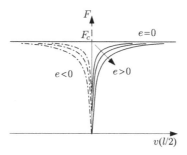

Bild 8.16. Gleichgewichtskraft nach Theorie 2. Ordnung des exzentrisch gedrückten Knickstabes

Der Klammerausdruck ergibt für hinreichend kleine Kräfte, d. h. $\alpha l \ll 1$, mit $\cos x \approx 1 - x^2/2$ die inverse Form des Kraftverschiebungszusammenhanges $v(l/2) \approx e(\alpha l)^2/8$.

Für $\alpha l \to \pi$ strebt der Klammerausdruck und folglich auch $v(l/2)$ nach unendlich. Der qualitative Verlauf der Kraft F über der Durchbiegungsamplitude $v(l/2)$ ist in Bild 8.16 dargestellt.

Er ähnelt dem Bild 8.8c, wenn dort die Parabel des nachkritischen Verhaltens zu einer horizontalen Geraden abgeflacht wird.   □

❯ 8.3.2 Beiderseitig eingespannter Knickstab

Wir bestimmen die kritische Knickkraft und die Knickform des beiderseits eingespannten Stabes von Bild 8.17 nach der Theorie zweiter Ordnung.

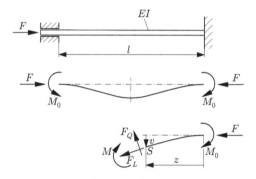

Bild 8.17. Beiderseits eingespannter Knickstab

Die dargestellte symmetrische Knickform besitzt die geringste Welligkeit und deshalb die größte Nachgiebigkeit gegenüber anderen möglichen Knickformen bei diesen Randbedingungen. Sie führt auf symmetrische Einspannmomente M_0 und verschwindende vertikale Einspannkräfte. Aus der Teilfreischnittskizze des verformten Systems wird die Momentenbilanz bezüglich der Schnittstelle

$$\widehat{S}: \quad Fv - M - M_0 = 0 \tag{8.80}$$

abgelesen. Die Gleichung der elastischen Linie ist dann

$$EIv'' = -M = M_0 - Fv$$

bzw. mit der Abkürzung $\alpha^2 = F/EI$

$$v'' + \alpha^2 v = \frac{M_0}{EI} \ . \tag{8.81}$$

Ihre allgemeine Lösung lautet

$$v = A\cos\alpha z + B\sin\alpha z + M_0/F \; . \tag{8.82}$$

Die Randbedingungen sind

$$
\begin{aligned}
v(0) &= 0 = & A & & + M_0/F \; , \\
v'(0) &= 0 = & & \alpha B \; , & \\
v'\left(\frac{l}{2}\right) &= 0 = -\alpha(\sin\alpha\frac{l}{2})A + \alpha(\cos\alpha\frac{l}{2})B \; . &
\end{aligned}
\tag{8.83a,b,c}
$$

Die dritte Gleichung, welche anstelle der Forderungen $v(l) = 0$ und $v'(l) = 0$ stehen darf, liefert wegen $B = 0$ und $A \neq 0$ die Eigenwertgleichung

$$\sin\alpha\frac{l}{2} = 0 \; , \qquad \alpha_k\frac{l}{2} = k\pi \; , \qquad k = 1, 2, \dots \tag{8.84}$$

mit dem niedrigsten Wert $\alpha_1 l = \alpha_c l = 2\pi$ für die kritische Knickkraft

$$F_c = \frac{\pi^2 E I}{(l/2)^2} \; . \tag{8.85}$$

Diese kritische Kraft ist erwartungsgemäß größer als die in (8.55) angegebene kritische Kraft des beiderseits gelenkig gelagerten Knickstabes.

Die zur Knickkraft (8.85) gehörende Knickform folgt aus (8.82) mit (8.83) und $\alpha_1 l = 2\pi$:

$$v = \frac{M_0}{F}\left(1 - \cos\frac{2\pi}{l}z\right) \; . \tag{8.86}$$

Die Amplitude M_0/F der die Knickform beschreibenden Eigenfunktion (8.86) bleibt hier wie bei allen homogenen Eigenwertproblemen unbestimmt. Den trivialen Fall $v \equiv 0$ schließen wir aus. Bild 8.17 gibt die Knickform qualitativ wieder.

Beispiel 8.5

Für den Knickstab mit der Lagerung nach Bild 8.18 sind die kritische Knickkraft und die Knickform nach der Theorie zweiter Ordnung zu ermitteln.
Lösung:
Nach Freimachen des Stabes werden die Lagerreaktionen unter Beachtung der Gleichgewichtsbedingungen eingetragen. Die Momentenbilanz um die Schnittstelle S der Freischnittskizze

$$\widehat{S}: \quad Fv + \frac{M_0}{l}z - M_0 - M = 0$$

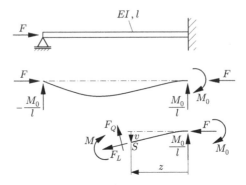

Bild 8.18. Knickstab mit Einspannung und gelenkiger Lagerung

führt auf die Gleichung der elastischen Linie

$$v'' + \alpha^2 v = \frac{M_0}{EI} - \frac{M_0 z}{EIl}, \qquad \alpha^2 = \frac{F}{EI}$$

mit der allgemeinen Lösung

$$v = A \cos \alpha z + B \sin \alpha z + \frac{M_0}{F} - \frac{M_0 z}{Fl} .$$

Die Randbedingungen lauten

$$v(0) = 0 = \qquad A \qquad + M_0/F ,$$
$$v'(0) = 0 = \qquad \qquad \alpha B - M_0/(Fl) ,$$
$$v(l) = 0 = (\cos \alpha l)A + (\sin \alpha l)B .$$

Nichttriviale Lösungen des linearen homogenen Gleichungssystems für die drei Unbekannten A, B und M_0/F erfordern das Verschwinden der Koeffizientendeterminante

$$-\alpha l \cos \alpha l + \sin \alpha l = 0 .$$

Mögliche Nullstellen dieser Eigenwertgleichung sind als Schnittstellen der Funktionen $\tan \alpha l$ und αl in Abhängigkeit von αl in Bild 8.19 eingezeichnet. Der niedrigste nichttriviale Eigenwert liegt nahe bei $3\pi/2$. Seine genaue Größe $\alpha_c l = 4,4934$ liefert die kritische Knickkraft

$$F_c = \alpha_c^2 EI = \left(\frac{4,4934}{l}\right)^2 EI = \left(\frac{4,4934}{\pi}\right)^2 \frac{\pi^2 EI}{l^2} \approx \frac{\pi^2 EI}{(0,7l)^2} .$$

Die Rückeinsetzung des Eigenwertes aus der Eigenwertgleichung $\tan \alpha_c l = \alpha_c l$ in das homogene Gleichungssystem ergibt den Lösungsvektor $A = -\alpha_c l B$,

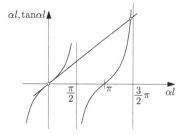

Bild 8.19. Zur Eigenwertbestimmung

$B = B$, $M_0/F = \alpha_c l B$ und damit die Knickform

$$v = B(-\alpha_c l \cos \alpha_c z + \sin \alpha_c z + \alpha_c l - \alpha_c z) = B\left[\alpha_c l(1 - \cos \alpha_c z) + \sin \alpha_c z - \alpha_c z\right].$$

Die ausgeführte Lösung ist in dem Problem nach Bild 8.17 enthalten, wenn dort eine antisymmetrische Knickform mit Nulldurchgang bei $z = l/2$ und antisymmetrische Lagerreaktionen benutzt werden. □

Die vier Lagerungsfälle des Knickstabes nach den Bildern 8.12, 8.13, 8.18 und 8.17 sind als EULER-Fälle bekannt. Bild 8.20 fasst sie nochmals in Verbindung mit der Knickkraftformel

$$F_K = \frac{\pi^2 E I_{\min}}{l_K^2} \tag{8.87}$$

zusammen, wobei l_K die so genannte Knicklänge und $I_{\min}$ das minimale Hauptträgheitsmoment des Stabquerschnittes bezeichnen.

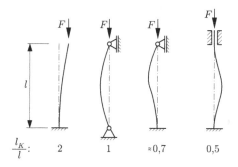

Bild 8.20. Zu den Knicklängen der EULER-Fälle

❯ 8.3.3 Knickstäbe mit mehreren Bereichen

Zur Berechnung der kritischen Knickkräfte nach der Theorie 2. Ordnung für elastische Stäbe, die mehrfache Unterstützungen oder abschnittsweise verschiedene Biegesteifigkeiten besitzen, werden Bereiche eingeteilt, so dass innerhalb jedes Bereiches die Gleichung der elastischen Linie zu integrieren ist. Die zusätzlich auftretenden Integrationskonstanten folgen aus den Übergangsbedingungen an den Bereichsgrenzen. Wir betrachten hierzu exemplarisch den Stab mit zwei Bereichen nach Bild 8.21 und bestimmen die Eigenwertgleichung sowie die kritische Knickkraft für $a = b$.

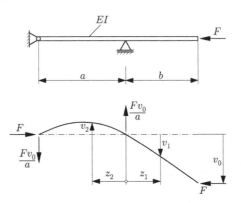

Bild 8.21. Knickstab mit zwei Bereichen

In der Freischnittskizze sind die Lagerkräfte, welche die Gleichgewichtsbilanzen erfüllen, und die verwendeten Koordinaten eingetragen. Die Momentenbilanzen bezüglich der Schnittstellen S_1, S_2 in den einzelnen Bereichen (Bild 8.22) und die dazugehörigen Gleichungen der elastischen Linie lauten mit $\alpha^2 = F/(EI)$

$$EIv_1'' = -M_1 = -\big[-(v_0 - v_1)F\big]\,, \qquad v_1'' + \alpha^2 v_1 = \alpha^2 v_0\,,$$
$$EIv_2'' = -M_2 = -\Big[Fv_2 + F\frac{v_0}{a}(a - z_2)\Big]\,, \quad v_2'' + \alpha^2 v_2 = \alpha^2 v_0\Big[\frac{z_2}{a} - 1\Big]\,.$$

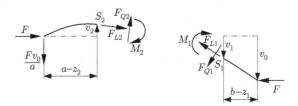

Bild 8.22. Freischnittskizzen der Bereiche

Die allgemeinen Lösungen der beiden Differenzialgleichungen sind

$$v_1 = A\cos\alpha z_1 + B\sin\alpha z_1 + v_0\,,$$
$$v_2 = C\cos\alpha z_2 + D\sin\alpha z_2 + v_0\big[(z_2/a) - 1\big]\,.$$

Außer der Definition $v_0 = v_1(b)$ liegen vier Rand- und Übergangsbedingungen vor:

$$v_1(b) = v_0 = A\cos\alpha b + B\sin\alpha b + v_0 \ , \qquad v_1(0) = 0 = A + v_0 \ ,$$
$$v_2(0) = 0 = C - v_0 \ , \qquad v_2(a) = 0 = C\cos\alpha a + D\sin\alpha a \ ,$$
$$v_1'(0) = \alpha B = v_2'(0) = \alpha D + v_0/a \ .$$

Nach Elimination von $A = -v_0$ und $C = v_0$ muss die Koeffizientendeterminante des homogenen Gleichungssystems für die verbliebenen Unbekannten B, D und v_0 null·gesetzt werden:

$$\begin{vmatrix} \sin\alpha b & 0 & -\cos\alpha b \\ 0 & \sin\alpha a & \cos\alpha a \\ -\alpha a & \alpha a & 1 \end{vmatrix}$$

$$= \sin\alpha a \sin\alpha b - \alpha a \sin\alpha a \cos\alpha b - \alpha a \cos\alpha a \sin\alpha b = 0 \ .$$

Diese Eigenwertgleichung lässt sich für $\sin\alpha a \sin\alpha b \neq 0$ auch als

$$1 - \alpha a(\cot\alpha b + \cot\alpha a) = 0$$

schreiben. Sie wäre bei gegebenen Abmessungsverhältniss a/b auszuwerten. Wir betrachten nur den Sonderfall $a = b$. Dann ergibt sich der niedrigste Eigenwert aus $\tan\alpha a = 2\alpha a$ zu $\alpha a = 1,166$. Die kritische Knickkraft hat damit den Wert $F_c = 0,138\pi^2 EI/a^2$, der deutlich unter dem des beiderseits gelagerten EULER-Stabes mit der Knicklänge a liegt.

❷ 8.3.4 Begrenzung der elastischen Theorie infolge Plastizität

In Abschnitt 1.3 wurde am Beispiel des Spannungsdehnungsdiagrammes eines duktilen Baustahles gezeigt, dass sich außerhalb des elastischen Bereiches ein Gebiet mit elastoplastischem Verhalten anschließt. Mögliche für Zug und Druck gleiche Idealisierungen dieser Materialeigenschaft sind in Bild 8.23 dargestellt.

Bei Knickproblemen ist es üblich, im Gegensatz zu Bild 1.3b und (1.6) eine positive Druckspannung als eine auf das Flächenelement hinzeigende Normalflächenkraft zu benutzen.

Bild 8.23. Zur Idealisierung elastoplastischen Materialverhaltens

Knickstäbe müssen so dimensioniert werden, dass die im Stab wirkende Druckspannung weder die Knickdruckspannung noch die Fließdruckspannung überschreitet. Die positive Druckspannung σ_d der Stäbe nach Bild 8.20 ist durch

$$\sigma_d = \frac{F}{A} \tag{8.88}$$

definiert. Zur kritischen Knickkraft gehört gemäß (8.87) die positive Knickspannung

$$\sigma_K = \frac{F_K}{A} = \frac{\pi^2 E I_{\min}}{A l_K^2} \ , \tag{8.89}$$

die mittels der Definitionen des Trägheitsradius $i = \sqrt{I_{\min}/A}$ und des so genannten Schlankheitsgrades

$$\lambda = \sqrt{A l_K^2 / I_{\min}} = l_K / i \tag{8.90}$$

in

$$\sigma_K = \pi^2 \frac{E}{\lambda^2} \tag{8.91}$$

umgeformt wird. Sie hängt hyperbolisch vom Schlankheitsgrad λ ab (so genannte EULER-Hyperbel, vgl. Bild 8.24). Die oben ausgesprochenen, beide zu erfüllenden Dimensionierungsbedingungen lauten damit:

$$\sigma_d < \sigma_K \ , \qquad \sigma_d < \sigma_F \ . \tag{8.92a,b}$$

Die in den Ungleichungen (8.92) auftretenden Grenzen σ_K und σ_F sind in Bild 8.24 eingezeichnet.

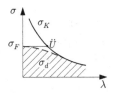

Bild 8.24. Zur Begrenzung des elastischen Knickens

Zur Veranschaulichung der nötigen Schlankheitsgrade für elastisches Knicken werde der Übergangspunkt $\ddot{U}$ bestimmt. Dort gilt $\sigma_F = \sigma_K$ und folglich $\lambda = \pi \sqrt{E/\sigma_F}$. Wird z. B. für einen Stahl $E/\sigma_F \approx 10^3$ angenommen, so muss der Schlankheitsgrad die Bedingung $\lambda \gtrless 100$ erfüllen. Bei einer Knicklänge $l_K = l$ und kreisförmigem Stabquerschnitt mit dem Radius R ergibt sich aus (8.90) für das Verhältnis von Stablänge zu Stabradius $l/R \gtrless 50$.

Infolge elastoplastischen Knickens, das hier nicht behandelt werden kann, tritt im Übergangsbereich zwischen Fließen des gesamten Stabquerschnittes und rein elastischem Knicken eine weitere, gestrichelt angegebene Begrenzungslinie auf. Diese kann in die erforderlichen Sicherheitsfaktoren eingearbeitet werden, welche die Grenzspannungen der Ungleichungen in zulässige Spannungen überführen und dabei insbesondere auch geometrische Imperfektionen und andere Unzulänglichkeiten der Modelle berücksichtigen.

Kapitel 9

**Rotationssymmetrische
Spannungszustände**

9

9 Rotationssymmetrische Spannungszustände

Im Folgenden werden Rotationskörper betrachtet, die rotationssymmetrisch belastet sind, so dass der Spannungszustand nicht von der Umfangskoordinate abhängt und eine Hauptachse des Spannungszustandes in Umfangsrichtung zeigt. Die genannten Eigenschaften des Spannungszustandes gelten wegen der vorausgesetzten Isotropie des Materials auch für den Verzerrungszustand.

9.1 Membrantheorie von Rotationsschalen

Rotationssymmetrische Spannungszustände können auf Zweiachsigkeit beschränkt sein (vgl. Abschnitt 2.2). Wir geben hierfür zwei technisch wichtige Beispiele an.

Die dünnwandige Kugelschale nach Bild 9.1 mit $h \ll R$ unterliege dem statischen Innendruck p, der z. B. durch eine Gasfüllung auf die Innenwand ausgeübt wird.

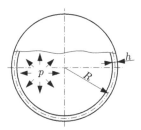

Bild 9.1. Dünnwandige Kugelschale unter Innendruck

Wegen der Dünnwandigkeit der Kugelschale darf die statische Annahme getroffen werden, dass die tangential zur Umfangsrichtung orientierte Normalspannung σ_t gleichmäßig über der Wanddicke h verteilt ist. Eine solche über der Wanddicke konstante Normalspannung heißt Membranspannung.

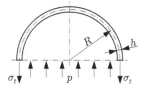

Bild 9.2. Durchmesserschnitt der Kugelschale

Der Durchmesserschnitt gemäß Bild 9.2 erlaubt, die Kräftebilanz für eine Kugelschalenhälfte aufzustellen, wobei die Schnittfläche durch den Radius R

der Schalenmittelfläche und die Wanddicke h ausgedrückt werden kann. Es folgt

$$\uparrow: \quad \pi R^2 \cdot p - 2\pi R h \cdot \sigma_t = 0$$

bzw.

$$\sigma_t = \frac{pR}{2h} . \tag{9.1}$$

Schubspannungen treten an dem betrachteten Schnitt wegen Symmetrie nicht auf. Deshalb ist die Umfangsspannung eine Hauptspannung.

Die statische Annahme gleichmäßig über der Wanddicke verteilter Normalspannungen wird auch für die dünnwandige geschlossenen Zylinderschale unter Innendruck nach Bild 9.3a übernommen. Sie gilt in einem Segment S der Länge b. Die Begrenzungsebenen des Segmentes senkrecht zur Zylinderachse müssen eine hinreichende Entfernung a von den Zylinderböden besitzen.

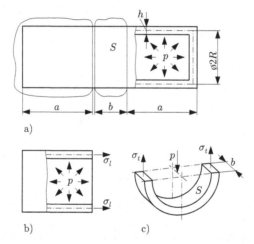

a)

b)   c)

Bild 9.3. Dünnwandige geschlossene Zylinderschale unter Innendruck a), Durchmesserschnitt b) und Axialschnitt c)

Wegen der zweifach zusammenhängenden Form des Zylinders gilt hier das Prinzip von DE SAINT VENANT (vgl. Abschnitt 10.1) in einer modifizierten Form. Ohne Beweis sei darauf verwiesen, dass das Abklingverhalten der Störung infolge der Zylinderböden durch die charakteristische Länge $\sqrt{Rh}$ bestimmt wird. Die Entfernung a sollte um einen gewissen Faktor größer als diese Abklinglänge sein, wobei der Faktor von den Genauigkeitsanforderungen abhängt.

Die Kräftebilanz für den Zylinderteil nach Bild 9.3b liefert die Längsspannung σ_l.

$$\rightarrow: \quad 2\pi R h \cdot \sigma_l - \pi R^2 p = 0 , \qquad \sigma_l = \frac{pR}{2h} . \tag{9.2}$$

Für die Umfangsspannung σ_t ergibt sich gemäß Bild 9.3c

$$\uparrow:\quad 2bh\cdot\sigma_t - 2Rb\cdot p = 0\ ,\qquad \sigma_t = \frac{pR}{h} = 2\sigma_l\ , \tag{9.3}$$

also das Doppelte der Längsspannung σ_l. In Bild 9.3b, c wurden nur die Schnittflächenkräfte eingetragen, die in die Bilanzen (9.2) und (9.3) eingehen. Die Gleichungen (9.2) und (9.3) beinhalten statische Bestimmtheit.

Die betrachteten Schnittflächen sind wegen Symmetrie wieder frei von Schubspannungen, und die beiden Spannungen σ_l und σ_t, die auch als Membranspannungen bezeichnet werden, stellen Hauptspannungen dar.

Die Beziehungen (9.1) bis (9.3) werden Kesselformeln genannt. In sie geht das Verhältnis $R/h \gg 1$ ein, woraus $\sigma_l, \sigma_t \gg p$ folgt. Deshalb kann in allen Fällen die Radialspannung σ_r, deren Betrag in der Kesselwand von $|\sigma_r| = p$ am Innenrand auf $|\sigma_r| = 0$ am Außenrand abnimmt, im Vergleich zu σ_l und σ_t vernachlässigt werden. Dies muss nicht mehr gelten, wenn gleichzeitig Innen- und Außendruck auftreten. Die Formeln (9.1) bis (9.3) dürfen dann immer noch angewendet werden, sofern vorherrschender Außendruck nicht Ausbeulen der Schalen verursacht. Statt des Druckes p ist die Differenz zwischen Innen- und Außendruck einzusetzen.

Bei reinem Innen- oder Außendruck führen die Kesselformeln näherungsweise auf zweiachsige Spannungszustände in bekannten Hauptrichtungen. Das Hauptachsensystem des ebenen Spannungszustandes in der Kugelschale liegt wegen der Gleichheit der beiden von null verschiedenen Hauptspannungen mit beliebiger Orientierung parallel zur Tangentialebene der Schalenmittelfläche. Die Hauptachsen des ebenen Spannungszustandes in der Zylinderschale sind parallel zu einer Mantellinie und zur Umfangsrichtung orientiert.

Wir untersuchen noch die radiale Aufweitung ΔR_K der Kugelschale (Bild 9.4).

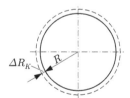

Bild 9.4. Zur radialen Aufweitung der Kugelschale

Dazu gehen wir von der Tangential- oder Umfangsdehnung ε_{tK} der Kugel

$$\varepsilon_{tK} = \frac{2\pi(R + \Delta R_K) - 2\pi R}{2\pi R} = \frac{\Delta R_K}{R} \tag{9.4}$$

aus. In (9.4) wurde die Umfangsänderung auf den Umfang bezogen. Das HOOKEsche Gesetz hat für die lokale Orientierung des Hauptachsensystems

des ebenen Spannungszustandes anstelle des kartesischen Bezugssystems von
(2.52) bis (2.54) die Form

$$\varepsilon_{tK} = \frac{1}{E}(\sigma_t - \nu\sigma_t) = \frac{1-\nu}{E}\sigma_t \tag{9.5}$$

bzw. mit (9.1) und (9.4)

$$\varepsilon_{tK} = \frac{1-\nu}{E} \cdot \frac{pR}{2h} = \frac{\Delta R_K}{R} \; . \tag{9.6}$$

Im Fall der Zylinderschale ist die Umfangsdehnung ε_{tZ} infolge der radialen
Aufweitung ΔR_Z im ungestörten Segment S (Bild 9.3a) analog zu (9.4)

$$\varepsilon_{tZ} = \frac{\Delta R_Z}{R} \; . \tag{9.7}$$

Das HOOKEsche Gesetz (2.52) bis (2.54) für den ebenen Spannungszustand
im lokal orientierten Hauptachsensystem des Zylindersegmentes S ergibt mit
(9.2) und (9.3) sowie (9.7)

$$\varepsilon_{tZ} = \frac{1}{E}(\sigma_t - \nu\sigma_l) = \frac{2-\nu}{E}\frac{pR}{2h} = \frac{\Delta R_Z}{R} \; . \tag{9.8}$$

Aus (9.6) und (9.8) folgt

$$\frac{\Delta R_Z}{\Delta R_K} = \frac{2-\nu}{1-\nu} > 1 \; . \tag{9.9}$$

Dieses Ergebnis hat Konsequenzen, wenn ein Kessel z. B. aus einem Kreiszylinder und halbkugeligen Böden zusammengesetzt wird. Die infolge Innendruck verursachten unterschiedlichen Aufweitungen der Teile müssen durch
entsprechende Biegeverformungen ausgeglichen werden (Bild 9.5).

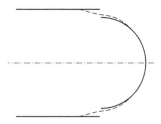

Bild 9.5. Biegeverformungen eines zusammengesetzten Kessels

Zusätzlich zu den schon vorhandenen Membranspannungen enstehen dann
noch Biegenormal- und Querkraftschubspannungen. Dies gilt sinngemäß auch
für andere Formen der Kesselböden. Auf die entsprechenden Details kann hier
nicht eingegangen werden.

9.2 Kreiszylinder und Kreisscheiben

Die im Folgenden zu untersuchenden Rotationskörper haben die Form von Kreiszylindern oder Kreisscheiben. Hohlzylinder und Ringscheiben werden mit einbezogen. Mögliche rotationssymmetrische Belastungen sind Innendruck, Außendruck, Längskräfte, Temperaturfelder mit radialen Gradienten und Trägheitskräfte infolge konstanter Winkelgeschwindigkeit um die Achse der Rotationskörper. Alle Lasten werden als unabhängig von den Koordinaten in Umfangs- und Achsrichtung angenommen. Rotationssymmetrische Spannungszustände können auch durch rotationssymmetrische Radialverschiebungen verursacht werden. Die genannten Modelle idealisieren Bauteile wie Wellen, Naben, rotierende Scheiben u. Ä. Ihr Studium hat deshalb unmittelbare technische Bedeutung. Darüber hinaus können die dabei gewonnenen analytischen Ergebnisse als Grundlage der notwendigen Tests von Computerrechnungen dienen. Wegen der kreiszylindrischen Geometrie ist es zweckmäßig, ein Zylinderkoordinatensystem zu benutzen.

❯ 9.2.1 Grundlagen

Wie schon bei Ermittlung der Beanspruchungen in Stäben infolge Zug, Torsion oder Biegung beruht auch die Berechnung von Spannungen und Verformungen der rotationssymmetrisch belasteten kreiszylindrischen Körper auf der gemeinsamen Lösung der lokalen statischen, kinematischen und stofflichen Gleichungen.

Zur Formulierung der lokalen statischen Bilanzen betrachten wir den Kreisrohrzylinder mit den Zylinderkoordinaten r, φ, z nach Bild 9.6.

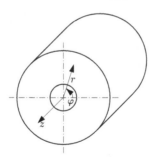

Bild 9.6. Kreisrohrzylinder mit Zylinderkoordinaten

An der Stelle r, φ, z befindet sich ein Volumenelement, das durch die Koordinatenflächen $r = k_r$, $\varphi = k_\varphi$ und $z = k_z$ sowie durch die Koordinatenflächen $r = k_r + dr$, $\varphi = k_\varphi + d\varphi$ und $z = k_z + dz$ begrenzt wird, wobei die Größen k_r, k_φ und k_z Konstanten darstellen. Dieses Volumenelement ist in Bild 9.7a, b herausgeschnitten und mit zwei Ansichten vergrößert dargestellt worden. An den Schnittflächenelementen greifen elementare Schnittkräfte an, die sich aus den jeweiligen Flächenkräften (Spannungen) σ_r, σ_φ und σ_z, multipliziert mit den dazugehörigen Flächenelementen, ergeben. In allen Teilskizzen von Bild 9.7 sind nur die in der Zeichenebene liegenden elementaren (differenziellen) Schnittkräfte eingetragen.

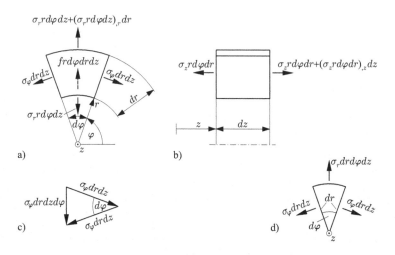

Bild 9.7. Volumenelement mit elementaren Kräften

In Übereinstimmung mit der Rotationssymmetrie bleiben Vorder- und Rückseite des Volumenelementes gemäß Bild 9.7a frei von Schubspannungen in Umfangsrichtung φ und die Flächen $\varphi = $ konst. frei von Schubspannungen in z-Richtung. Aus gleichem Grund entfallen die Schubspannungen an den Flächen $\varphi = $ konst. in r-Richtung. Für Zylinderlängen, die sehr viel größer als die Außendurchmesser sind, können außerhalb von Lasteinleitungsbereichen auch die Schubspannungen an Flächen $z = $ konst. in r-Richtung einschließlich der zugeordneten Schubspannungen weggelassen werden. Des Weiteren besitzt die Kraft $\sigma_\varphi dr dz$ kein Differenzial bezüglich der Winkeländerung $d\varphi$. Das Kraftdifferenzial $\sigma_r r d\varphi dz$ bekommt beim Fortschreiten um das Koordinatendifferenzial dr den Zuwachs $(\sigma_r r d\varphi dz)_{,r} dr$, wobei das Symbol $(...)_{,r} = \partial(...)/\partial r$ wie in Abschnitt 2.2 die partielle Ableitung nach r bezeichnet.

An dem Volumenelement greift auch eine mit der Rotationssymmetrie verträgliche Volumenkraft f in radialer Richtung, z. B. infolge Rotation des Zylinders, an. Sie wird in N/m^3 gemessen. Ihr Beitrag für die radiale Kräftebilanz ergibt sich durch Multiplikation mit dem Inhalt $r d\varphi dr dz$ des Volumenelementes.

In z-Richtung liege keine Volumenkraft vor. Dies zeigt Bild 9.7b. Das Symbol $(...)_{,z} = \partial(...)/\partial z$ bezeichnet wieder die partielle Ableitung, jetzt in z-Richtung.

Wegen der getroffenen Voraussetzungen geben die Koordinaten r, φ und z in jedem Körperpunkt die Hauptrichtungen des Spannungstensors mit den Hauptspannungen σ_r, σ_φ und σ_z an.

In der Kräftebilanz bezüglich der z-Richtung heben sich die elementaren Kräfte $\sigma_z r d\varphi dr$ heraus, so dass nur

$$(\sigma_z r d\varphi dr)_{,z} dz = r d\varphi dr dz \sigma_{z,z} = 0$$

bzw.

$$\sigma_{z,z} = 0 \tag{9.10}$$

verbleibt, da die Größen r, $d\varphi$ und dr bei partieller Ableitung nach z als Konstanten anzusehen sind. Wegen (9.10) und der Rotationssymmetrie kann die Axialspannung σ_z nur noch eine Funktion der Radiuskoordinate r sein.

In der Kräftebilanz bezüglich der r-Richtung in Bild 9.7a kompensieren sich die beiden elementaren Kräfte $\sigma_r r d\varphi dz$. Es muss jedoch die Resultierende der beiden elementaren Umfangskräfte $\sigma_\varphi dr dz$ gemäß Bild 9.7c berücksichtigt werden. Die radiale Kräftebilanz lautet damit

$$\uparrow: \quad f r d\varphi dr dz + (\sigma_r r d\varphi dz)_{,r} dr - \sigma_\varphi dr dz d\varphi = 0$$

bzw. mit der Notation $(...)_{,r} = \partial(...)/\partial r = (...)'$

$$(\sigma_r r)' - \sigma_\varphi + f r = 0 . \tag{9.11}$$

Die beiden statischen Gleichungen (9.10) und (9.11) enthalten die drei Unbekannten σ_r, σ_φ und σ_z. Das Gleichungssystem ist also statisch unbestimmt. Ergänzend sei hier vermerkt, dass die in Zylinderkoordinaten geschriebenen lokalen Kräftebilanzen (9.10) und (9.11), abgesehen von der vorausgesetzten Rotationssymmetrie und den weggelassenen Schubspannungen, nichts grundsätzlich Neues gegenüber den in Kapitel 2 angedeuteten und in Kapitel 12 vollständig aufgeschriebenen kartesischen Darstellungen enthalten. Beide Varianten sind physikalisch äquivalent und lassen sich mit Hilfe der Tensoranalysis ineinander umrechnen. Da wir einerseits hier über dieses Werkzeug nicht verfügen und andererseits die lokalen Kräftebilanzen nicht in voller Allgemeinheit benötigen, stellten wir zweckmäßigerweise die lokalen Kräftebilanzen nochmals direkt in Zylinderkoordinaten auf.

Wegen der statischen Unbestimmtheit der Beziehungen (9.10) und (9.11) müssen die kinematischen und die stofflichen Gleichungen hinzugezogen werden.

Die kinematischen Zusammenhänge zwischen Verschiebungen und Verzerrungen liegen mit (2.43) schon vor. Hinsichtlich ihrer möglichen Umrechnung in Zylinderkoordinaten gilt das schon bezüglich der lokalen Kräftebilanzen

Gesagte, d. h. wir leiten die benötigten Gleichungen in Zylinderkoordinaten unter Ausnutzung der Rotationssymmetrie nochmals her. Für die beabsichtigte Verwendung des HOOKEschen Gesetzes, welches isotropes Material beschreibt, stimmen die Hauptrichtungen des Spannungs- und Verzerrungstensors überein, d. h. wegen (2.59) entfallen bezüglich der Hauptrichtungen r, φ, z mit den Schubspannungen auch die Schubverzerrungen.

Wir betrachten in Bild 9.8 das unverzerrte Kreisringsegment mit den Ecken A, B, C und D.

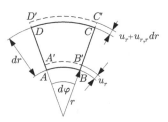

Bild 9.8. Zur Herleitung der Verzerrungen

Dieses Segment wird bei Gewährleistung der Rotationssymmetrie in das Segment mit den Ecken A', B', C' und D' verzerrt. Die radiale Dehnung ε_r des Segmentes ergibt sich aus der Verlängerung der Länge dr, bezogen auf die Länge dr. Dieser Sachverhalt kann durch die Radialverschiebung u_r des Punktes B nach B' und die Radialverschiebung $u_r + (\partial u_r / \partial r)dr = u_r + u_{r,r}dr$ des Punktes C nach C' ausgedrückt werden:

$$\varepsilon_r = \frac{\overline{B'C'} - \overline{BC}}{\overline{BC}} = \frac{dr + u_r + u_r'dr - u_r - dr}{dr} = u_{r,r} = u_r' \; . \tag{9.12}$$

Die Umfangsdehnung ε_φ folgt aus der Verlängerung des Bogens $rd\varphi$, bezogen auf die Länge dieses Bogens, unter Zuhilfenahme der Radialverschiebung u_r des Punktes B nach B', also aus

$$\varepsilon_\varphi = \frac{\widehat{A'B'} - \widehat{AB}}{\widehat{AB}} = \frac{(r + u_r)d\varphi - rd\varphi}{rd\varphi} = \frac{u_r}{r} \; . \tag{9.13}$$

Die Axialdehnung ε_z berechnet sich wegen der rechtwinkligen Anordnung gemäß Bild 9.7b aus der Axialverschiebung u_z wie in kartesischen Koordinaten nach (2.40) mittels der partiellen Ableitung

$$\varepsilon_z = \frac{\partial u_z}{\partial z} \; . \tag{9.14}$$

Wegen des Verschwindens der Schubverzerrungen in dem Zylinderkoordinatensystem zeigen die Koordinaten r, φ und z in jedem Körperpunkt die

Hauptrichtungen des Verzerrungstensors mit den Hauptwerten ε_r, ε_φ und ε_z an.

Als Materialgleichungen dienen die Beziehungen (2.60) des HOOKEschen Gesetzes einschließlich Temperaturglied. Es sind nur die kartesischen Indizes x, y und z durch die Indizes r, φ und z des Zylinderkoordinatensystems auszutauschen. Das ist erlaubt, weil beide Bezugssysteme orthonormiert und die Gleichungen (2.60) rein algebraischer Natur, d. h. frei von Ortsableitungen, sind. Die an verschiedenen Körperpunkten unterschiedliche Orientierung des Zylinderkoordinatensystems gegenüber der an allen Körperpunkten gleichen Orientierung des kartesischen Koordinatensystems wird infolge der lokalen Gültigkeit des HOOKEschen Gesetzes berücksichtigt. Das Ergebnis der Umbenennung lautet

$$\varepsilon_r = \frac{1}{E}[\sigma_r - \nu(\sigma_\varphi + \sigma_z)] + \alpha\Delta T \; ,$$

$$\varepsilon_\varphi = \frac{1}{E}[\sigma_\varphi - \nu(\sigma_r + \sigma_z)] + \alpha\Delta T \; , \qquad (9.15\text{a,b,c})$$

$$\varepsilon_z = \frac{1}{E}[\sigma_z - \nu(\sigma_r + \sigma_\varphi)] + \alpha\Delta T \; .$$

Im Folgenden werden die Lasten weiter spezifiziert.

❯ 9.2.2 Ebener Spannungszustand

Der ebene Spannungszustand für scheibenförmige Körper wurde bereits in Abschnitt 2.2 besprochen. Er wird jetzt durch die Rotationssymmetrie eingeschränkt. Wir nehmen eine konstante Scheibendicke an, die wesentlich kleiner als der Radius einer Vollscheibe bzw. als die Radiusdifferenz einer Ringscheibe ist. Die äußeren Kräfte seien parallel zur Scheibenebene orientiert und gleichmäßig über der Scheibendicke verteilt. Dann bleibt die Scheibe näherungsweise frei von Normal- und Schubspannungen in z-Richtung.

Die einzige verbleibende unabhängige Ortsvariable, von der Spannungen und Dehnungen abhängen, ist der Radius r. Der Verschiebungszustand in der r, φ-Ebene kann allein durch die Radialverschiebung u_r beschrieben werden. Das Ziel der anschließenden Überlegungen besteht deshalb darin, eine Gleichung zur Bestimmung der Funktion $u_r(r)$ aufzustellen.

Zunächst lösen wir das Gleichungssystem (9.15a, b) unter Beachtung von $\sigma_z = 0$ nach den Spannungen σ_r und σ_φ auf.

$$\sigma_r = \frac{E}{1 - \nu^2}\left[\varepsilon_r + \nu\varepsilon_\varphi - (1 + \nu)\alpha\Delta T\right] \; , \qquad (9.16\text{a})$$

$$\sigma_\varphi = \frac{E}{1 - \nu^2}\left[\varepsilon_\varphi + \nu\varepsilon_r - (1 + \nu)\alpha\Delta T\right] \; . \qquad (9.16\text{b})$$

Einsetzen in die Gleichgewichtsgleichung (9.11) ergibt für konstante Materialparameter E, ν und α zunächst

$$\sigma_r' r + \sigma_r - \sigma_\varphi + fr$$

$$= \frac{E}{1-\nu^2} \left[r(\varepsilon_r + \nu \varepsilon_\varphi)' + (1-\nu)(\varepsilon_r - \varepsilon_\varphi) - r(1+\nu)\alpha \Delta T' \right] + fr = 0$$

bzw. nach Substitution von $\varepsilon_r = u_r'$ und $\varepsilon_\varphi = u_r/r$ aus (9.12) und (9.13) sowie Division durch r

$$u_r'' + \frac{u_r'}{r} - \frac{u_r}{r^2} = \left[\frac{1}{r}(ru_r)' \right]' = (1+\nu)\alpha \Delta T'(r) - \frac{1-\nu^2}{E} f(r) . \qquad (9.17)$$

Von der Richtigkeit des mittleren Terms überzeugt man sich durch Ausdifferenzieren.

Die Beziehung (9.17) stellt eine gewöhnliche lineare inhomogene Differenzialgleichung für die gesuchte Radialverschiebungsfunktion $u_r(r)$ dar. Ihre allgemeine Lösung ist bei gegebenen Störfunktionen $\Delta T(r)$ und $f(r)$ unter Nutzung des mittleren Terms von (9.17) durch direkte Integration bestimmbar. Wegen der zweiten Ordnung der Differenzialgleichung werden zur Bestimmung spezieller Lösungen zwei Randbedingungen benötigt. Wie in den Abschnitten 2.2 und 2.4 schon bemerkt, sind an jedem der beiden Ränder statische Festlegungen mittels des Spannungsvektors oder kinematische mittels des Verschiebungsvektors zu treffen, die beide aus der technischen Aufgabenstellung gewonnen werden müssen. Da das vorliegende Problem eben und rotationssymmetrisch ist, verbleiben nur Festlegungen für die radiale Richtung. Die diesbezügliche Koordinate des Spannungsvektors ist die Flächenkraft Radialspannung σ_r, die entsprechende Koordinate des Verschiebungsvektors die Radialverschiebung u_r. An einem Rand ist nur eine von beiden Vektorkoordinaten vorgebbar. Es existieren jedoch immer zwei Ränder, so dass zwei Randbedingungen zu formulieren sind. Bei Vollscheiben entartet der Innenrand zu einem Punkt, dem Mittelpunkt der Scheibe. Dort müssen die Radialspannung σ_r und die Umfangsspannung σ_φ übereinstimmen. Denn nach Bild 9.7c, d gilt für $r = 0$ die Bilanz

$$\uparrow : \quad \sigma_r dr d\varphi dz - \sigma_\varphi dr dz d\varphi = 0$$

und folglich $\sigma_r = \sigma_\varphi$.

In technischen Anwendungen kommt als Volumenkraft die Trägheitskraft infolge Rotation um die z-Achse vor. Ihre Größe beträgt

$$f(r) = \rho \omega^2 r , \qquad (9.18)$$

wobei ω die Winkelgeschwindigkeit und ρ die Dichte bezeichnen. Einsetzen in (9.17) und zweimalige Integration liefern nacheinander

$$(ru_r)' = 2C_1 r + (1+\nu)\alpha\Delta T r - \frac{1-\nu^2}{2E}\rho\omega^2 r^3 ,$$

$$u_r = C_1 r + \frac{C_2}{r} + (1+\nu)\frac{\alpha}{r}\int\limits_a^r \Delta T \bar{r} d\bar{r} - \frac{1-\nu^2}{8E}\rho\omega^2 r^3 . \qquad (9.19)$$

Wie erwartet, treten zwei Integrationskonstanten $2C_1$ bzw. C_1 und C_2 auf. Die untere Integrationsgrenze a ist beliebig wählbar, sofern die Integrationskonstante C_2 noch nicht festliegt. Sie kann z. B. bei einer Ringscheibe gleich dem Innenradius und bei einer Vollscheibe null gesetzt werden.

Zur Berechnung der Spannungen σ_r und σ_φ setzen wir die Verzerrungen ε_r und ε_φ aus (9.12) und (9.13) in (9.16) ein:

$$\sigma_r = \frac{E}{1-\nu^2}\left[u_r' + \nu\frac{u_r}{r} - (1+\nu)\alpha\Delta T\right] , \qquad (9.20a)$$

$$\sigma_\varphi = \frac{E}{1-\nu^2}\left[\frac{u_r}{r} + \nu u_r' - (1+\nu)\alpha\Delta T\right] . \qquad (9.20b)$$

Die Spannungen (9.20) sind durch die Radialverschiebung (9.19) ausdrückbar. Hierzu führen wir noch die neuen Konstanten

$$K_1 = \frac{E}{1-\nu}C_1 , \qquad K_2 = \frac{E}{1+\nu}C_2 \qquad (9.21a,b)$$

ein. Die Radialverschiebung u_r sowie die Spannungen σ_r und σ_φ lauten dann

$$u_r = \frac{1-\nu}{E}K_1 r + \frac{1+\nu}{E}\frac{K_2}{r} + (1+\nu)\frac{\alpha}{r}\int\limits_a^r \Delta T \bar{r} d\bar{r} - \frac{1-\nu^2}{8E}\rho\omega^2 r^3 , \quad (9.22)$$

$$\sigma_r = K_1 - \frac{K_2}{r^2} - \frac{E\alpha}{r^2}\int\limits_a^r \Delta T \bar{r} d\bar{r} - \frac{3+\nu}{8}\rho\omega^2 r^2 , \qquad (9.23)$$

$$\sigma_\varphi = K_1 + \frac{K_2}{r^2} - E\alpha\left[\Delta T - \frac{1}{r^2}\int\limits_a^r \Delta T \bar{r} d\bar{r}\right] - \frac{1+3\nu}{8}\rho\omega^2 r^2 . \qquad (9.24)$$

Wir betrachten jetzt den homogenen Sonderfall $\Delta T \equiv 0$, $\omega = 0$. Gegeben sei die Ringscheibe nach Bild 9.9 unter bekanntem radialen Innenzug σ_i und Außenzug σ_a.

Es gilt nach (9.23) und (9.24)

$$\sigma_r = K_1 - \frac{K_2}{r^2} , \qquad \sigma_\varphi = K_1 + \frac{K_2}{r^2} . \qquad (9.25a,b)$$

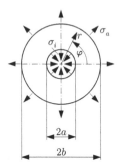

Bild 9.9. Ringscheibe unter radialem Innen- und Außenzug

Die Randbedingungen sind statischer Natur, da an den beiden Rändern die radialen Flächenkräfte σ_i und σ_a gegeben sind. Sie lauten

$$\sigma_r(a) = \sigma_i , \qquad \sigma_r(b) = \sigma_a \qquad (9.26\text{a,b})$$

und liefern zusammen mit (9.25a) das Gleichungssystem

$$K_1 - \frac{K_2}{a^2} = \sigma_i , \qquad K_1 - \frac{K_2}{b^2} = \sigma_a \qquad (9.27\text{a,b})$$

für die beiden unbekannten Integrationskonstanten K_1 und K_2 mit der Lösung

$$K_1 = \frac{\sigma_a - \frac{a^2}{b^2}\sigma_i}{1 - \frac{a^2}{b^2}} , \qquad K_2 = \frac{a^2(\sigma_a - \sigma_i)}{1 - \frac{a^2}{b^2}} . \qquad (9.28\text{a,b})$$

Zur Veranschaulichung des Ergebnisses diene die gelochte Scheibe mit dem Radienverhältnis $a/b \to 0$. Dies führt auf $K_1 = \sigma_a$ und $K_2 = a^2(\sigma_a - \sigma_i)$. Zwei Belastungssituationen seien für die Auswertung von (9.25) gegeben:
a) Der Innenzug verschwindet, d.h. $\sigma_i = 0$.

$$K_1 = \sigma_a, \quad K_2 = a^2\sigma_a, \quad \sigma_r = \sigma_a(1 - \frac{a^2}{r^2}), \quad \sigma_\varphi = \sigma_a(1 + \frac{a^2}{r^2}). \quad (9.29)$$

Die Spannungsverläufe sind in Bild 9.10a qualitativ dargestellt.
Die Kontrolle der Radialspannung an den Rändern $r = a$ und $r = b$ bestätigt die Erfüllung der statischen Randbedingungen. Für die Umfangsspannung σ_φ ergibt sich am Lochrand $\sigma_\varphi(a) = 2\sigma_a$, d.h. eine Spannungsüberhöhung um den so genannten Formfaktor $\sigma_\varphi(a)/\sigma_a = 2$ gegenüber dem Wert $\sigma_\varphi(b) = \sigma_a$ weit weg vom Lochrand. Dieses wichtige Ergebnis ist bei der Dimensionierung von gelochten Scheiben unter Sprödbruchbedingungen zu berücksichtigen.

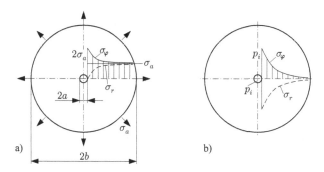

Bild 9.10. Spannungen in einer gelochten Scheibe unter Außenzug a) und Innendruck b)

b) Der Außenzug verschwindet, während am Innenrand der radiale Druck p_i herrscht, d. h. $\sigma_a = 0$, $\sigma_i = -p_i$.

$$K_1 = 0 , \quad K_2 = a^2 p_i , \quad \sigma_r = -p_i \frac{a^2}{r^2} , \quad \sigma_\varphi = p_i \frac{a^2}{r^2} . \tag{9.30}$$

Bild 9.10b enthält die qualitativen Spannungsverläufe. Die Radialspannungen am Innen- und Außenrand bestätigen wieder die Erfüllung der statischen Randbedingungen.

Für die Vollscheibe entartet ein Rand, wie schon bemerkt, zu einem Punkt, dem Mittelpunkt der Scheibe. Dort ist die Radialverschiebung (9.22) wegen Rotationssymmetrie null. Außerdem sind in diesem Sonderfall die Spannungen σ_r aus (9.23) und σ_φ aus (9.24) auf der Rotationsachse gleich groß, und sie bleiben beschränkt. Beide Forderungen bedingen $K_2 = 0$ und folglich

$$u_r = \frac{1 - \nu}{E} K_1 r , \qquad \sigma_r = \sigma_\varphi = K_1 . \tag{9.31}$$

Unterliegt die Vollscheibe am Außenrand der radialen Zugspannung σ_a, so ergibt sich ein homogener zweiachsiger Spannungszustand $\sigma_r = \sigma_\varphi = \sigma_a$, dessen Hauptachsen beliebig orientiert sind und der deshalb auch als isotrop in seiner Ebene bezeichnet wird. Die dazugehörige Radialverschiebung ist $u_r = (1 - \nu)\sigma_a r / E$, während sich die Verzerrungen aus (9.12) und (9.13) zu

$$\varepsilon_r = \varepsilon_\varphi = \frac{1 - \nu}{E} \sigma_a \tag{9.32}$$

ergeben. Dasselbe Ergebnis folgt aus (2.52), (2.53) mit $\sigma_z = 0$ und der Isotropie des Spannungszustandes $\sigma_x = \sigma_y = \sigma_a$.

Zur Untersuchung der erwärmten Vollscheibe ohne Volumenkraft nach Bild 9.11 benutzen wir die radiale Verschiebung in der Form (9.19)

$$u_r = C_1 r + \frac{C_2}{r} + (1 + \nu)\frac{\alpha}{r}\int_0^r \Delta T \bar{r}\, d\bar{r}\ .$$ (9.33)

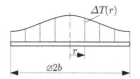

Bild 9.11. Erwärmte Vollscheibe

Die Forderung $u_r(0) = 0$ führt im dritten Summanden von (9.33) auf den unbestimmten Ausdruck 0/0. Hier kann die Regel von L'HOSPITAL (1661–1704) angewendet werden, wobei Zähler und Nenner durch ihre Ableitungen zu ersetzen sind:

$$\lim_{r \to 0}\frac{1}{r}\int_0^r \Delta T(\bar{r})\bar{r}\, d\bar{r} = \left.\frac{r\Delta T(r)}{1}\right|_{r=0} = 0\ .$$ (9.34)

Damit ergibt sich aus $u_r(0) = 0$ wieder $C_2 = 0$. Dieses Ergebnis liefert nach Einsetzen der Radialverschiebung (9.33) in (9.20a) die Radialspannung

$$\sigma_r = \frac{E}{(1 - \nu^2)}\left[(1 + \nu)C_1 - (1 - \nu^2)\frac{\alpha}{r^2}\int_0^r \Delta T \bar{r}\, d\bar{r}\right]\ .$$ (9.35)

Zur Bestimmung der verbliebenen Integrationskonstante C_1 dient die statische Randbedingung am kräftefreien Außenrand $r = b$. Sie lautet

$$\sigma_r(b) = 0$$ (9.36)

bzw. mit (9.35)

$$C_1 = (1 - \nu)\frac{\alpha}{b^2}\int_0^b \Delta T r\, dr\ .$$ (9.37)

Die Radialspannung σ_r folgt durch Einsetzen von (9.37) in (9.35) zu

$$\sigma_r = E\alpha\left[\frac{1}{b^2}\int_0^b \Delta T(r)r\, dr - \frac{1}{r^2}\int_0^r \Delta T(\bar{r})\bar{r}\, d\bar{r}\right]$$ (9.38)

und die Umfangsspannung σ_φ mit $C_2 = 0$, (9.37), (9.33) und (9.20b) zu

$$\sigma_\varphi = E\alpha\left[\frac{1}{b^2}\int\limits_0^b \Delta T(r)rdr + \frac{1}{r^2}\int\limits_0^r \Delta T(\bar{r})\bar{r}d\bar{r} - \Delta T(r)\right] . \qquad (9.39)$$

In den Endergebnissen (9.38) und (9.39) wurde zur Erinnerung an die Ortsabhängigkeit des Temperaturfeldes das Argument r mitgeschrieben.

Beispiel 9.1
Für die rotationssymmetrisch erwärmte Vollscheibe nach Bild 9.12 sind die Radial- und die Tangentialspannungsverteilungen gesucht und mit der Voraussetzung $b = 2c$ grafisch darzustellen.

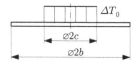

Bild 9.12. Vollscheibe mit speziellem Temperaturprofil

Lösung:
Es sind die allgemeinen Gleichungen (9.38) und (9.39) für das gegebene spezielle Temperaturprofil auszuwerten. Die in (9.38) und (9.39) enthaltenen Integrale lauten

$$\int\limits_0^r \Delta T(\bar{r})\bar{r}d\bar{r} = \begin{cases} \Delta T_0\frac{r^2}{2} , r \le c \\ \Delta T_0\frac{c^2}{2} , r > c \end{cases} , \qquad \int\limits_0^b \Delta T(r)rdr = \Delta T_0\frac{c^2}{2} .$$

Die analytischen Ausdrücke der Spannungen müssen für den erwärmten und den kalten Bereich getrennt aufgeschrieben werden. Mit der Abkürzung

$$E\alpha\Delta T_0 = \sigma_0$$

ergibt sich

$$0 \le r \le c , \qquad \frac{\sigma_r}{\sigma_0} = \frac{c^2}{2b^2} - \frac{1}{2} , \qquad \frac{\sigma_\varphi}{\sigma_0} = \frac{c^2}{2b^2} - \frac{1}{2} ,$$

$$c < r \le b , \qquad \frac{\sigma_r}{\sigma_0} = \frac{c^2}{2b^2} - \frac{c^2}{2r^2} , \qquad \frac{\sigma_\varphi}{\sigma_0} = \frac{c^2}{2b^2} + \frac{c^2}{2r^2} .$$

Die speziellen Abmessungen $b = 2c$ führen zu der Auftragung nach Bild 9.13. Im erwärmten Innenbereich herrscht ein ebener isotroper Spannungszustand $\sigma_r = \sigma_\varphi = \sigma_0$. Bei $r = c$ wird die notwendige Stetigkeit der radialen Flächenkraft σ_r erfüllt und am kräftefreien Außenrand die statische Bedingung $\sigma_r(b) = 0$ bestätigt. Die Umfangsspannung σ_φ springt bei $r = c$ vom

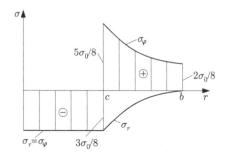

Bild 9.13. Radial- und Tangentialspannungsverläufe

negativen Wert $\sigma_\varphi = -3\sigma_0/8$ auf den maximalen positiven Wert $\sigma_\varphi = 5\sigma_0/8$, d. h. ihr Gradient bezüglich der Radiuskoordinate r ist dort unendlich groß. Dies hat keine Bedeutung für die Festigkeitsbewertung der Scheibe, da die Beanspruchung der Scheibe durch die Höhe der Spannungswerte und nicht der Spannungsgradienten gegeben ist.

Das Integral der Umfangsspannung über dem Durchmesser muss verschwinden, damit die globale Kräftebilanz der kräftefreien Scheibe erfüllt wird. Dies entspricht der Gleichheit der beiden mit „$\ominus$" bzw. „$\oplus$" gekennzeichneten, grob schraffierten Flächen in Bild 9.13.

Es sei noch angemerkt, dass die Anordnung nach Bild 9.12 eine erprobte Möglichkeit zur Festigkeitsprüfung spröder Materialien gegenüber der positiven Hauptspannung σ_φ bietet. $\Box$

Beispiel 9.2

Das elastische Material einer freien Vollscheibe mit dem Radius b besitzt die Querkontraktionszahl $\nu = 0,3$ und die Massendichte ρ. Die Vollscheibe rotiert mit der Winkelgeschwindigkeit ω. Gesucht sind die Spannungsverteilungen und die maximale Vergleichsspannung nach der Gestaltänderungsenergiehypothese.

Lösung:

Die Radialspannung infolge der durch die Rotation verursachten Fliehkraft ist mit (9.23)

$$\sigma_r = K_1 - \frac{K_2}{r^2} - \frac{3+\nu}{8}\rho\omega^2 r^2 \; .$$

Sie muss in diesem entarteten Sonderfall im Scheibenmittelpunkt beschränkt bleiben und außerdem am kräftefreien Außenrand die statische Randbedingung $\sigma_r(b) = 0$ erfüllen. Dies führt auf $K_2 = 0$ und $K_1 = (3+\nu)\rho\omega^2 b^2/8$.

Die Spannungen sind damit

$$\sigma_r = \frac{3+\nu}{8}\rho\omega^2(b^2 - r^2)\,,$$

$$\sigma_\varphi = \frac{3+\nu}{8}\rho\omega^2\left(b^2 - \frac{1+3\nu}{3+\nu}r^2\right)\,.$$

Die Verteilung der Spannungen ist für $\nu = 0,3$ und $\rho\omega^2 b^2/8 = \sigma_0$ in Bild 9.14 dargestellt.

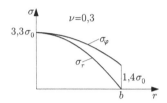

Bild 9.14. Spannungsverläufe der rotierenden Vollscheibe

Im Mittelpunkt $r = 0$ lassen sich die beiden Hauptspannungen σ_r und σ_φ nicht unterscheiden, d. h. $\sigma_r(0) = \sigma_\varphi(0)$.

Die Vergleichsspannung nach der Gestaltänderungsenergiehypothese für den ebenen Spannungszustand, ausgedrückt durch die Hauptspannungen σ_r, σ_φ und $\sigma_z = 0$, ist gemäß (6.10) durch

$$\sigma_{v3} = \sqrt{\sigma_r^2 - \sigma_r\sigma_\varphi + \sigma_\varphi^2}$$

gegeben. Die Randwerte von σ_{v3} sind $\sigma_{v3}(0) = 3,3\sigma_0$ und $\sigma_{v3}(b) = 1,4\sigma_0$. Zwischenwerte zeigen Monotonie der Funktion $\sigma_{v3}(r)$ an, so dass $\sigma_{v3}(0) = 3,3\sigma_0$ den maximalen und deshalb kritischen Vergleichsspannungswert darstellt, der eine zulässige Grenze nicht überschreiten darf. □

Beispiel 9.3

Eine Kreisringscheibe mit dem Innenradius $r = a$ und dem Außenradius $r = b = 2a$ wird am Innenrand radial um $\Delta u_r = 10^{-3}a$ aufgeweitet. Gesucht ist die maximale Umfangsspannung σ_φ. Der Elastizitätsmodul sei E. Für die Querdehnzahl gilt $\nu = 0,3$.

Lösung:

Es wird der homogene Lösungsanteil von (9.22) bis (9.24) berücksichtigt.

$$u_r = \frac{1-\nu}{E}K_1 r + \frac{1+\nu}{E}\frac{K_2}{r}\,,\quad \sigma_r = K_1 - \frac{K_2}{r^2}\,,\quad \sigma_\varphi = K_1 + \frac{K_2}{r^2}\,.$$

Die Randbedingungen am Innenrand $r = a$ und Außenrand $r = b$ lauten:

$$u_r(a) = \Delta u_r = \frac{1 - \nu}{E} K_1 a + \frac{1 + \nu}{E} \frac{K_2}{a} \,,$$

$$\sigma_r(b) = 0 = K_1 - \frac{K_2}{b^2} \,.$$

Die Auflösung des Gleichungssystems ergibt

$$K_1 = E \frac{\Delta u_r}{a} \cdot \frac{1}{1 - \nu + (1 + \nu)b^2/a^2} \,, \quad K_2 = E \frac{\Delta u_r}{a} \cdot \frac{b^2}{1 - \nu + (1 + \nu)b^2/a^2} \,.$$

Die Umfangsspannung σ_φ ist damit

$$\sigma_\varphi = K_1 + \frac{K_2}{r^2} = E \frac{\Delta u_r}{a} \cdot \frac{1}{1 - \nu + (1 + \nu)b^2/a^2} \left(1 + \frac{b^2}{r^2}\right) \,.$$

Ihr Maximalwert liegt am Innenrand $r = a$ vor. Er beträgt für $b = 2a$ und $\nu = 0,3$

$$\sigma_\varphi(a) = 0,847 E \frac{\Delta u_r}{a}$$

bzw. mit der relativen Aufweitung $\Delta u_r/a = 10^{-3}$

$$\sigma_\varphi(a) = 0,847 \cdot 10^{-3} E \,.$$

Dieser Wert befindet sich für höherfeste Stähle noch im elastischen Bereich.

$\square$

Abschließend sei nochmals angemerkt, dass der ebene Spannungszustand i. Allg. eine Näherung darstellt. Die Ursache hierfür ist, dass die gegenseitige Behinderung unterschiedlicher Querdehnungen nicht erfasst wird.

❯ 9.2.3 Ebener Verzerrungszustand

Wie in Abschnitt 2.4 definiert, liegt ein ebener Verzerrungszustand (EVZ) vor, wenn eine Hauptdehnung verschwindet. Im vorliegenden Zylinderkoordinatensystem zeigt die Koordinate z wegen der in Abschnitt 9.2.1 getroffenen Voraussetzungen eine Hauptrichtung des Spannungszustandes und wegen der Isotropie des Materials auch eine Hauptrichtung des Verzerrungszustandes an. Die Verzerrung ε_z stellt folglich eine Hauptdehnung dar. Sie wird null gesetzt. Mit dieser Information kann in (9.15c) die Axialspannung σ_z durch die Radialspannung σ_r und die Umfangsspannung σ_φ ausgedrückt werden.

$$\sigma_z = \nu(\sigma_r + \sigma_\varphi) - E\alpha\Delta T \,. \tag{9.40}$$

Einsetzen in die Radialdehnung ε_r aus (9.15a) ergibt

$$\varepsilon_r = \frac{1}{E}\left[\sigma_r - \nu(\sigma_\varphi + \nu\sigma_r + \nu\sigma_\varphi - E\alpha\Delta T)\right] + \alpha\Delta T .$$

Eine analoge Formel entsteht für ε_φ aus (9.15b). Beide Ausdrücke sind als

$$\varepsilon_r - (1+\nu)\alpha\Delta T = \frac{1-\nu^2}{E}(\sigma_r - \frac{\nu}{1-\nu}\sigma_\varphi) , \qquad (9.41a)$$

$$\varepsilon_\varphi - (1+\nu)\alpha\Delta T = \frac{1-\nu^2}{E}(\sigma_\varphi - \frac{\nu}{1-\nu}\sigma_r) \qquad (9.41b)$$

schreibbar. Zum Vergleich mit dem ebenen Spannungszustand (ESZ) werden die Beziehungen (9.15a) und (9.15b) mit $\sigma_z = 0$ nochmals angegeben:

$$\varepsilon_r - \alpha\Delta T = \frac{1}{E}(\sigma_r - \nu\sigma_\varphi) , \qquad (9.42a)$$

$$\varepsilon_\varphi - \alpha\Delta T = \frac{1}{E}(\sigma_\varphi - \nu\sigma_r) . \qquad (9.42b)$$

Offensichtlich entsteht (9.41) aus (9.42) mit Hilfe der Ersetzungsvorschrift

$$\left[\alpha, E, \nu\right]_{\text{ESZ}} \rightarrow \left[(1+\nu)\alpha, \frac{E}{1-\nu^2}, \frac{\nu}{1-\nu}\right]_{\text{EVZ}} . \qquad (9.43)$$

Die radiale Kräftebilanz (9.11) sowie die kinematischen Beziehungen (9.12) und (9.13) gelten sowohl für den ebenen Spannungszustand als auch für den ebenen Verzerrungszustand. Der allein zwischen (9.41) und (9.42) bestehende Unterschied wird durch Benutzung von (9.43) berücksichtigt. Er wirkt sich in (9.17) nur bezüglich der rechten Seite, welche die Störfunktion der Differenzialgleichung darstellt, aus. Die Anwendung von (9.43) auf die rechte Seite von (9.17) liefert die Gleichung der radialen Verschiebung u_r im ebenen Verzerrungszustand

$$\left[\frac{1}{r}(ru_r)'\right]' = \frac{1+\nu}{1-\nu}\alpha\Delta T' - \frac{(1-2\nu)(1+\nu)}{(1-\nu)E}f . \qquad (9.44)$$

Die homogenen Lösungen von (9.44) und (9.17) sind identisch, die dazugehörigen Ausdrücke für die Spannungen σ_r und σ_φ gemäß der homogenen Lösungsanteile in (9.23) und (9.24) ebenfalls.

Zur Erläuterung betrachten wir den axial unverschieblichen dickwandigen Kreiszylinder unter Innen- und Außendruck nach Bild 9.15.

Die Spannungen σ_r und σ_φ folgen aus den homogenen Anteilen von (9.23) und (9.24) bzw. aus (9.25a, b) zu

$$\sigma_r = K_1 - \frac{K_2}{r^2} , \qquad \sigma_\varphi = K_1 + \frac{K_2}{r^2} . \qquad (9.45a,b)$$

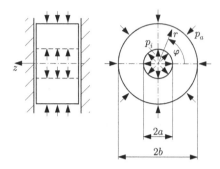

Bild 9.15. Kreiszylinder unter Innen- und Außendruck

Es liegen nur statische Randbedingungen

$$\sigma_r(a) = -p_i \,, \qquad \sigma_r(b) = -p_a \qquad \text{(9.46a,b)}$$

vor, so dass das Ergebnis von (9.28) mit $\sigma_i = -p_i$ und $\sigma_a = -p_a$ übernommen werden kann. Es lautet

$$K_1 = \frac{\frac{a^2}{b^2}p_i - p_a}{1 - \frac{a^2}{b^2}} \,, \qquad K_2 = \frac{a^2(p_i - p_a)}{1 - \frac{a^2}{b^2}} \,. \qquad \text{(9.47a,b)}$$

Die Axialspannung σ_z ergibt sich aus (9.40) für $\Delta T \equiv 0$ nach Einsetzen von (9.45) und (9.47a) zu

$$\sigma_z = 2\nu K_1 = 2\nu \frac{\frac{a^2}{b^2}p_i - p_a}{1 - \frac{a^2}{b^2}} = \text{konst.} \qquad \text{(9.48)}$$

Mit dem Resultat für die Spannungen σ_r, σ_φ und σ_z lässt sich dann die Radialverschiebung u_r über (9.13) und (9.15b) durch

$$u_r = r\varepsilon_\varphi = \frac{r}{E}\big[\sigma_\varphi - \nu(\sigma_r + \sigma_z)\big] \qquad \text{(9.49)}$$

bestimmen.

Im inhomogenen Fall müssen die Störterme von (9.22) bis (9.24) gemäß (9.43) modifiziert werden.

Beispiel 9.4

Ein Vollkreiszylinder vom Außendurchmesser $2b$ besteht aus thermoelastischem Material mit dem Elastizitätsmodul E, der Querdehnzahl ν und der Temperaturdehnzahl α. Er unterliegt einer über der Radialkoordinate r verteilten Temperaturänderung $\Delta T(r)$ und ist axial unverschieblich gelagert. Benötigt werden die Radialverschiebung und alle Hauptspannungen als Funktion der Radiuskoordinate.

Lösung:
Die gesuchte Verschiebung ergibt sich durch Anwendung von (9.43) auf das
Ergebnis für die erwärmte Vollscheibe (9.33) mit $C_2 = 0$ und (9.37) zu

$$u_r = \frac{1+\nu}{1-\nu}\alpha\left[\frac{1}{r}\int_0^r \Delta T\bar{r}d\bar{r} + (1-2\nu)\frac{r}{b^2}\int_0^b \Delta T r dr\right] .$$

Die Spannungen entstehen mit (9.43) aus (9.38), (9.39) und $\varepsilon_z = 0$ in (9.15):

$$\sigma_r = \frac{E\alpha}{1-\nu}\left[\frac{1}{b^2}\int_0^b \Delta T r dr - \frac{1}{r^2}\int_0^r \Delta T\bar{r}d\bar{r}\right] ,$$

$$\sigma_\varphi = \frac{E\alpha}{1-\nu}\left[\frac{1}{b^2}\int_0^b \Delta T r dr + \frac{1}{r^2}\int_0^r \Delta T\bar{r}d\bar{r} - \Delta T\right] ,$$

$$\sigma_z = \frac{E\alpha}{1-\nu}\left[\frac{2\nu}{b^2}\int_0^b \Delta T r dr - \Delta T\right] .$$

In der letzten Gleichung ist zu sehen, dass die Axialspannung σ_z infolge der
Inhomogenität $\Delta T(r)$ von der Radiuskoordinate r abhängt. $\qquad\square$

❯ 9.2.4 Konstante Axialdehnung

Es gibt wichtige Anwendungsfälle, bei denen die Voraussetzung des ebenen
Verzerrungszustandes nicht zutrifft, aber die weniger einschränkende Bedingung einer konstanten Axialdehnung eine gute Modellannahme darstellt. Die
Annahme konstanter Axialdehnung gilt für schlanke kreiszylindrische Rohre
und Vollkreiszylinder, die durch eine konstante Längskraft belastet sind, in
hinreichender Entfernung von den Deckflächen. Technisch brauchbare Werte
für die Spannungen und Verzerrungen werden erhalten, wenn diese Entfernung größer als der Außendurchmesser ist.

Zur Erläuterung dieses Sachverhaltes betrachten wir als Beispiel den schlanken, um $\Delta T(r)$ erwärmten Vollzylinder, dessen Axialverschiebung zunächst
verhindert ist, so dass sich ein ebener Verzerrungszustand $\varepsilon_z = 0$ einstellt
(Bild 9.16a). Für den Hohlzylinder gilt Analoges. Die Verschiebungsverhinde-
rung kann durch eine Axialdruckspannungsverteilung $p_{z1}(r)$ ersetzt werden,
die genau den ebenen Verzerrungszustand erzwingt, so dass alle Zylinderquerschnitte unverschoben und eben bleiben (Bild 9.16b).

Wird zu $p_{z1}(r)$ an den Zylinderstirnflächen $A = \pi b^2$ eine konstante axiale
Spannung

$$\sigma_m = \frac{1}{A}\int_A p_{z1} dA \qquad (9.50)$$

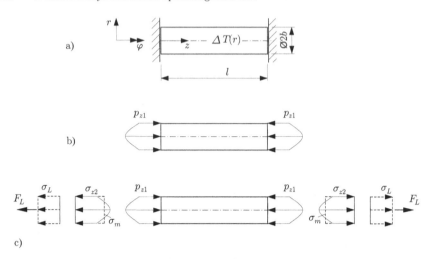

Bild 9.16. Schlanker erwärmter Vollzylinder im ebenen Verzerrungszustand a), mit den dazugehörigen Axialspannungen b) und unter Längskraft c)

hinzugefügt, in Bild 9.16c gestrichelt eingetragen, so verschwindet die als Integral von $\sigma_m - p_{z1}$ über der Querschnittsfläche A gebildete Längskraft wegen (9.50). Dafür entsteht eine im gesamten Zylinder konstante Axialdehnung ε_{z0}, wobei die Zylinderquerschnitte verschoben werden, aber alle eben bleiben.

Sollen die Zylinderstirnflächen vollkommen frei von Flächenkräften sein, so muss statt σ_m die Verteilung $\sigma_{z2}(r) = p_{z1}(r)$ zusätzlich zu $p_{z1}(r)$ aufgebracht werden. Die Differenzverteilung $\sigma_m - \sigma_{z2}(r)$, deren Integral über der Zylinderstirnfläche wegen (9.50) verschwindet (so genannte Gleichgewichtsgruppe), verursacht eine Störung des Spannungs- und Verzerrungszustandes, welche nach dem Prinzip von DE SAINT VENANT in axialer Richtung mit einer Länge abklingt, die etwa so groß wie der Zylinderdurchmesser $2b$ ist (s. a. Abschnitt 1.2 und 10.1). Dasselbe gilt für die Realisierung einer zusätzlichen konzentrierten Längskraft F_L anstelle der konstanten Spannungsverteilung $\sigma_L = F_L/A$, die beide im ungestörten Zylindergebiet eine zusätzliche konstante Axialdehnung erzeugen. Die Radial- und die Umfangsspannung im ungestörten Bereich sind davon nicht betroffen, so lange in radialer Richtung nur statische Randbedingungen vorliegen. In diesem Zusammenhang ist beim Vollzylinder für $r = 0$ anstelle verschwindender Radialverschiebung auch die statische Forderung nach Endlichkeit der Spannungen zur Elimination der Integrationskonstanten K_2 nutzbar.

Beispiel 9.5

Ein schlanker dickwandiger geschlossener Kessel steht unter Innendruck (Bild

9.17). Das Material besitzt den Elastizitätsmodul E und die Querdehnzahl ν. Gesucht sind alle Hauptspannungen und die Axialdehnung im ungestörten Zylinderwandbereich.

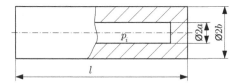

Bild 9.17. Schlanker dickwandiger Kessel unter Innendruck

Lösung:
Wegen der Schlankheit des Zylinders, d. h. $a, b \ll l$, existiert im ungestörten Zylinderwandbereich eine konstante Axialdehnung ε_{z0}. In radialer Richtung sind die beiden statischen Randbedingungen

$$\sigma_r(a) = -p_i , \qquad \sigma_r(b) = 0$$

zu formulieren. Radial- und Umfangsspannungen folgen dann aus (9.25) und (9.28) zu

$$\sigma_r = \frac{p_i a^2}{b^2 - a^2}\left(1 - \frac{b^2}{r^2}\right) , \qquad \sigma_\varphi = \frac{p_i a^2}{b^2 - a^2}\left(1 + \frac{b^2}{r^2}\right) .$$

Mit

$$\varepsilon_{z0} = \frac{1}{E}\left[\sigma_z - \nu(\sigma_r + \sigma_\varphi)\right] = \frac{\sigma_z}{E} - \frac{2\nu}{E}\frac{p_i a^2}{b^2 - a^2}$$

ist die Axialspannung σ_z konstant. Sie ergibt sich aus dem axialen Kräftegleichgewicht:

$$\pi a^2 p_i - \pi(b^2 - a^2)\sigma_z = 0 , \qquad \sigma_z = \frac{a^2 p_i}{b^2 - a^2} .$$

Für die Axialdehnung folgt damit

$$\varepsilon_{z0} = \frac{(1 - 2\nu)a^2}{b^2 - a^2}\frac{p_i}{E} .$$

$\square$

Beispiel 9.6
Ein schlanker freier Vollzylinder aus elastischem Material mit dem Elastizitätsmodul E, der Querdehnzahl ν und der Temperaturdehnzahl α wird um die von der Radiuskoordinate r abhängigen Temperaturdifferenz $\Delta T(r)$ erwärmt. Gesucht werden die radiale Axialspannungsverteilung und die Axialdehnung im ungestörten Bereich.

Lösung:

Ausgangspunkt ist die Axialspannung σ_z des ebenen Verzerrungszustandes aus Beispiel 9.4. Mit ihr wird die konstante Axialspannung σ_m gemäß (9.50) und $p_{z1} = -\sigma_z$ berechnet:

$$\sigma_z = \frac{E\alpha}{1-\nu}\left[\frac{2\nu}{b^2}\int\limits_0^b \Delta T r\, dr - \Delta T\right], \qquad \sigma_m = -\frac{1}{A}\int\limits_A \sigma_z\, dA,$$

$$\sigma_m = -\frac{E\alpha}{1-\nu}\int\limits_0^b \frac{2\pi}{\pi b^2}\left[\frac{2\nu}{b^2}\int\limits_0^b \Delta T r\, dr - \Delta T\right] r\, dr$$

$$= -\frac{E\alpha}{1-\nu}\left[\frac{2\nu}{b^2}\int\limits_0^b \Delta T r\, dr - \frac{2}{b^2}\int\limits_0^b \Delta T r\, dr\right] = \frac{2E\alpha}{b^2}\int\limits_0^b \Delta T r\, dr.$$

Die gesuchte gesamte Axialspannung $\sigma_{z\text{ges}}$, für die die Längskraft null wird, ist

$$\sigma_{z\text{ges}} = \sigma_z + \sigma_m = \frac{E\alpha}{1-\nu}\left[\frac{2}{b^2}\int\limits_0^b \Delta T r\, dr - \Delta T\right].$$

Die axiale Dehnung ε_z folgt aus

$$\varepsilon_z = \frac{\sigma_m}{E} = \frac{2\alpha}{b^2}\int\limits_0^b \Delta T r\, dr.$$

Sie ist erwartungsgemäß konstant. □

9.3 Rotationssymmetrisch belastete Kreisplatten

Kreis- und Kreisringplatten sind ebene, auf Biegung beanspruchte Flächentragwerke. Sie finden häufig Anwendung. Es ist deshalb nützlich, einige ihrer wichtigen Sonderfälle beispielhaft zu studieren. Die folgenden Überlegungen gelten für Kreisplatten und Kreisringplatten gleichermaßen.

❯ 9.3.1 Voraussetzungen

Die zu treffenden Annahmen, welche eine Verallgemeinerung der Balkentheorie darstellen, gehen im Wesentlichen auf KIRCHHOFF (1824–1887) zurück. Hinsichtlich der Abmessungen wird gefordert, dass die hier als konstant angenommene Plattendicke h wesentlich kleiner als der Radius einer Vollplatte bzw. als die Radiusdifferenz $b - a$ einer Ringplatte ist (Bild 9.18).

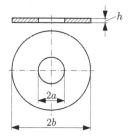

Bild 9.18. Zu den Abmessungsvoraussetzungen

Gleich weit entfernt von Ober- und Unterseite der Platte befindet sich die
Plattenmittelfläche, in Bild 9.19 strichpunktiert gekennzeichnet. Sie stellt vor
der Biegung der Platte eine Mittelebene dar.

Die Platte kann durch Querkräfte belastet werden. Diese verursachen Biegespannungen parallel zur Mittelebene. Sind die Querkräfte auf der Plattenoberfläche verteilt wie z. B. der Flächendruck p in Bild 9.19a, so erzeugen sie
zusätzliche zur Mittelebene senkrecht wirkende Normalspannungen, die von
der belasteten Oberfläche zur kräftefreien Gegenseite auf null abklingen.

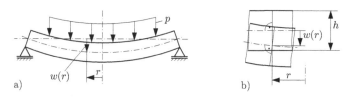

Bild 9.19. Zur Belastung und Kinematik der Platte

Die zusätzlichen Normalspannungen werden im Vergleich zu den durch sie
verursachten Biegespannungen vernachlässigt. Ähnliches gilt für die von den
Querkräften herrührenden Schubspannungen senkrecht zur Plattenoberfläche
im Inneren der Platte. Die Situation ist ähnlich wie bei der Querkraftbiegung
des Balkens, jedoch liegt jetzt näherungsweise statt des einachsigen Spannungszustandes ein zweiachsiger Spannungszustand vor.

Die Platten können auch durch Linienbiegemomente an den Rändern der
Mittelebene parallel zur Mittelebene belastet werden. Dies führt zu reiner,
d. h. querkraftfreier Biegung der Platten.

Im Rahmen der hier besprochenen geometrisch linearen Theorie wird der
maximale Betrag der Durchbiegung w der Plattenmittelfläche (Bild 9.19)
kleiner als die Plattendicke h angenommen. Auf der unverformten Plattenmittelfläche senkrecht stehende Geraden bleiben während der Durchbiegung
der Plattenmittelfläche gerade und senkrecht zur durchgebogenen Platten-

mittelfläche entsprechend der BERNOULLI-Hypothese beim Balken (Bild 9.19b).

Als Materialgleichungen benutzen wir das HOOKEsche Gesetz ohne Temperatureinfluss.

❯ 9.3.2 Grundgleichungen

Wie bei allen elastostatischen Problemen sind auch hier statische, kinematische und stoffliche Gleichungen aufzuschreiben. Das Ziel besteht darin, eine Gleichung der Durchbiegungsfunktion $w(r)$ für die Mittelfläche zu gewinnen. Zur Formulierung der statischen Bilanzen betrachten wir das Kreisringsektorelement nach Bild 9.20 und führen in Zylinderkoordinaten r, φ, z den Mittelflächenelementrändern $r = $ konst. und $\varphi = $ konst. zugeordnete Schnittreaktionen je Längeneinheit ein.

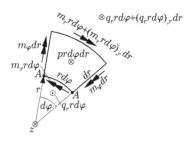

Bild 9.20. Zu den Schnittreaktionen der Platte

Die Schnittmomente m_r und m_φ, gemessen in Nm/m, ergeben sich aus den dazugehörigen Biegespannungen gemäß

$$m_r = \int\limits_{-\frac{h}{2}}^{\frac{h}{2}} \sigma_r z\, dz \,, \qquad m_\varphi = \int\limits_{-\frac{h}{2}}^{\frac{h}{2}} \sigma_\varphi z\, dz \,, \qquad (9.51\text{a,b})$$

wobei die Koordinate z die Entfernung eines Plattenteilchens von der Plattenmittelfläche angibt, unabhängig davon, welche Verformungskonfiguration die Plattenmittelfläche einnimmt. Die an dem Schnittrand $r = $ konst. mögliche Querkraft q_r pro Längeneinheit, gemessen in N/m, ist

$$q_r = \int\limits_{-\frac{h}{2}}^{\frac{h}{2}} \tau_{rz}\, dz \,. \qquad (9.52)$$

Andere Schnittmomente und Querkräfte treten wegen der Rotationssymmetrie von Platte und Belastung nicht auf.

Die Zählpfeile der mit den Längendifferenzialen multiplizierten Schnittreaktionen sind an dem Plattenclement in Bild 9.20 eingetragen. Dabei ist die Orientierung der Momentenzählpfeile so definiert, dass die Momente mit positiven Biegespannungen für $z > 0$ einhergehen. Der Zählpfeil der Querkraft zeigt am positiven Schnittufer, d. h. auf der Seite des Plattenelementes, wo der Radius r um das Differenzial dr zugenommen hat, in positive z-Richtung. Auf dem Plattenelement greift auch eine Flächenkraft p in z-Richtung an.

Für die Formulierung der Gleichgewichtsbilanzen sind die Schnittreaktionen, multipliziert mit den Längen, auf denen sie wirken, zu benutzen. Zu berücksichtigende Lastdifferenziale bezüglich der Radiuskoordinate r müssen deshalb von den entsprechenden Produkten aus Schnittreaktion und differenzieller Wirkungslänge gebildet werden. Damit wird jeweils die Änderung sowohl der statischen als auch der geometrischen Größe infolge der krummlinigen Elementberandungen erfasst. Ähnlich wurde auch bei der Aufstellung der Kräftebilanz (9.11) für die Kreisscheibe verfahren.

Die Kräftebilanz in z-Richtung

$$\otimes \; : \quad pr d\varphi dr + q_r r d\varphi + (q_r r d\varphi)_{,r} dr - q_r r d\varphi = 0$$

ergibt mit der Bezeichnung $(\dots)_{,r} = (\dots)'$

$$pr + (q_r r)' = 0 \; . \tag{9.53}$$

Die Momentenbilanz in r-Richtung

$$\nearrow \; : \quad m_\varphi dr - m_\varphi dr = 0$$

genügt der Rotationssymmetrie.

Die Momentenbilanz in φ-Richtung

$$\searrow \; : \quad -m_r r d\varphi + m_r r d\varphi + (m_r r d\varphi)_{,r} dr - m_\varphi dr d\varphi - q_r r d\varphi dr = 0$$

enthält im vorletzten Term die mit dem Winkel $d\varphi$ berechnete Resultierende der beiden Momente $m_\varphi dr$ und als letzten Term das Moment der Querkraft $q_r r d\varphi$ bezüglich der Achse $A - A$ (Bild 9.20). Differenziale höherer Ordnung werden wie schon früher weggelassen, da sie im Grenzübergang exakt gegen null gehen. Das Ergebnis der Bilanz ist

$$(m_r r)' - m_\varphi - q_r r = 0 \; . \tag{9.54}$$

Die Differenziation von (9.54) nach dem Radius r und die Benutzung von (9.53) gestatten die Elimination von $(q_r r)'$, so dass

$$(m_r r)'' - m'_\varphi = -pr \tag{9.55}$$

entsteht.

Die resultierende statische Gleichung (9.55) enthält die beiden unbekannten Schnittmomente m_r und m_φ, ist also einfach statisch unbestimmt.

Zur Berechnung der Verzerrungen betrachten wir die Verformungskinematik eines Plattenquerschnitts in der r, z-Ebene (Bild 9.21).

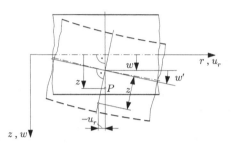

Bild 9.21. Zur Verformungskinematik eines Plattenquerschnitts

Da die Durchbiegung w der Plattenmittelfläche voraussetzungsgemäß viel kleiner als die lateralen Plattenabmessungen bleibt, entsteht eine nur geringe Verdrehung der Mittelflächentangente, die näherungsweise durch die Ableitung der Durchbiegung nach dem Radius $w'(r)$ beschrieben werden kann. Sie verursacht für den an der Stelle z befindlichen Plattenpunkt P die Radialverschiebung

$$u_r = -zw' \ . \tag{9.56}$$

Das Minuszeichen berücksichtigt den Fakt, dass die Radialverschiebung u_r für positive z und w' negativ ist.

Wegen der Rotationssymmetrie sind die Verzerrungen ε_r und ε_φ wie in Abschnitt 9.2 Hauptdehnungen. Sie ergeben sich nach (9.12) und (9.13) aus (9.56) zu

$$\varepsilon_r = u_r' = -zw''(r) \ , \qquad \varepsilon_\varphi = \frac{u_r}{r} = -z\frac{w'(r)}{r} \ . \tag{9.57a,b}$$

Das HOOKEsche Gesetz für den ebenen Spannungszustand mit $\Delta T = 0$ entnehmen wir (9.16):

$$\sigma_r = \frac{E}{1-\nu^2}(\varepsilon_r + \nu\varepsilon_\varphi) \ , \qquad \sigma_\varphi = \frac{E}{1-\nu^2}(\varepsilon_\varphi + \nu\varepsilon_r) \ . \tag{9.58a,b}$$

Diese Spannungen stellen wie die Dehnungen Hauptwerte dar.

Einsetzen von (9.57) in (9.58) liefert

$$\sigma_r = -\frac{E}{1-\nu^2}(w'' + \nu\frac{w'}{r})z \ , \qquad \sigma_\varphi = -\frac{E}{1-\nu^2}(\frac{w'}{r} + \nu w'')z \ , \tag{9.59a,b}$$

wo die Durchbiegung $w(r)$ nicht von z abhängt. Damit folgt für die Schnitt-momente aus (9.51)

$$m_r = -\frac{E}{1-\nu^2}(w'' + \nu\frac{w'}{r}) \int_{-\frac{h}{2}}^{\frac{h}{2}} z^2 dz = -\frac{Eh^3}{12(1-\nu^2)}(w'' + \nu\frac{w'}{r}) \,, \quad (9.60a)$$

$$m_\varphi = -\frac{E}{1-\nu^2}(\frac{w'}{r} + \nu w'') \int_{-\frac{h}{2}}^{\frac{h}{2}} z^2 dz = -\frac{Eh^3}{12(1-\nu^2)}(\frac{w'}{r} + \nu w'') \,. \quad (9.60b)$$

Die Spannungen (9.59) können mittels (9.60) auch durch die Schnittmomente ausgedrückt werden:

$$\sigma_r = \frac{12m_r}{h^3}z \,, \qquad \sigma_\varphi = \frac{12m_\varphi}{h^3}z \,. \quad (9.61a,b)$$

Wir vergleichen diese Formeln mit der Beziehung (4.8) für die gerade Biegung eines Balkens mit Rechteckquerschnitt gemäß Bild 9.22.

Bild 9.22. Zum Vergleich der Platten- und Balkenbiegespannungen

Das zu berücksichtigende Flächenträgheitsmoment ist $I = bh^3/12$, so dass sich die Biegespannung σ_b zu

$$\sigma_b = \frac{M_b}{I}z = \frac{12M_b}{h^3 b}z \quad (9.62)$$

ergibt. Man sieht die Analogie zwischen dem auf die Balkenbreite b bezogenen Biegemoment M_b und den Schnittmomenten pro Längeneinheit m_r und m_φ der Platte.

Es ist üblich, die so genannte Plattensteifigkeit

$$K = \frac{Eh^3}{12(1-\nu^2)} \quad (9.63)$$

einzuführen. Sie entspricht für $\nu = 0$ der Biegesteifigkeit eines Balkens mit Rechteckquerschnitt, bezogen auf die Balkenbreite.

Wir eleminieren mit (9.60) die Schnittmomente aus (9.55) und verwenden dabei die Abkürzung (9.63):

$$\left[(w'' + \nu\frac{w'}{r})r\right]'' - (\frac{w'}{r} + \nu w'')' = \frac{pr}{K} \,.$$

Ausdifferenzieren führt auf

$$w'''' + 2\frac{w'''}{r} - \frac{w''}{r^2} + \frac{w'}{r^3} = \frac{1}{r}\left\{r\left[\frac{1}{r}(rw')'\right]'\right\}' = \frac{p}{K} \ . \tag{9.64}$$

Die Richtigkeit des mittleren Terms kann durch Bilden der Ableitungen gezeigt werden. Die Beziehung (9.64) stellt eine gewöhnliche lineare inhomogene Differenzialgleichung vierter Ordnung für die gesuchte Durchbiegungsfunktion $w(r)$ bei gegebener Störfunktion $p(r)$ dar. Ihre allgemeine Lösung besteht aus der Summe der mit vier Integrationskonstanten versehenen allgemeinen Lösung der homogenen Differenzialgleichung von (9.64) ohne rechte Seite und einer Lösung der inhomogenen Differenzialgleichung (9.64) mit rechter Seite. Wegen der besonderen Form des mittleren Terms von (9.64) ist die Differenzialgleichung (9.64) direkt integrierbar.

Zur Bestimmung der vier Integrationskonstanten müssen vier Randbedingungen angegeben werden. Hierfür stehen bei der Kreisringplatte der Innen- und der Außenrand zur Verfügung. Im Fall der Vollplatte entartet der Innenrand ähnlich wie bei der Vollkreisscheibe zu einem Punkt. Es gibt kinematische Randbedingungen mit Aussagen über die Durchbiegung w und die Verdrehung w' der radialen Mittelflächentangente sowie statische Randbedingungen mit Festlegungen über die Schnittgrößen m_r und q_r. An jedem Rand sind zwei Bedingungen zu stellen: für w oder q_r und w' oder m_r.

Für die Berücksichtigung der Querkraft kombinieren wir noch (9.54), (9.60) und (9.63) zu

$$q_r = -K\left(w''' + \frac{w''}{r} - \frac{w'}{r^2}\right) = -K\left[\frac{1}{r}(rw')'\right]' \ , \tag{9.65}$$

wobei die rechte Seite von (9.65) durch Ausdifferenzieren bestätigt wird. Hinsichtlich der Vollplatte muss im Zentrum $r = 0$ die Rotationssymmetrie gewährleistet werden, d. h.

$$w'(0) = 0 \ . \tag{9.66}$$

Des Weiteren führt eine beschränkte Druckverteilung $p(r)$ mit Erfüllung der lokalen Kräftegleichgewichtsbilanz an einem kreissektorförmigen Plattenelement vom Radius dr auf

$$\pi(dr)^2 p(0) + 2\pi(dr)q_r(0) = 0 \tag{9.67}$$

und folglich zu

$$q_r(0) = 0 \ . \tag{9.68a}$$

Unter der genannten Voraussetzung müssen die Radialspannung σ_r und die Umfangsspannung σ_φ für $r = 0$ übereinstimmen und beschränkt bleiben. Dies überträgt sich gemäß (9.61) auf die dazugehörenden Biegemomente, d. h.

$$m_r(0) = m_\varphi(0) \neq \infty \; . \tag{9.68b}$$

Die Gleichheit der Momente in (9.68b) ist auch direkt durch das Momentengleichgewicht in Umfangsrichtung des kreissektorförmigen Plattenelements mit dem Radius dr gegeben.

Im Fall einer in z-Richtung orientierten axialen Einzelkraft F_Q ist die globale Kräftebilanz an einer Teilplatte vom Radius r aufzustellen:

$$F_Q + 2\pi r q_r(r) = 0 \; , \qquad q_r(r) = -\frac{F_Q}{2\pi r} \; . \tag{9.69}$$

Sie ergibt für $r \to 0$ eine unendlich große Querkraft q_r. Die durch sie verursachte Durchbiegung wird durch Einsetzen von (9.69) in (9.65) sowie abwechselnde Multiplikation mit r und unbestimmte Integration bestimmt. Sie ergibt sich aus

$$w = \frac{F_Q}{2\pi K}\left(C_1 + C_2 \ln r + C_3 r^2 + \frac{r^2}{4}\ln r\right) \; , \tag{9.70}$$

wobei drei Integrationskonstanten C_1, C_2 und C_3 auftreten. Die erforderliche Dimensionslosigkeit im Argument der Logarithmusfunktion lässt sich durch Benutzung gleichberechtigter anderer Integrationskonstanten nachweisen, z. B.

$$C_1 + C_2 \ln r = \bar{C}_1 - C_2 \ln r_0 + C_2 \ln r = \bar{C}_1 + C_2 \ln \frac{r}{r_0}$$

mit $\bar{C}_1$ als neuer Integrationskonstante und r_0 als willkürlichen konstanten Bezugsradius. Die Konstante C_2 in (9.70) entfällt wegen (9.66). Es verbleibt

$$w = \frac{F_Q}{2\pi K}\left(C_1 + C_3 r^2 + \frac{r^2}{4}\ln r\right) \; . \tag{9.71}$$

Die restlichen Konstanten C_1 und C_3 sind aus zwei Bedingungen am Plattenaußenrand zu bestimmen.

Bei der speziellen Druckverteilung $p(r) = p_0 = $ konst. ergibt die abwechselnde Multiplikation von (9.64) mit dem Radius r und unbestimmte Integration die allgemeinere Lösung von (9.64) für $p = p_0$

$$w = A_1 + A_2 \ln r + A_3 r^2 + A_4 r^2 \ln r + \frac{p_0 r^4}{64K} \tag{9.72}$$

mit den vier Integrationskonstanten $A_1, \ldots, A_4$. Für die Bestimmung der Integrationskonstanten müssen am Innen- und Außenrand je zwei Bedingungen formuliert werden.

❱ 9.3.3 Anwendungsfälle

Eine kleine Auswahl von Anwendungsfällen soll mögliche Kombinationen von Randbedingungen demonstrieren.

a) Bild 9.23:

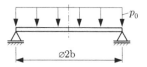

Bild 9.23. Gestützte Vollplatte unter konstantem Druck p_0

Zu den Randbedingungen (9.66) und (9.68a) oder (9.68b) kommen noch die Forderungen nach Verschwinden der Durchbiegung und des Momentes der Radialspannungen am Außenrand $r = b$ hinzu, d. h.

$$w(b) = 0 , \qquad m_r(b) = 0. \qquad (9.73a,b)$$

b) Bild 9.24:

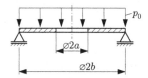

Bild 9.24. Gestützte Kreisringplatte unter konstantem Druck p_0

Der Innenrand $r = a$ ist lastfrei, d. h.

$$m_r(a) = 0 , \qquad q_r(a) = 0. \qquad (9.74a,b)$$

Am Außenrand $r = b$ verschwinden die Durchbiegung und das Moment der Radialspannungen, d. h.

$$w(b) = 0 , \qquad m_r(b) = 0. \qquad (9.75a,b)$$

c) Bild 9.25:

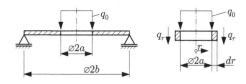

Bild 9.25. Gestützte Kreisringplatte unter Linienkraft q_0

Am Innenrand verschwindet das Moment der Radialspannungen, während die Querkraft q_r wegen der Erfüllung der globalen vertikalen Kräftebilanz

$$\downarrow : \quad 2\pi a q_0 + 2\pi a q_r = 0$$

durch die auf dem Kreisumfang mit dem Radius $r = a$ gleichmäßig verteilte Linienkraft q_0 gegeben ist, d. h.

$$m_r(a) = 0 \,, \qquad q_r(a) = -q_0. \tag{9.76a,b}$$

Am Außenrand $r = b$ gelten wieder die Bedingungen (9.73).

d) Bild 9.26:

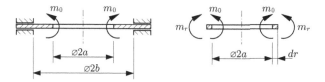

Bild 9.26. Eingespannte Kreisringplatte, belastet durch ein Ringmoment m_0

Am Innenrand $r = a$ verschwindet die Querkraft q_r, während das Moment der Radialspannungen gleich dem gegebenen Ringmoment ist, d. h.

$$q_r(a) = 0 \,, \qquad m_r(a) = m_0 \,. \tag{9.77a,b}$$

Zur Gewinnung von (9.77b) wurde das lokale Momentengleichgewicht des Elementes nach Bild 9.20 herangezogen, da das auf dem Kreis $r = a$ verteilte Ringmoment m_0 die globale Momentenbilanz bereits allein erfüllt.

Am Außenrand $r = b$ verschwinden die Durchbiegung und die Verdrehung der Mittelflächentangente, d. h.

$$w(b) = 0 \,, \qquad w'(b) = 0. \tag{9.78a,b}$$

Beispiel 9.7

Die eingespannte Kreisplatte unter konstantem Druck p_0 nach Bild 9.27 besteht aus elastischem Material mit dem Elastizitätsmodul E und der Querkontraktionszahl ν.

Gesucht sind die Durchbiegungsfunktion und die maximale Hauptspannung nach Ort und Größe.

Lösung:

Die Durchbiegungsfunktion und ihre ersten beiden Ableitungen für konstan-

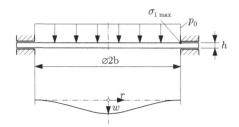

Bild 9.27. Eingespannte Kreisplatte unter konstantem Druck

ten Druck p_0 sind nach (9.72)

$$w = A_1 + A_2 \ln r + A_3 r^2 + A_4 r^2 \ln r + \frac{p_0 r^4}{64K} \; , \quad K = \frac{Eh^3}{12(1-\nu^2)} ,$$

$$w' = \quad A_2 r^{-1} + 2A_3 r + A_4(2r \ln r + r) + \frac{p_0 r^3}{16K} \; ,$$

$$w'' = \quad -A_2 r^{-2} + 2A_3 + A_4(2 \ln r + 3) + \frac{3 p_0 r^2}{16K} \; ,$$

$$w''' = \quad 2A_2 r^{-3} + 2A_4 r^{-1} + \frac{3 p_0 r}{8K} \; .$$

Für den Ausdruck $r \ln r$ bei $r = 0$ gilt nach der Regel von L'HOSPITAL

$$r \ln r \Big|_0 = \frac{\ln r}{r^{-1}} \Big|_0 = \frac{r^{-1}}{-r^{-2}} \Big|_0 = -r \Big|_0 = 0$$

und folglich

$$r(r \ln r) \Big|_0 = 0 \; .$$

Das erstere Ergebnis führt mit der Randbedingung $w'(0) = 0$ nach (9.66) auf $A_2 = 0$, das letztere verweist dann auf die Beschränktheit der Durchbiegung $w(0)$.

Verschwindende Querkraft q_r bzw. Beschränktheit des Momentes m_r im Plattenzentrum $r = 0$ erfordern entsprechend (9.68a) bzw. (9.68b) $A_4 = 0$.

Mit dem Verschwinden der Durchbiegung und Verdrehung der Plattenmittelflächentangente am Außenrand $r = b$ gemäß (9.78a, b) ergibt sich

$$w(b) = 0 = A_1 + A_3 b^2 + \frac{p_0 b^4}{64K} \; ,$$

$$w'(b) = 0 = \quad 2A_3 b + \frac{p_0 b^3}{16K} \; .$$

Die Lösung dieses Gleichungssystems für die beiden verbliebenen Integrationskonstanten A_1 und A_3 ist

$$A_3 = -\frac{p_0 b^2}{32K} , \qquad A_1 = \frac{p_0 b^4}{64K} .$$

Sie liefert die Durchbiegungsfunktion

$$w(r) = \frac{p_0 b^4}{64K}\left(1 - 2\frac{r^2}{b^2} + \frac{r^4}{b^4}\right) = \frac{p_0 b^4}{64K}\left(1 - \frac{r^2}{b^2}\right)^2 .$$

Ihr Verlauf ist in Bild 9.27 qualitativ aufgetragen. Damit sind die Schnittmomente (9.60)

$$m_r = -\frac{p_0 b^2}{16}\left[3\frac{r^2}{b^2} - 1 + \nu\left(\frac{r^2}{b^2} - 1\right)\right] = \frac{p_0 b^2}{16}\left[1 + \nu - (3+\nu)\frac{r^2}{b^2}\right] ,$$

$$m_\varphi = -\frac{p_0 b^2}{16}\left[\frac{r^2}{b^2} - 1 + \nu\left(3\frac{r^2}{b^2} - 1\right)\right] = \frac{p_0 b^2}{16}\left[1 + \nu - (3\nu+1)\frac{r^2}{b^2}\right] .$$

Beide hängen monoton von der Radiuskoordinate r ab und besitzen die Randwerte

$$m_\varphi(0) = m_r(0) = \frac{1+\nu}{16}p_0 b^2 , \quad m_r(b) = -\frac{p_0 b^2}{8} , \quad m_\varphi(b) = -\frac{\nu}{8}p_0 b^2 .$$

Die maximalen Spannungen treten wegen (9.61) an den Plattenoberflächen auf. Im vorliegenden Fall ist die Radialspannung am Außenrand $r = b$ für $z = -h/2$ die gesuchte maximale Hauptspannung $\sigma_{1\,max}$. Sie beträgt

$$\sigma_{1\,max} = \sigma_r\left(b, -\frac{h}{2}\right) = \frac{12 m_r(b)}{h^3}\cdot\left(-\frac{h}{2}\right) = \frac{p_0 b^2}{8}\cdot\frac{6}{h^2} = \frac{3}{4}\cdot\frac{b^2}{h^2}p_0 .$$

Ihr Ort ist in Bild 9.27 eingezeichnet. Hier muss noch beachtet werden, dass die Einspannung den mit der Plattentheorie berechneten Spannungszustand stört, so dass es zu Spannungsüberhöhungen kommt, die nicht elementar bestimmt werden können (s. a. Kapitel 10).   □

Beispiel 9.8
Eine eingespannte Kreisplatte ist durch eine axiale Einzelkraft F_Q nach Bild 9.28 belastet. Es sind die Durchbiegung und die Schnittreaktionen im Plattenzentrum $r = 0$ zu untersuchen.
Lösung:
Wir gehen von der Durchbiegungsfunktion (9.71) aus, in der bereits die Einzelkraft F_Q und die Randbedingung (9.66) eingearbeitet worden sind:

$$w(r) = \frac{F_Q}{2\pi K}\left(C_1 + C_3 r^2 + \frac{r^2}{4}\ln r\right) .$$

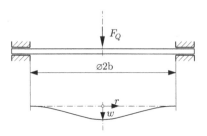

Bild 9.28. Eingespannte Kreisplatte mit axialer Einzelkraft F_Q

Für die Bestimmung der verbliebenen Konstanten C_1 und C_3 werden die Randbedingungen am Außenrand $r = b$ nach (9.78) herangezogen. Sie liefern das Gleichungssystem

$$C_1 + C_3 b^2 + \frac{b^2}{4} \ln b = 0 \ , \qquad 2bC_3 + \frac{b}{2} \ln b + \frac{b}{4} = 0 \ ,$$

dessen Auflösung und Einsetzen

$$w(r) = \frac{F_Q}{2\pi K} \left[\frac{1}{8}(b^2 - r^2) + \frac{r^2}{4} \ln \frac{r}{b} \right]$$

ergeben. Damit ist die maximale Durchbiegung w_{max} im Plattenzentrum $r = 0$ durch

$$w_{\mathrm{max}} = w(0) = \frac{F_Q b^2}{16\pi K}$$

bestimmt. Die Schnittmomente folgen aus (9.60) mit

$$w' = \frac{F_Q}{4\pi K} r \ln \frac{r}{b} \ , \qquad w'' = \frac{F_Q}{4\pi K} \left(1 + \ln \frac{r}{b} \right)$$

zu

$$m_r = -\frac{F_Q}{4\pi} \left[1 + (1+\nu) \ln \frac{r}{b} \right] \ , \qquad m_\varphi = -\frac{F_Q}{4\pi} \left[\nu + (1+\nu) \ln \frac{r}{b} \right] \ .$$

Sie divergieren für $r/b \to 0$ und führen zu unendlichen Spannungen. Gleiches trifft wegen (9.69) für die Querkraft und die hier nicht spezifizierten Querkraftschubspannungen zu. Offensichtlich sind im Plattenzentrum die Voraussetzungen der Plattentheorie verletzt und die Lösungsfunktionen für die lokal wirkenden Momente und Spannungen unbrauchbar. Dagegen ist die Verschiebung w_{max} Ausdruck der Verformung der gesamten Platte. Das Ergebnis für diese globale Größe kann verwendet werden. □

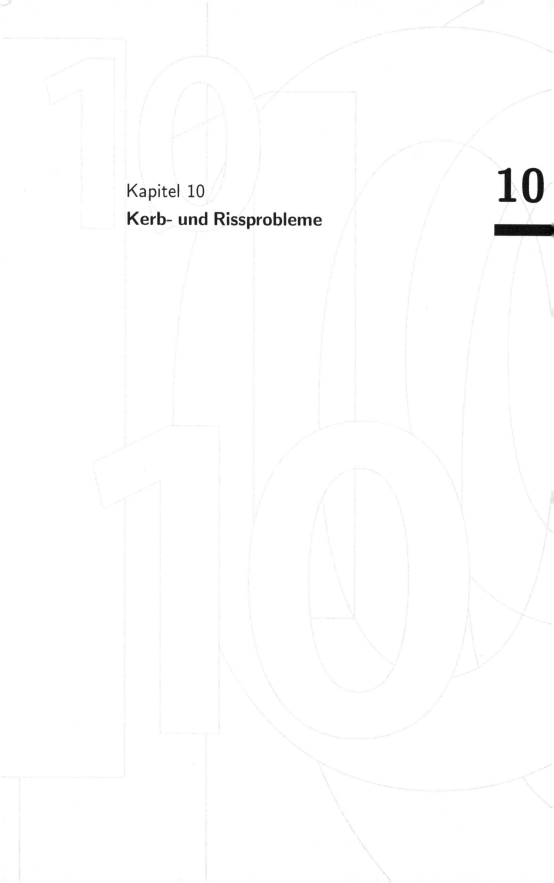

Kapitel 10

Kerb- und Rissprobleme

10

10

10 Kerb- und Rissprobleme

Die auf der Basis der Gleichgewichtsbedingungen, Verschiebungsverzerrungs-beziehungen und Materialgesetze bisher durchgeführten Berechnungen von Spannungs- und Verzerrungsfeldern betrafen idealisierte Fälle wie z. B. Zug, Torsion und Biegung. Die gewonnenen elementaren Lösungen sind in der Nähe von Stellen, wo die Lasten in anderer Form als die Lasten gemäß der elementaren Lösungen eingeleitet werden oder sich die Körpergeometrie stark ändert, nur bedingt richtig. Wie mit dieser Problematik umzugehen ist, wird im Folgenden besprochen.

10.1 Das Prinzip von DE SAINT VENANT

Bereits bei der Behandlung des Zugstabes in Kapitel 1 wurde darauf hin-gewiesen, dass die konstante Verteilung der Spannung über dem Stabquer-schnitt infolge der Längskrafteinleitung nur in dem Stabbereich gilt, des-sen Grenzen sich in einer gewissen Entfernung von den Querschnitten der Krafteinleitung bzw. Einspannung befinden. Für diese Entfernung wurde der Begriff der Abklinglänge eingeführt, welche die Abnahme der störenden Ein-flüsse der Krafteinleitung bzw. der Einspannung auf die elementare Lösung charakterisiert. Die Größe der Abklinglänge konnte mit Bezug auf das empi-rische Prinzip von DE SAINT VENANT etwa gleich der Stabquerschnittsab-messung gesetzt werden. Dieser Sachverhalt soll jetzt ausführlicher behandelt werden.

Wir betrachten zunächst nochmals einen eingespannten Zugstab. Dieser be-sitze einen Rechteckquerschnitt und befinde sich im ebenen Spannungszu-stand (Bild 10.1). Für die Querschnittsabmessungen b und h gelte $b < h$. Am freien Ende greift im Bereich $-a \leq y \leq a$ die konstante Normalflächenkraft σ_0 an. Diese Verteilung kann gemäß Bild 10.1a in die konstante mittlere Ver-teilung der Intensität σ_m und die Abweichung $\Delta\sigma_z(y)$ zerlegt werden. Die Abweichung genügt der auf die Dicke b bezogenen Kräftebilanz

$$\int\limits_{-h/2}^{h/2} \Delta\sigma_z(y)dy = 2a(\sigma_0 - \sigma_m) - 2(\frac{h}{2} - a)\sigma_m = 0 \ . \qquad (10.1)$$

Sie befriedigt infolge ihrer Symmetrie auch die Momentenbilanz. Wegen der Erfüllung beider Bilanzen wird sie als Gleichgewichtsgruppe bezeichnet. Die tatsächliche Lastverteilung σ_0 und die konstante Verteilung σ_m sind wegen (10.1) statisch äquivalent.

Wegen der vorausgesetzten Linearität aller Ausgangsgleichungen kann die ge-suchte Lösung für die Belastung σ_0 aus der elementaren Lösung infolge der

konstant verteilten Belastung σ_m und der Lösung infolge der Gleichgewichtsgruppe $\Delta\sigma_z(y)$ zusammengesetzt werden (Superposition oder Überlagerung).
Die konstante Verteilung würde außerhalb des durch die Einspannung gestör-
ten Gebietes im Stab die Normalspannung $\sigma_z(y) = \sigma_m$ verursachen. Dieses
Ergebnis wird durch die Gleichgewichtsgruppe $\Delta\sigma_z(y)$ im Lasteinleitungsge-
biet $0 \leq z \lesssim h$ gestört, und zwar umso stärker, je konzentrierter die Kraft
eingeleitet wird.

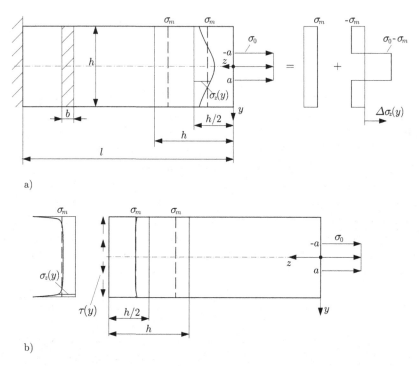

a)

b)

Bild 10.1. Zum Prinzip von DE SAINT VENANT

Mit $a \ll h$ nähert sich die konstante Flächenkraft einer über der Dicke b
gleichmäßig verteilten Linienkraft an. Für diesen Fall wurde mittels einer
numerischen Rechnung auf der Basis der Methode der finiten Elemente das
Abklingen des Störungseinflusses bestimmt und in Bild 10.1a anhand zweier Schnittstellen $z = h/2$ und $z = h$ grob dargestellt. In der Entfernung
$z = h$ unterscheidet sich das wirkliche Spannungsfeld vom konstanten gestrichelt eingezeichneten Verlauf nur noch um wenige Prozent. Der Fehler liegt
außerhalb der Auflösung von Bild 10.1a.
Bei Betrachtung der Einspannung kann man sich zunächst die Einspannwirkung durch eine konstante Normalflächenkraft σ_m an der linken Stirnfläche
des Stabes ersetzt denken. Diese Flächenkraft verursacht eine Querkontrak-

tion des Stabes, welche von der Einspannung verhindert wird, so dass eine antisymmetrische Schubflächenkraftverteilung $\tau(y)$ entsteht. Wegen der Erfüllung der lokalen Gleichgewichtsbilanzen ändert sich die konstante Normalflächenkraft σ_m an der Stirnfläche des Stabes in eine veränderliche Verteilung $\sigma_z(y)$ mit gleicher resultierender Kraft. Dies ist in Bild 10.1b qualitativ dargestellt. Das Abklingverhalten der Gleichgewichtsgruppe, die jetzt aus der Normalflächenkraftdifferenz $\sigma_z(y) - \sigma_m$ und der Tangentialflächenkraft $\tau(y)$ besteht, wird ähnlich wie im Fall der gegebenen Lastverteilung am rechten Stabende durch die charakteristische Querschnittsabmessung h bestimmt. Die mittels der Methode der finiten Elemente berechneten Normalspannungsverteilungen $\sigma_z(y)$ in den Querschnitten $z = l - h/2$ und $z = l - h$, deren Unterschied zu der konstanten gestrichelt eingezeichneten Verteilung σ_m bei $z = l - h$ in Bild 10.1b wieder die Grenze der Auflösung erreicht, belegen diese Aussage.

Die Querdehnungsbehinderung senkrecht zur Zeichenebene bleibt im verwendeten Modell des ebenen Spannungszustandes außer Acht. Zu ergänzen ist auch noch, dass die Intensität der Einspannwirkung im realen Fall elastischer statt starrer Einspannung geringer ausfällt und die unendlich großen Spannungswerte infolge der rechtwinkligen Kerbe bei konstruktiven Kerbradien in endliche Werte übergehen.

In Verallgemeinerung der obigen Ergebnisse formulieren wir eine empirisch gestützte Vermutung, die als das Prinzip von DE SAINT VENANT bekannt ist, in folgender Form:

> Werden Lastverteilungen auf einem kleinen Teil eines im Gleichgewicht befindlichen Körpers durch statisch äquivalente Verteilungen (mit gleicher resultierender Kraft und gleichem resultierendem Moment) auf diesem Körperteil ersetzt, so können die Unterschiede der von ihnen verursachten Spannungen und Verzerrungen in Entfernungen, die groß sind im Vergleich zu der charakteristischen Abmessung des belasteten Körperteils, vernachlässigt werden.

Die Kurzfassung dieser Vermutung lautet:

> Die Wirkung einer Gleichgewichtsgruppe klingt mit ihrer charakteristischen Länge ab.

Für das auf der Erfahrung gestützte Prinzip setzen wir homogenes, isotropes, linear-elastisches Material voraus. Die Linearität erlaubt die notwendige Überlagerung einzelner Felder zu einem Gesamtfeld. Homogenität und Isotropie betreffen den vorhandenen Erfahrungsbereich für die Anwendbarkeit des Prinzips. Zahlenmäßige Angaben zu Abklinglängen von Gleichgewichtsgruppen hängen im einzelnen Anwendungsfall von der Anordnung, den Genauigkeitsforderungen an die zu berechnenden Spannungsverteilungen und der zu benutzenden Fehlerdefinition einschließlich des Spannungsmaßes bei Mehrachsigkeit (s. z. B. Kapitel 6) ab. So kann der maximale Betrag der abklingenden Störung $|\sigma_z(y) - \sigma_m|$ gemäß Bild 10.1a auf den Betrag der ungestörten elementaren Lösung $|\sigma_m|$ bezogen werden. Liegt dagegen als Belastung allein die Gleichgewichtsgruppe wie z. B. $\Delta\sigma_z(y)$ in Bild 10.1a vor, so ist das dadurch verursachte eingedrungene Feld nur mit der Gleichgewichtsgruppe selbst vergleichbar.

Zur Erläuterung der letztgenannten Situation betrachten wir noch das Problem einer unendlich ausgedehnten Vollscheibe konstanter Dicke h, welche durch eine radial gerichtete äußere Flächenkraft σ_0 belastet ist (Bild 10.2).

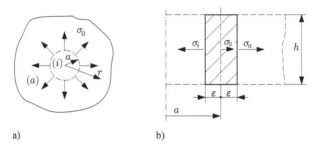

a)   b)

Bild 10.2. Vollkreisscheibe unter radialer Flächenkraft; Draufsicht a) und vergrößerter Durchmesserschnitt des befreiten Kreisringes b)

Die radiale Flächenkraft wirkt von außerhalb der Scheibe an der im Scheibeninneren befindlichen Zylindermantelfläche mit dem Radius a und stellt eine Gleichgewichtsgruppe dar. Die Gleichgewichtsgruppe besitzt die charakteristische Abmessung $2a$. Sie kann als Modell einer in der Zylinderfläche wirkenden Grenzflächenspannung dienen. Es kommt hier aber nicht auf die technische Realisierbarkeit dieser Anordnung an.

Das Abklingverhalten des ebenen rotationssymmetrischen Spannungszustandes in der Scheibe für $r > a$ soll diskutiert werden. Dies gelingt leicht auf der Basis der im Folgenden angegebenen analytischen Lösung. Aus der Scheibe wird ein Kreisring mit dem mittleren Radius a und der Wandstärke 2ε herausgeschnitten (Bild 10.2b). Am inneren Kreisringmantel vom Radius $a - \varepsilon$ greift die Flächenschnittkraft σ_i, am äußeren Kreisringmantel vom Radius $a + \varepsilon$ die Flächenschnittkraft σ_a an. Den Kreisring denken wir uns in differenzielle Sektorelemente mit dem Öffnungswinkel $d\varphi$ zerlegt. Die radiale Kräftebilanz liefert für die im Grenzübergang $\varepsilon/a \to 0$ gleich großen Angriffsflächen der verbleibenden radialen Kräfte

$$(-\sigma_i + \sigma_0 + \sigma_a)had\varphi = 0 \ . \tag{10.2}$$

Gleichung (10.2) beschreibt den Sprung der Radialspannung am Radius $r = a$ infolge der äußeren Flächenkraft σ_0 (siehe hierzu auch Abschnitt 12.1). Im Innenbereich $r < a$ verbleibt eine radial belastete Vollscheibe, für die sich nach (9.23), (9.24) mit $\Delta T = 0$, $\omega = 0$ und $K_2 = 0$ die Spannungen $\sigma_r^{(i)} = \sigma_\varphi^{(i)} = \sigma_i$ ergeben. Daraus folgt wegen des HOOKEschen Gesetzes (9.15b) und $\sigma_z = 0$ die Umfangsdehnung

$$\varepsilon_\varphi^{(i)} = \frac{1}{E}(\sigma_\varphi^{(i)} - \nu\sigma_r^{(i)}) = \frac{1-\nu}{E}\sigma_i \ .$$

Die im Außenbereich $r \geq a + \varepsilon$ verbliebene Scheibe mit Loch unterliegt der radialen Flächenkraft σ_a am Lochrand $r = a + \varepsilon$. Die Spannungen im Außenbereich sind dann mit (9.30) und $p_i = -\sigma_a$

$$\sigma_r^{(a)} = \sigma_a \left(\frac{a}{r}\right)^2 \ , \qquad \sigma_\varphi^{(a)} = -\sigma_a \left(\frac{a}{r}\right)^2 \ .$$

Dies führt auf die Umfangsdehnung

$$\varepsilon_\varphi^{(a)} = \frac{1}{E}(\sigma_\varphi^{(a)} - \nu\sigma_r^{(a)}) = -\frac{1+\nu}{E}\sigma_a \left(\frac{a}{r}\right)^2 \ .$$

Die Stetigkeit der Radialverschiebung an der Krafteinleitungsstelle $r = a$ erfordert die Stetigkeit der Umfangsdehnung, d. h. $\varepsilon_\varphi^{(i)}(a) = \varepsilon_\varphi^{(a)}(a)$ oder

$$\frac{1-\nu}{E}\sigma_i = -\frac{1+\nu}{E}\sigma_a \ .$$

Aus dieser Beziehung und der Kräftebilanz (10.2) ergeben sich die Flächenschnittkraft $\sigma_a = -(1 - \nu)\sigma_0/2$ und die Spannungen im Außenbereich

$$\sigma_r^{(a)} = \sigma_a \left(\frac{a}{r}\right)^2 = -\frac{1-\nu}{2}\sigma_0 \left(\frac{a}{r}\right)^2 \ ,$$
$$\sigma_\varphi^{(a)} = -\sigma_a \left(\frac{a}{r}\right)^2 = \frac{1-\nu}{2}\sigma_0 \left(\frac{a}{r}\right)^2 \ . \tag{10.3}$$

Für $\nu = 0,3$ sind die auf die Intensität σ_0 der Gleichgewichtsgruppe bezogenen Beträge der Spannungen schon bei $r = 2a$ auf unter 10% abgeklungen. Mit zunehmendem Radius nähern sie sich sehr schnell den Werten des statisch äquivalenten Lastfalls der unbelasteten Scheibe an.

Zum Vergleich sei noch auf die gelochte Scheibe unter Radialzug am Lochrand verwiesen. Diese Belastung bildet ebenfalls eine Gleichgewichtsgruppe. Die dazugehörigen Spannungen klingen auch mit $(a/r)^2$ ab, besitzen aber wegen der verringerten Tragfähigkeit der gelochten Scheibe eine gegenüber der Vollscheibe um den Faktor $2/(1 - \nu)$ größere Amplitude.

In obigem Beispiel war das Abklingverhalten der Gleichgewichtsgruppe entweder numerisch oder analytisch bekannt, und das Prinzip von DE SAINT VENANT wurde nachträglich bestätigt. Wir betrachten jetzt einen Fall, in dem das Prinzip benötigt wird. Bild 10.3 zeigt einen Balken, der durch zwei statisch äquivalente Kräftepaare der Größe $M_b = Fh$ belastet ist. Die Kräftepaare erzeugen im hinreichend großen Abstand $z = l$ von dem Balkenstück, an dem das jeweilige Kräftepaar eingeleitet wird, die gemäß (4.8) eingezeichnete, hier σ_b genannte Biegespannungsverteilung

$$\sigma_b(y) = \frac{M_b}{I_{xx}} \cdot y = \frac{Fh}{I_{xx}} y \; . \tag{10.4}$$

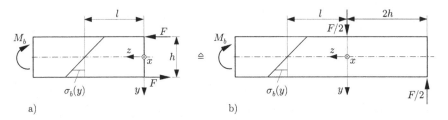

Bild 10.3. Balken unter statisch äquivalenten Kräftepaaren

Es wird erwartet, dass an der Stelle $z = l$ die Wirkung der Gleichgewichtsgruppen, gebildet als Differenz zwischen $\sigma_b(y)$ nach (10.4) und der singulären Normalspannungsverteilung $\sigma_z(y)$ im Querschnitt $z = 0$ (Bild 10.3a) bzw. zwischen $\sigma_b(y)$ und der unbekannten Normalspannungsverteilung $\sigma_z(y)$ im Querschnitt $z = 0^+$ (Bild 10.3b) sowie infolge der unbekannten Schubspannungsverteilung $\tau_{zy}(y)$ bei $z = 0^+$, abgeklungen ist. Nach dem Prinzip von DE SAINT VENANT kann in beiden Anordnungen unter der Voraussetzung

$$l \gtrsim h \tag{10.5}$$

die elementare Beziehung (10.4) als technisch brauchbare Formel angewendet werden. Vom linken Balkenende ausgehende Störungen müssen dabei ebenfalls abgeklungen sein.

Bei speziellen Geometrien, die mehrere Abmessungen enthalten, ist die für das Abklingverhalten einer Gleichgewichtsgruppe verantwortliche charakteristische Länge nicht immer leicht erkennbar. Manchmal existiert diese Länge auch gar nicht, weshalb das Prinzip von DE SAINT VENANT zunächst als Vermutung ausgesprochen wurde.

Zwei Beispiele demonstrieren Situationen, in denen das Prinzip nicht gilt. Im Fall eines durch zwei gleich große, entgegengesetzt orientierte Biegemomente (so genanntes Bimoment) belasteten I-Balkens nach Bild 10.4a agieren die beiden Flansche für $b/h = 0$ als getrennte Balken, die jeweils das Moment M bis zur Einspannung durchleiten. Die aus den beiden Momenten bestehende Gleichgewichtsgruppe dringt also für beliebig kleine Verhältnisse b/h beliebig weit in den Balken ein. Der Effekt bleibt bestehen, wenn der

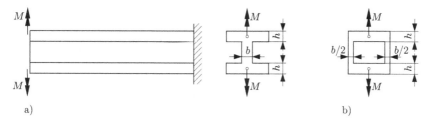

Bild 10.4. Balken unter Bimoment

I-Querschnitt durch einen Rechteckkastenquerschnitt nach Bild 10.4b ersetzt wird. Er charakterisiert das weitreichende Abklingverhalten der in den Abschnitten 3.3 und 3.4 erwähnten Wölbnormalspannungen.

Es sei auch an die in Abschnitt 9.1 besprochene Zylinderschale nach Bild 9.3 erinnert. Die charakteristische Länge der Randstörung war durch das geometrische Mittel $\sqrt{Rh}$ aus Radius R und Wanddicke h gegeben, so dass die zweifach zusammenhängende Form des Querschnitts berücksichtigt wurde.

In belasteten Bauteilen mit Rissen können bei spezieller Orientierung der Risse an den Rissspitzen unendlich große Spannungswerte auftreten (s.u. Bild 10.9). Die Unbeschränktheit der Spannungswerte geht nicht verloren, wenn sich die Risse in weiter, aber endlicher Entfernung vom Einleitungsgebiet einer Gleichgewichtsgruppe befinden, d. h. die durch die Gleichgewichtsgruppe verursachte Störung klingt in solchen Anordnungen nicht ab.

Im Hinblick auf die erläuterten Beispiele erwarten wir die Gültigkeit des oben von uns vermuteten Prinzips von DE SAINT VENANT einschränkend für belastete Körper mit einfach zusammenhängender konvexer Gestalt. Belastete Körper mit mehrfach zusammenhängender Form wie die gelochte Scheibe unter Innendruck oder mit konkaver Querschnittsform wie der Balken aus Bild 10.4a müssen individuell hinterfragt werden.

10.2 Spannungsüberhöhungen und Formzahl

Das Prinzip von DE SAINT VENANT erlaubt in technisch wichtigen Anwendungsfällen die Benutzung elementarer Berechnungsformeln für weite Bereiche des belasteten Bauteils, wobei Spannungsüberhöhungen an abrupten Querschnittsübergängen durch so genannte Formzahlen erfasst werden. Hierzu betrachten wir Bild 10.5, in dem eine abgesetzte Welle durch Zug, Biegung oder Torsion beansprucht ist.

Aus den Überlegungen vom Abschnitt 10.1 folgt, dass die elementaren Formeln (1.5), (4.11) bzw. (3.8) zur Berechnung der maximalen Spannungsbeträge benutzt werden dürfen, sofern die entsprechenden Querschnitte 1 bzw. 2

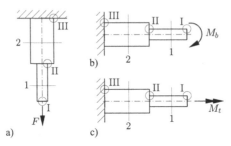

Bild 10.5. Abgesetzte Welle mit Zug-, Biege- bzw. Torsionsbelastung

weit genug entfernt von den Stellen I, II und III sind. Diese Spannungsbeträge werden jetzt als Nennspannungen bezeichnet und bekommen den Index n. Man erhält gemäß Bild 10.5a, b, c

$$\sigma_{n1,2} = \frac{F}{A_{1,2}} \,, \qquad \sigma_{bn1,2} = \frac{|M_b|}{W_{b1,2}} \,, \qquad \tau_{tn1,2} = \frac{|M_t|}{W_{t1,2}} \,, \qquad (10.6\text{a,b,c})$$

wobei in (10.6c) die Schubspannungen zur Hervorhebung der ursächlichen Torsionsbelastung mit dem Index t versehen wurden.

Zur quantitativen Erfassung der Spannungsüberhöhungen infolge der Kerbwirkung an den Stellen II in Bild 10.5 wird die Formzahl α_K eingeführt. Ihre Definition lautet

$$\text{Formzahl} = \frac{\text{maximale Spannung}}{\text{Nennspannung}} = \alpha_K \geq 1 \,. \qquad (10.7)$$

Die Nennspannung ist für den kleineren Querschnitt zu berechnen. Die Formzahl (10.7) kann auch für die Stellen III bestimmt werden, wenn die Welle und die Einspannung gleiche Elastizitätskonstanten besitzen und die Abmessungsverhältnisse des Überganges Welle-Einspannung vorliegen.

Die Formzahl α_K hängt von den Querabmessungen und dem Kerbradius ab. Zur Erläuterung dienen die beiden Varianten des Flachzugstabes nach Bild 10.6 im ebenen Spannungszustand. Für die Stabdicke setzen wir $d < \varrho$ voraus. Damit sollen Querbehinderungseffekte vernachlässigbar bleiben.

Die Formzahl ist beispielsweise als Funktion von $\varrho/(b_2 - b_1)$ und b_1/b_2 angebbar.

Für zwei symmetrisch angeordnete Außenkerben zeigt Bild 10.6a den qualitativen Verlauf der axialen Normalspannung über dem Symmetriequerschnitt. Der maximale Wert $\sigma_{\max}$ tritt im Kerbgrund auf. Zur beispielhaften Abschätzung des Störbereiches jeder Kerbe betrachten wir den Flachzugstab mit $\varrho = b_2 - b_1 \ll b_1$ unter der konstanten Fernfeldspannung σ_∞ infolge der Kraft F und fassen das Problem als Überlagerung zweier Teilprobleme ① und ② auf (Bild 10.7).

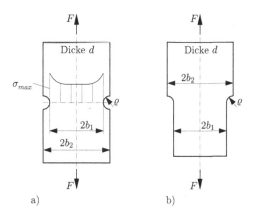

Bild 10.6. Flachzugstab mit Außenkerbe a) und Absatz b)

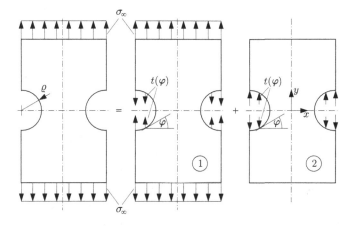

Bild 10.7. Zur Überlagerung zweier Teilprobleme

Dies ist wegen der Linearität des zugrunde liegenden Gleichungssystems erlaubt. In den vergrößert dargestellten Kerben wurden die Spannungsvektoren $t(\varphi) = \sigma_\infty \cos\varphi$ eingetragen (vgl. hierzu auch (1.25) und Bild 1.15). Sie heben sich bei Überlagerung der beiden Teilprobleme gegenseitig auf. Beim Teilproblem ① ergibt sich damit in der Scheibe der homogene Spannungszustand $\sigma = \sigma_\infty = $ konst. Das Teilproblem ② enthält die Kerbwirkung, welche infolge der Gleichgewichtsgruppe $t(\varphi)$ mit der charakteristischen Länge von der Größenordnung des Kerbdurchmessers 2ϱ entsteht. Diese Länge bestimmt nach dem Prinzip von DE SAINT VENANT den Eindringbereich des störenden Kerbspannungsfeldes. Wegen der qualitativen Vergleichbarkeit der Anordnung mit der gelochten Scheibe unter Innendruck ist die Gültigkeit des Prinzips trotz der konkaven Körperform gegeben. Allerdings wird erwartet, dass in der Anordnung von Bild 10.7 infolge der Einachsigkeit der Gleichgewichtsgruppe die Spannungen in y- und x-Richtung verschieden schnell abklingen werden.

In die Formzahl des abgesetzten Stabes nach Bild 10.6b gehen ebenfalls die Abmessungsverhältnisse $\varrho/(b_2 - b_1)$ und b_1/b_2 ein. Der Kerbspannungszustand ist wegen der Unsymmetrie der Anordnung bezüglich horizontaler Ebenen komplizierter und wurde nicht mit dargestellt. Wir diskutieren nur das Abklingproblem. Die mit dem Kerbspannungszustand verbundene Gleichgewichtsgruppe, welche durch die gegenseitige Querdehnungsbehinderung des breiten und des schmalen Stabteils entsteht, ist ähnlich wie in Bild 10.1b über der Länge $2b_1$ verteilt und klingt in beiden Stabteilen mit dieser Länge ab. Für das Erreichen der elementaren Lösung im oberen Stabteil ist allerdings ähnlich wie in Bild 10.1a die Länge $2b_2$ wesentlich.

Die zahlenmäßige Ermittlung der Formzahlen erfordert in der Regel analytischen oder numerischen Aufwand. Deshalb wurden für wichtige Standardgeometrien entsprechende Diagramme erstellt, die in der Literatur verfügbar sind.

10.3 Grundidee der Bruchmechanik

In der Realität ist davon auszugehen, dass tragende Bauteile mit Defekten behaftet sind. Beispielsweise können im Bauteilinneren Hohlräume vorliegen. Hierzu betrachten wir verschiedene gelochte Scheiben unter ebener Fernfeldbelastung σ_∞ nach Bild 10.8 und geben die maximale Normalspannung an. In allen Fällen seien die Lochabmessungen sehr viel kleiner als die Außenabmessungen, d. h. a/c, a/c_1, $a/c_2 \ll 1$, $b < a$. Hinsichtlich Bild 10.8a übernehmen wir aus (9.29)

$$\sigma_y(x = a,\ y = 0) = \sigma_\varphi(r = a,\ \varphi = 0) = 2\sigma_\infty \ . \tag{10.8}$$

Für Bild 10.8b gilt

$$\sigma_y(x = a,\ y = 0) = \sigma_\varphi(r = a,\ \varphi = 0) = 3\sigma_\infty \tag{10.9}$$

und für Bild 10.8c

$$\sigma_y(x = a,\ y = 0) = \left(1 + \frac{2a}{b}\right)\sigma_\infty \ . \tag{10.10}$$

Die letzten beiden Angaben erfolgten ohne Beweis. In den Teilbildern sind die zu den Spannungen gehörenden Orte durch Punkte markiert. Für $a = b$ in (10.10) kann noch (10.9) bestätigt werden.

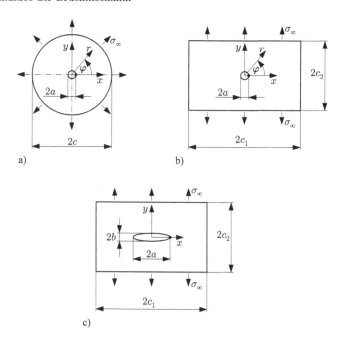

Bild 10.8. Scheiben mit Kreisloch a), b) oder elliptischem Loch c)

Bemerkenswert ist nun, dass das elliptische Loch für $a/b \to \infty$ zum Riss entartet und dabei das Spannungsverhältnis σ_y/σ_∞ in (10.10) unendlich groß wird (siehe Bild 10.9). In diesem Fall kann die Spannung nicht als Beanspruchungsparameter verwendet werden.

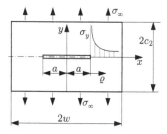

Bild 10.9. Scheibe mit Innenriss unter Außenzug

Es lässt sich zeigen, dass der Verlauf der Spannung σ_y in Rissspitzennähe für $y = 0$ und $\varrho \ll a$ durch die Beziehung

$$\sigma_y(\varrho) = \frac{K_I}{\sqrt{2\pi\varrho}} \tag{10.11}$$

gegeben ist, unabhängig davon, ob der Rechnung ein ebener Spannungs- oder Verzerrungszustand zugrunde gelegt wird. In (10.11) bezeichnet die Konstante K_I den so genannten Spannungsintensitätsfaktor der Rissöffnungsart I, bei der sich auf den Rissrändern gegenüber liegende Punkte während der Belastung normal voneinander entfernen. Die Belastungshöhe und die Bauteilgeometrien gehen nur in den Spannungsintensitätsfaktor ein. Sie beeinflussen nicht den Typ der singulären Abhängigkeit von ϱ.

Für Scheibenabmessungen $c_2/w \gg 1$ hat der Spannungsintensitätsfaktor die Form

$$K_I = \sigma_\infty \sqrt{\pi a} f(a/w) \ . \tag{10.12}$$

Die Geometriefunktion $f(a/w)$ ist dimensionslos und besitzt für $a/w \to 0$ den Grenzwert $\lim f(a/w) = 1$. In Übereinstimmung damit wird der Spannungsintensitätsfaktor K_I in der Einheit $\mathrm{MPa}\sqrt{\mathrm{m}}$ gemessen.

Bei komplizierteren Scheibengeometrien können in der Funktion f weitere Abmessungsverhältnisse als Argumente auftreten. In allen Fällen stellt sich das Rissspitzennahfeld (10.11) in einem Bereich ein, dessen charakteristische Abmessung wesentlich kleiner ist als die Risslänge und die kleinste Entfernung der Rissspitze vom nächsten Scheibenrand bzw. von der nächsten Lastangriffsstelle.

Reale Materialien verformen sich nach Überschreiten gewisser Spannungswerte nicht nur elastisch. Beispielsweise zeigen Metalle elastoplastisches Verhalten gemäß Bild 1.6. In diesem wichtigen Fall bildet sich im Rissspitzennahfeld an der Rissspitze eine plastische Zone. Unter der Annahme, dass diese Zone klein ist im Vergleich zu dem Gültigkeitsbereich des durch K_I bestimmten Spannungsfeldes (10.11), kann K_I als Parameter zur Charakterisierung der Beanspruchung benutzt werden. Dieser Beanspruchungsparameter darf, damit der Riss sich nicht beschleunigt ausbreitet, eine materialtypische Grenze, den kritischen Spannungsintensitätsfaktor K_{Ic}, nicht überschreiten. Die Versagenshypothese für den kritischen Zustand, bei dem statisch Rissausbreitung möglich ist, lautet demnach

$$K_I = K_{Ic} \ . \tag{10.13}$$

Die Größe K_{Ic}, welche die Beanspruchbarkeit des Materials charakterisiert, wird als Bruchzähigkeit bezeichnet. Sie ergibt sich aus Experimenten an Proben mit definierten Rissen, die meist von einem Außenrand der Probe ins Innere verlaufen. Sowohl in diesen Experimenten als auch bei der Anwendung von (10.13) auf Bauteile mit Rissen ist unbedingt zu kontrollieren, ob die plastische Zone genügend klein im Vergleich zu dem K_I-dominierten Gebiet bleibt. Da die charakteristische Abmessung des Letzteren nur einen Bruchteil der geringsten Entfernung zwischen Rissspitze und nächstem Rand bzw. nächster Lasteinleitungsstelle beträgt, muss die plastische Zone sehr viel kleiner als diese Entfernung sein. Die Abschätzung ihrer Größenordnung führt bei bekannten Werten für die Fließgrenze σ_F und die Bruchzähigkeit K_{Ic} auf den Ausdruck $(K_{Ic}/\sigma_F)^2$. Damit ein geometrieunabhängiger K_{Ic}-Wert gemessen werden kann, muss des Weiteren die Probendicke für den ebenen Verzerrungszustand hinreichend groß und für den ebenen Spannungszustand hinreichend klein sein.

Zur Bestimmung des Spannungsintensitätsfaktors kann auf Sammelwerke der Bruchmechanik zurückgegriffen werden, oder es sind Computerrechnungen, z. B. auf der Basis der Methode der finiten Elemente, auszuführen.

Ergänzend sei noch erwähnt, dass in Abhängigkeit von den Eigenschaften der Materialien und Belastungen auch für $K_I < K_{Ic}$ so genanntes unterkritisches Risswachstum stattfinden kann. Diese Erscheinung wird z. B. bei Stählen unter zyklischer Belastung sowie bei Kunststoffen und Keramiken unter statischer Belastung beobachtet. Der Riss verlängert sich dann, bis nach einer kritischen Zyklenzahl oder Belastungszeit der Spannungsintensitätsfaktor K_I den kritischen Wert K_{Ic} erreicht und Bruch eintritt.

Hinsichtlich der Anwendung bruchmechanischer Methoden auf die Festigkeitsbewertung von Bauteilen wird auf die Spezialliteratur verwiesen.

Kapitel 11

Inelastisches Materialverhalten

11

11   **Inelastisches Materialverhalten**

11

11 Inelastisches Materialverhalten

Der bisher benutzte Zusammenhang zwischen Spannungen und Verzerrungen bei konstanter Temperatur war durch das HOOKEsche Gesetz (2.52) bis (2.54) und (2.59) gegeben. Dieser Zusammenhang ist mit der Existenz einer spezifischen elastischen Verzerrungsenergie gemäß (2.81) oder (2.82) verbunden. Außerdem besitzt er die spezielle Eigenschaft der Linearität.

Die meisten Konstruktionsmaterialien zeigen bei mechanischer Belastung auch inelastisches Deformationsverhalten, welches nicht durch das HOOKEsche Gesetz beschrieben werden kann. Mögliche Konsequenzen der Inelastizität sind Nichtlinearität und Belastungsgeschwindigkeitseinfluss. In jedem Fall wird bei inelastischer Verformung mechanische Arbeit nichtumkehrbar (irreversibel) in Wärme überführt (dissipiert). Sie steht anders als die elastisch gespeicherte Energie nicht mehr zur weiteren Verfügung.

Im Folgenden werden zwei wichtige Modelle inelastischen Materialverhaltens mit Beschränkung auf den einachsigen Spannungszustand besprochen und auf einfache Beanspruchungsfälle angewendet.

11.1 Elastoplastizität

Das schon in Bild 1.6b dargestellte Spannungsdehnungsdiagramm für einen duktilen Baustahl zeigte jenseits der zur Fließspannung σ_F gehörenden elastischen Dehnung bei Fließbeginn $\varepsilon_F = \sigma_F/E$ einen ausgeprägten Bereich plastischen Fließens unter konstanter Spannung σ_F an. Dies demonstriert nochmals schematisch Bild 11.1. Es wurde davon ausgegangen, dass der Einfluss der Belastungsgeschwindigkeit bei der experimentellen Aufnahme des zu Bild 11.1 führenden Diagramms vernachlässigt werden kann.

Bild 11.1. Idealisiertes Spannungsdehnungsdiagramm für elastoplastisches Material

Hinsichtlich eines Vorzeichenwechsels der Spannung gilt die bereits in Abschnitt 1.3 ausgesprochene Annahme, dass die Größe des Fließspannungswertes nicht vom Vorzeichen der Spannung abhängt. Demnach wird die Spannung σ im Stab bei der Idealisierung gemäß Bild 11.1 durch $|\sigma| \leq \sigma_F$ eingeschränkt. Dagegen ist die plastische Dehnung ε^p durch den Bruch des Stabes begrenzt. Diese Grenze wurde in Bild 11.1 offen gelassen.

Ein Stab mit der Querschnittsfläche A und der ideal-elastoplastischen Materialeigenschaft nach Bild 11.1 trägt eine Kraft F mit dem maximalen Betrag $|F|_{\max} = A\sigma_F = F_{\text{Trag}}$, die so genannte Traglast.

Erreicht in einem statisch bestimmten Fachwerk ein Stab die Traglast, so kann die Belastung nicht weiter erhöht werden.

Bei statisch unbestimmten Fachwerken beginnt der Stab zu fließen, dessen Spannung zuerst die Fließspannung erreicht. Überschreitet er nicht seine Bruchdehnung, ist eine Laststeigerung möglich, bis weitere Stäbe zu fließen beginnen und das Fachwerk kinematisch unbestimmt wird.

Wir betrachten noch die reine gerade Biegung eines Balkens mit Rechteckquerschnitt infolge der Momente M (Bild 11.2).

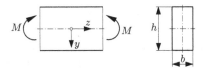

Bild 11.2. Zur elastoplastischen Balkenbiegung

Das Balkenmaterial genüge dem Diagramm nach Bild 11.1. Daraus ergeben sich zwei Belastungsregime.

a) Elastischer Bereich:

Der elastisch berechnete Biegespannungsbetrag übersteigt nicht die Fließgrenze, d. h. entsprechend (4.8) gilt für $M \geq 0$

$$|\sigma_b| = \frac{M}{I}|y| \leq \sigma_F \ , \tag{11.1}$$

woraus mit $I = bh^3/12$ und $y = h/2$ das elastische Grenzmoment

$$M_{el} = \sigma_F \frac{bh^2}{6} \tag{11.2}$$

folgt. Die Biegespannung verläuft über dem Balkenquerschnitt linear und erreicht an Balkenober- und Balkenunterseite gerade die Fließspannung σ_F (Bild 11.3).

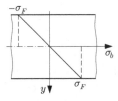

Bild 11.3. Elastischer Grenzzustand der Balkenbiegung

b) Elastoplastischer Bereich:

Die mit weiterer Vergrößerung des Biegemomentes M an Balkenober- und Balkenunterseite beginnende Plastifizierung hebt nicht die durch die Balkengeometrie bedingte kinematische Zwangsbedingung der BERNOULLI-Hypothese (s. Abschnitt 4.1) auf. Die Dehnung ε, welche sich im Plastifizierungsgebiet $\bar{y} \leq |y| \leq h/2$ (s. Bild 11.4a) aus dem elastischen Anteil $\varepsilon_F = \sigma_F/E$ und einem plastischen Anteil ε^p (s. Bild 11.1) zusammensetzt, bleibt linear in der Querschnittskoordinate y. Die zu den betragsmäßig größeren Dehnungswerten in Nähe von Balkenober- und Balkenunterseite gehörenden Spannungen werden nach Bild 11.1 durch die Fließspannung begrenzt. Infolgedessen stellt sich über dem Balkenquerschnitt der Spannungsverlauf gemäß Bild 11.4b ein.

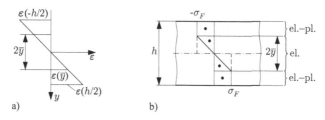

Bild 11.4. Elastoplastische Biegung: Dehnungsverlauf a) und Spannungsverlauf b)

Die dick markierten Punkte weisen auf die Schwerpunkte der Flächen unter dem Spannungsverlauf hin. Sie werden zur Berechnung des elastoplastischen Momentes M_{ep} der Biegespannungen benutzt. Dieses ergibt sich aus einem elastischen Anteil des Balkenkerns $|y| \leq \bar{y}$ und einem elastoplastischen Anteil der beiden Randzonen $\bar{y} \leq |y| \leq h/2$. In der Summe folgt

$$M_{ep} = 2\sigma_F \frac{\bar{y}}{2} b \frac{2}{3} \bar{y} + 2\sigma_F \left(\frac{h}{2} - \bar{y} \right) b \frac{1}{2} \left(\bar{y} + \frac{h}{2} \right) = b\sigma_F \left(\frac{h^2}{4} - \frac{\bar{y}^2}{3} \right) . \quad (11.3)$$

Die Beziehung (11.3) geht mit $\bar{y} = h/2$ in (11.2) über. Das größte mögliche Moment in (11.3) entsteht bei vollständiger Plastifizierung des Querschnittes, d. h. $\bar{y} = 0$ (Bild 11.5). Es wird als Traglastmoment M_{Trag} bezeichnet. Sein Wert bestimmt sich nach (11.3) oder Bild 11.5 sowie gemäß (11.2) zu

$$M_{\mathrm{Trag}} = \sigma_F \frac{bh^2}{4} = \frac{3}{2} M_{el} . \quad (11.4)$$

Die Ausschöpfung der gegenüber dem elastischen Grenzmoment M_{el} zusätzlichen Tragreserve wird allerdings durch die kritische Dehnung für Bruch oder Schädigung ε_S begrenzt. Auf eine solche Begrenzung der Beanspruchung wurde bereits in Abschnitt 6.2 hingewiesen. Wegen des linearen Dehnungs-

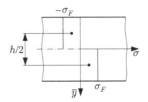

Bild 11.5. Zur vollständigen Plastifizierung des Rechteckquerschnittes

verlaufes (s. Bild 11.4a) kann der am Rand $y = h/2$ auftretende maximale Dehnungswert mittels des Strahlensatzes ausgedrückt werden.

$$\varepsilon\left(\frac{h}{2}\right) = \varepsilon(\bar{y})\frac{h}{2\bar{y}} \ . \tag{11.5}$$

Am Übergang $\bar{y}$ vom elastischen zum elastoplastischen Gebiet gilt $\varepsilon(\bar{y}) = \sigma_F/E$, so dass mit (11.5) für die maximale Dehnung

$$\varepsilon\left(\frac{h}{2}\right) = \frac{\sigma_F}{E}\frac{h}{2\bar{y}} = \varepsilon_F\frac{h}{2\bar{y}} < \varepsilon_S \tag{11.6}$$

folgt. Elimination von $\bar{y}$ aus (11.3) und (11.6) liefert mit (11.2) und (11.4)

$$M_{el} \leq M_{ep} < M_{\text{Trag}}\left[1 - \frac{1}{3}\left(\frac{\varepsilon_F}{\varepsilon_S}\right)^2\right] \ , \qquad \varepsilon_F < \varepsilon_S \ . \tag{11.7}$$

Für eine Ausnutzung der elastoplastischen Tragreserve muss die kritische Dehnung ε_S offensichtlich deutlich größer als die elastische Grenzdehnung $\varepsilon_F = \sigma_F/E$ bei Fließbeginn sein. Beispielsweise liefert $\varepsilon_S = 3\varepsilon_F$ den elastoplastischen Belastungsbereich $M_{el} \leq M_{ep} < 0,96M_{\text{Trag}}$. Größere kritische Dehnungen erschließen dann nur noch geringfügige weitere Tragreserven.

Die Modellierung der elastoplastischen Biegung beruht auf der Annahme eines einachsigen Spannungszustandes. Bei Beanspruchungssituationen mit mehrachsiger Spannung ist das elastoplastische Materialmodell tensoriell zu verallgemeinern. Darauf kann hier nicht eingegangen werden.

11.2 Viskoelastizität

Metalle bei hohen Temperaturen und verschiedene Kunststoffe verformen sich unter konstant gehaltener Belastung im Zeitablauf. Ein solcher Vorgang wird Kriechen genannt. Wir betrachten hierzu als einfachsten Fall den Zugstab von Bild 11.6a. Die Kraft F_0 verursacht im nicht näher bezeichneten Messgebiet des Stabes die Spannung $\sigma_0 = F_0/A$. Während der Aufbringung der Kraft verstreicht die Zeit t_0 (Bild 11.6b). Anschließend bleibt die Kraft und damit die Spannung konstant. Bei hinreichend kleiner Zeit t_0 bis zum Erreichen des Spannungswertes σ_0 stellt sich im Stab nur die elastische Dehnung ein. Diese wird im Fall von Linearität durch den Elastizitätsmodul E gemäß

$$\varepsilon^e = \frac{\sigma_0}{E} \tag{11.8}$$

charakterisiert (Bild 11.6c). Für größere Zeiten $t > t_0$ kommt noch ein zeitlich anwachsender Dehnungsanteil $\varepsilon^v(t)$ hinzu, der als viskos bezeichnet wird. Die Gesamtdehnung ε ergibt sich aus der Summe des elastischen und des viskosen

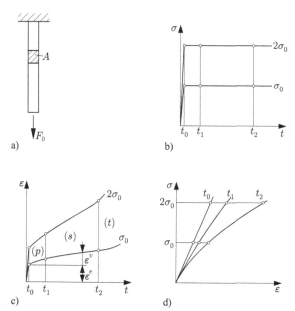

Bild 11.6. Zugstab aus kriechfähigem Material a), Belastungsregime b), zeitabhängige Dehnungen c) und Isochronen d)

Dehnungsanteils als

$$\varepsilon = \varepsilon^e + \varepsilon^v(t) \ . \tag{11.9}$$

Die zeitliche Änderung der Dehnung, die so genannte Dehnungsgeschwindigkeit $d\varepsilon/dt = \dot{\varepsilon}$, besteht bei der konstanten Spannung σ_0 nur aus einem viskosen Anteil $\dot{\varepsilon} = \dot{\varepsilon}^v$. In Bild 11.6c sind drei Bereiche mit verschieden großen Zeitableitungen $\ddot{\varepsilon}$ der Dehnungsgeschwindigkeit $\dot{\varepsilon}$ erkennbar: Primärkriechen (p) für $\ddot{\varepsilon} < 0$, Sekundärkriechen (s) für $\ddot{\varepsilon} \approx 0$ und Tertiärkriechen (t) für $\ddot{\varepsilon} > 0$.

Wir betrachten den realistischen Sonderfall des sehr ausgeprägten Sekundärkriechens. Dann kann

$$\dot{\varepsilon}^v \approx \text{konst.} \tag{11.10}$$

gesetzt werden. Wenn die Konstante in (11.10) von der Spannung abhängt wie in Bild 11.6c, wo bei Verdoppelung der Spannung die Dehnung auf mehr als das Zweifache anwächst, so liegt nichtlinear viskoses Materialverhalten vor. Dies veranschaulichen nochmals die für feste Zeiten t_i konstruierten Kurven der Funktionen $\sigma(\varepsilon, t_i)$, so genannte Isochronen, in Bild 11.6d.

Bei linear-viskoelastischem Material sind die Isochronen Geraden. Unter dieser Voraussetzung und für $\varepsilon^v(0) = 0$ darf (11.10) als

$$\dot{\varepsilon}^v = \frac{\sigma_0}{\eta} \;, \qquad \varepsilon^v = \frac{\sigma_0}{\eta} t \qquad\qquad (11.11\text{a,b})$$

geschrieben werden, wobei die Konstante η die Zähigkeit bezeichnet. Die Gesamtdehnung (11.9) erscheint dann mit (11.8) als lineare Funktion der Spannung, multipliziert mit dem zeitabhängigen Faktor $1/E + t/\eta$, der so genannten Kriechfunktion,

$$\varepsilon(t) = \sigma_0\Big(\frac{1}{E} + \frac{t}{\eta}\Big) = \frac{\sigma_0}{E}\Big(1 + \frac{E}{\eta} t\Big) \;. \qquad\qquad (11.12)$$

Sie ist in Bild 11.7 schematisch dargestellt.

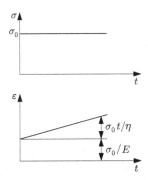

Bild 11.7. Gesamtdehnung bei Sekundärkriechen

Wegen der bei kriechfähigem Material immer vorhandenen Elastizität besteht auch die Möglichkeit, in einer kurzen Zeitspanne eine Verformung aufzubringen, diese konstant zu halten und den zeitlichen Rückgang der anfangs erzeugten Schnittlasten zu betrachten. Der damit verbundene Spannungsabbau wird als Relaxation bezeichnet. Der einfachste Fall liegt wieder beim Zugstab vor. Wird dieser wie in Bild 11.8a zum Zeitpunkt $t = 0$ durch Vorgabe einer plötzlichen Verschiebung Δl gedehnt, wobei wir wie bisher die Zeitspanne der Verschiebungsrealisierung im Vergleich zur anschließenden Zeit vernachlässigen, so ergibt sich im Stab die konstante Dehnung $\varepsilon_0 = \Delta l/l$ (Bild 11.8b). In Verallgemeinerung von (11.11a) wird jetzt angenommen, dass die viskose Dehnungsgeschwindigkeit an jedem Zeitpunkt t von der Spannung

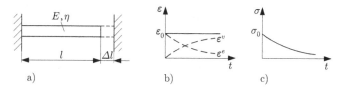

Bild 11.8. Zur Relaxation des Zugstabes

$\sigma(t)$ zu diesem Zeitpunkt gemäß

$$\dot{\varepsilon}^v(t) = \frac{\sigma(t)}{\eta} \tag{11.13}$$

abhängt. Die gesamte Dehnungsgeschwindigkeit ist dann mit (11.8) und (11.13)

$$\dot{\varepsilon} = \dot{\varepsilon}^e + \dot{\varepsilon}^v = \frac{\dot{\sigma}}{E} + \frac{\sigma}{\eta} \; . \tag{11.14}$$

Für $\dot{\varepsilon} = 0$ in der Zeit $t > 0$ gemäß Bild 11.8b folgt daraus die lineare homogene Differenzialgleichung

$$\dot{\sigma} + \frac{\sigma}{\tau} = 0 \; , \qquad \tau = \frac{\eta}{E} \; . \tag{11.15}$$

Die Abkürzung τ bezeichnet die so genannte Relaxationszeit. Dies wird aus der Lösung von (11.15) in der Form

$$\sigma = C e^{-t/\tau} \tag{11.16}$$

deutlich, wobei die Integrationskonstante C der durch die Voraussetzungen gegebenen Anfangsbedingung $\sigma(t \to 0) = E\varepsilon_0$ mit $C = E\varepsilon_0 = \sigma_0$ genügt. Die abklingende Spannung

$$\sigma(t) = \sigma_0 e^{-t/\tau} \tag{11.17}$$

ist in Bild 11.8c qualitativ dargestellt. Aus ihr folgen noch der elastische Dehnungsanteil

$$\varepsilon^e = \varepsilon_0 e^{-t/\tau}$$

und der viskose Dehnungsanteil

$$\varepsilon^v = \varepsilon_0 (1 - e^{-t/\tau}) \; ,$$

deren qualitative Verläufe in Bild 11.8b ersichtlich sind.
Für die Verallgemeinerung des angegebenen viskoelastischen Materialmodells auf mehrachsige Spannungszustände, nichtlineare Spannungsabhängigkeiten und eine genauere Erfassung des Einflusses der Belastungsgeschichte sind

weitere Annahmen zu treffen. Die Berücksichtigung der modifizierten Materialmodelle bei der Berechnung von Spannungen und Verformungen belasteter Bauteile erfordert meist den Einsatz numerischer Lösungsmethoden. Diesbezüglich muss auf die Spezialliteratur verwiesen werden.

Kapitel 12

Zusammenfassung der Grundgleichungen der linearen Elastizitätstheorie

12 **Zusammenfassung der Grundgleichungen der linearen Elastizitätstheorie**

12 Zusammenfassung der Grundgleichungen der linearen Elastizitätstheorie

Die bisher besprochenen wesentlichen Bestandteile der linearen Elastizitätstheorie, welche statischer, kinematischer und materialspezifischer Natur sind, kamen in den vorangegangenen Kapiteln bereits wiederholt zur Anwendung. Beginnend mit dem einfachsten Fall des Zugstabes wurden die Berechnungsformeln für Stäbe unter Torsions-, Biege- und Querkraftschubbelastung hergeleitet und darüber hinaus auch rotationssymmetrische Spannungsfelder behandelt. Realitätsnahe Beanspruchungsanalysen von Bauteilen und Konstruktionen erfordern jedoch ein noch tieferes Verständnis der Elastizitätstheorie einschließlich ihrer ingenieurmäßigen Lösungsmethoden. Ausgangspunkt dafür sind die Grundgleichungen der linearen Elastizitätstheorie, welche im Folgenden zusammenfassend dargelegt werden. Diese Gleichungen dienen einerseits der Erstellung genauerer analytischer Modelle. Andererseits bilden sie das theoretische Fundament kommerziell verfügbarer Computerprogramme zur Strukturberechnung. Eine verantwortungsvolle und sichere Handhabung dieser Computerprogramme erfordert zwingend das Verständnis der dazugehörigen theoretischen Grundlagen. Wegen des erwiesenermaßen hohen Abstraktionsgrades der Grundgleichungen wird dem potenziellen Nutzer kommerzieller Software dringend empfohlen, die schon verfügbaren elementaren Formeln je nach Problemstellung unter Zuhilfenahme der Spezialliteratur durch weitere analytische Lösungen zu ergänzen und damit die numerischen Rechnungen zu testen.

12.1 Globale und lokale Kräfte- und Momentenbilanzen

Am Beginn der Statik starrer Körper wurden die unabhängigen Vektoren Einzelkraft, Einzelmoment und Moment einer Kraft eingeführt. Das Einzelmoment kann wie die Einzelkraft a priori gegeben sein. Oder es ist als Moment eines Kräftepaares entstanden. Das Einzelmoment und das Moment einer Kraft stellen gegenüber der Kraft neuartige Größen dar, wie ihre Dimension deutlich macht.

Zur Charakterisierung des Gleichgewichts von Körpern werden sowohl Kräfte als auch Momente benötigt. Deshalb besitzt der häufig zitierte Satz

„Die Statik ist die Lehre vom Gleichgewicht der Kräfte"

keine Allgemeingültigkeit. Stattdessen gilt:

„Die Statik ist die Lehre vom Gleichgewicht der Körper und beliebiger Körperteile unter der Wirkung von Kräften und Momenten."

Die letztere Aussage benennt klar den Körper als das Objekt, welches im Experiment bezüglich seines Gleichgewichtes, d. h. der Beibehaltung der Ruhe trotz Belastung, zu beobachten ist, und wird mathematisch durch zwei Gleichungen, die Kräfte- und die Momentenbilanz ausgedrückt. Die Momentenbilanz kann i. Allg. nicht aus der Kräftebilanz gewonnen werden, wie das Beispiel eines Körpers unter der Wirkung eines Einzelmomentes oder eines Kräftepaares zeigt: Die Summe der Kräfte verschwindet. Damit der Körper im Gleichgewicht bleibt, muss zusätzlich das Einzelmoment bzw. das Moment des Kräftepaares null sein.

Die Körper besitzen ein Volumen und eine Oberfläche. Unterliegen sie ihrem Eigengewicht, so wird ihnen noch die über dem Volumen verteilte Dichte ϱ einer Masse zugeordnet.

In der Statik wurde schon darauf hingewiesen, dass die auf einen Körper wirkenden Lasten außer Einzelkräften und -momenten auch Kraft- und Momentendichten mit Bezug auf Längen-, Flächen- oder Volumeneinheiten enthalten können. Alle diese Lasten, die Ausdruck der Wechselwirkung mit benachbarten Körpern darstellen, müssen bei Feststellung dessen, welcher Körper hinsichtlich seines Gleichgewichtes zu prüfen ist, definiert werden. Die Durchführung dieser Maßnahme des Befreiens oder Freischneidens für den Körper als Ganzes betrifft auch beliebige Körperteile. Sie ist eine notwendige Voraussetzung dafür, die genannten Wechselwirkungen bilanzieren zu können. Sollen Einzelkräfte und -momente (konzentrierte Lasten) mit bilanziert werden, so dürfen die betrachteten Körper i. Allg. keine differenziellen Abmessungen haben (s. a. S. 11). Die Kräfte- und die Momentenbilanz (Gleichgewichtsbedingungen) sind dann globaler Natur. Sie enthalten Integrale über Körperlängen L, Körperflächen A sowie das Körpervolumen V und haben die Form

$$\mathbf{F}_R = \sum_i \mathbf{F}_i + \int_L \mathbf{q}\,dL + \int_A \mathbf{t}\,dA + \int_V \mathbf{f}\,dV = \mathbf{0} \; , \tag{12.1}$$

$$\mathbf{M}_G = \sum_i \mathbf{r}_i \times \mathbf{F}_i + \int_L \mathbf{r} \times \mathbf{q}\,dL + \int_A \mathbf{r} \times \mathbf{t}\,dA + \int_V \mathbf{r} \times \mathbf{f}\,dV +$$

$$\sum_k \mathbf{M}_k + \int_L \mathbf{m}_L\,dL + \int_A \mathbf{m}_A\,dA + \int_V \mathbf{m}_V\,dV = \mathbf{0} \; . \tag{12.2}$$

Alle Terme der Kräftebilanz (12.1) wurden schon benutzt: Einzelkräfte $\mathbf{F}_i$ bei vielen Aufgaben der Statik und Festigkeitslehre, die Linienkraft $\mathbf{q}$ bei der Platte und als so genannte Streckenlast beim Balken, die Flächenkraft bzw. der Spannungsvektor $\mathbf{t}$ und die Volumenkraft $\mathbf{f}$ hauptsächlich in der

Festigkeitslehre. Von der Momentenbilanz (12.2) sind die Momente $\mathbf{r}_i \times \mathbf{F}_i$ der Einzelkräfte $\mathbf{F}_i$, gebildet als Kreuzprodukt mit dem Ortsvektor $\mathbf{r}_i$ des Angriffspunktes der Einzelkraft, und die Einzelmomente $\mathbf{M}_i$ aus der Statik bekannt. Letztere traten als Einspann- und Schnittmomente beim Balken auf. Sie kamen auch in der Beziehung (7.20) des Satzes von CASTIGLIANO vor. Die Momente der Linien-, Flächen- und Volumenkräfte werden durch die jeweiligen Kreuzprodukte erklärt. Momente pro Längeneinheit $\mathbf{m}_L$ wurden in der Statik angesprochen und fanden in der Plattentheorie Verwendung. Momente pro Flächeneinheit $\mathbf{m}_A$ bzw. pro Volumeneinheit $\mathbf{m}_V$ haben in einer erweiterten mechanischen Theorie bzw. in der Elektrodynamik Bedeutung. Sie werden hier nicht weiter beachtet.

Die beiden globalen Bilanzen (12.1) und (12.2) besitzen den Rang von Naturgesetzen. Sie werden deshalb auch als Grundgesetze der Statik bezeichnet. Bei ihrer Verletzung bewegt sich der Körper beschleunigt. Im allgemeinen Fall müssen dann die rechten Seiten von (12.1) und (12.2) durch Beschleunigungsterme, welche die Dichteverteilung des Körpers berücksichtigen, ergänzt werden. Aus (12.1) entsteht die so genannte Impulsbilanz und aus (12.2) die so genannte Drehimpulsbilanz (s. Abschnitt 12.5). Beide voneinander unabhängig zu erfüllenden Bilanzen stellen, ergänzt um das Gesetz von der Erhaltung der Masse, die Grundgesetze der Kinetik und damit der Mechanik dar. Sie gelten wie ihre statischen Sonderfälle für beliebige Körper und Körperteile endlicher Abmessungen.

Greifen an Körpern oder Körperteilen nur Flächen- und Volumenlasten an, so dürfen die Körper oder Körperteile differenzielle Abmessungen besitzen. Unter dieser für die Differenzierbarkeit der Lastverteilungen getroffenen notwendigen Voraussetzung kann aus der globalen Kräftebilanz (12.1) eine lokal geltende Vektordifferenzialgleichung nebst den dazugehörigen lokal geltenden Randbedingungen gewonnen werden, während (12.2) auf die lokal geltende algebraische Gleichung der Momentenbilanz führt.

Zur Ausführung des erstgenannten Gedankens benötigen wir den Integralsatz von GAUSS (1777–1855): Der durch eine geschlossene Fläche A hindurchgehende Fluss eines Flächenvektors $\mathbf{t}$ ist gleich der Quellstärke dieses Vektors in dem von A eingeschlossenen Volumen V. Der entsprechende mathematische Ausdruck lautet

$$\int_A \mathbf{t} \cdot \mathbf{n} dA = \int_V \operatorname{div} \mathbf{t} dV , \qquad (12.3)$$

wobei der Normaleneinheitsvektor $\mathbf{n}$ auf dem Oberflächenelement dA bezüglich der geschlossenen Fläche nach außen zeigt.

Die kartesischen Ortskoordinaten x, y, z werden in $x_1, x_2, x_3 \mathrel{\widehat{=}} x_k$, $k = 1, 2, 3$ umbenannt. Als Folge davon tragen die Vektorkoordinaten und Basisvektoren der kartesischen Komponentenzerlegung Zahlen- statt Buchstabenindizes, d. h.

$$\mathbf{t} = t_x \mathbf{e}_x + t_y \mathbf{e}_y + t_z \mathbf{e}_z = \sum_{k=1}^{3} t_k \mathbf{e}_k \ , \tag{12.4}$$

$$\mathbf{n} = n_x \mathbf{e}_x + n_y \mathbf{e}_y + n_z \mathbf{e}_z = \sum_{k=1}^{3} n_k \mathbf{e}_k \ . \tag{12.5}$$

Die partiellen Ableitungen nach den kartesischen Ortskoordinaten werden in der Form $\partial(...)/\partial x_k = (...),_k$ geschrieben. Das Skalarprodukt der Vektoren $\mathbf{t} \cdot \mathbf{n}$ und die Divergenz des Vektors $\mathbf{t}$ in (12.3) bekommen dann die Form

$$\mathbf{t} \cdot \mathbf{n} = \sum_{k=1}^{3} t_k n_k \ , \qquad \text{div } \mathbf{t} = \sum_{k=1}^{3} \frac{\partial t_k}{\partial x_k} = \sum_{k=1}^{3} t_{k,k} \ , \tag{12.6a,b}$$

so dass aus (12.3)

$$\int_A \sum_{k=1}^{3} t_k n_k dA = \int_V \sum_{k=1}^{3} t_{k,k} dV \tag{12.7}$$

entsteht.

Im Hinblick auf die gewünschte Differenzierbarkeit belassen wir in (12.1) nur den Flächen- und den Volumenterm, d. h.

$$\int_A \mathbf{t} dA + \int_V \mathbf{f} dV = \mathbf{0} \ . \tag{12.8}$$

Mit Benutzung der Doppelindizes $\sigma_{xx} = \sigma_x$ usw. sowie Vereinheitlichung der Notation $\tau_{kl} = \sigma_{kl}$, $k \neq l$ für die Koordinaten des Spannungstensors in (2.21) sind die Koordinaten des Spannungsvektors $\mathbf{t}$ gemäß (2.17) in (12.8) als

$$t_l = \sum_{k=1}^{3} \sigma_{kl} n_k \ , \qquad l = 1,2,3 \tag{12.9}$$

schreibbar. Damit folgt aus dem Flächenterm in der Kräftebilanz (12.8) und dem GAUSSschen Integralsatz in der Form (12.7) für jede Spannungsvektorkoordinate t_l

$$\int_A \sum_{k=1}^{3} \sigma_{kl} n_k dA = \int_V \sum_{k=1}^{3} \sigma_{kl,k} dV \ , \qquad l = 1,2,3 \ . \tag{12.10}$$

Die Koordinatendarstellung von (12.8)

$$\int_A \sum_{k=1}^3 \sigma_{kl} n_k \, dA + \int_V f_l \, dV = 0 \;, \qquad l = 1, 2, 3 \qquad (12.11)$$

ergibt mit (12.10)

$$\int_V \Big(\sum_{k=1}^3 \sigma_{kl,k} + f_l \Big) dV = 0 \;, \qquad l = 1, 2, 3 \;. \qquad (12.12)$$

Der Gültigkeit von (12.12) für beliebige Körper, d. h. für beliebige Volumina, kann nur entsprochen werden, wenn der Integrand des Volumenintegrals in (12.12) verschwindet. Diese für die Feldtheorie der Mechanik und anderer Kontinuumstheorien typische Schlussweise liefert

$$\sum_{k=1}^3 \sigma_{kl,k} + f_l = 0 \;, \qquad l = 1, 2, 3 \;. \qquad (12.13)$$

Ausgeschrieben führt (12.13) auf

$$\begin{aligned}
\frac{\partial \sigma_{11}}{\partial x_1} + \frac{\partial \sigma_{21}}{\partial x_2} + \frac{\partial \sigma_{31}}{\partial x_3} + f_1 &= 0 \;, \\
\frac{\partial \sigma_{12}}{\partial x_1} + \frac{\partial \sigma_{22}}{\partial x_2} + \frac{\partial \sigma_{32}}{\partial x_3} + f_2 &= 0 \;, \\
\frac{\partial \sigma_{13}}{\partial x_1} + \frac{\partial \sigma_{23}}{\partial x_2} + \frac{\partial \sigma_{33}}{\partial x_3} + f_3 &= 0 \;.
\end{aligned} \qquad (12.14\text{a,b,c})$$

Dies sind die drei am Ende von Abschnitt 2.3 vorhergesagten, der globalen Kräftebilanz in Vektorform (12.8) bzw. in Koordinatendarstellung (12.11) entsprechenden lokalen Kräftebilanzen (Kräftegleichgewichtsbedingungen) des Körpervolumenelementes. Sie enthalten im Sonderfall des ebenen Spannungszustandes die beiden Gleichungen (2.16a) und (2.16b). Ihr mechanischer Inhalt ist nicht an die Darstellung in einem kartesischen Bezugssystem gebunden. Er bleibt bei Umrechnungen der Darstellung in krummlinige Koordinaten bestehen. Die dann zu verwendenden Basisvektoren sind jedoch ortsabhängig. Diese Abhängigkeit liefert bei den Ortsableitungen der Vektoren, die in ihrer Zerlegung aus Koordinaten und Basisvektoren bestehen, zusätzliche Terme. Analoges gilt für Tensoren wie Spannung und Verzerrung. Die Regeln für die Umrechnungen der Vektor- und Tensorkoordinaten zwischen unterschiedlichen krummlinigen Bezugssystemem werden in der Tensoranalysis behandelt. Sie sind hier nicht verfügbar. Diese Schwierigkeit konnte in Abschnitt 9.2.1 wegen der vereinfachenden Bedingungen des rotationssymmetrischen Sonderfalls umgangen werden. Es war dort möglich, die Polarkoordinatendarstellung der lokalen Kräftegleichgewichtsbedingung (9.11) und der Verzerrungen (9.12), (9.13) aus einer anschaulichen Betrachtung direkt zu gewinnen.

Analog zu den obigen Ausführungen können wir bezüglich der globalen Momentenbilanz (12.2) den eingeschränkten Sonderfall

$$\int_A \mathbf{r} \times \mathbf{t}\,dA + \int_V \mathbf{r} \times \mathbf{f}\,dV = \mathbf{0} \tag{12.15}$$

betrachten und daraus eine äquivalente lokale Bilanz gewinnen. Hierzu schreiben wir den Spannungsvektor $\mathbf{t}$ mit Hilfe von (2.17), (2.21) und Zahlenindizes als

$$\mathbf{t} = \sum_{k=1}^{3} t_k \mathbf{e}_k = \sum_{k=1}^{3}\sum_{l=1}^{3} \sigma_{lk} n_l \mathbf{e}_k = \sum_{l=1}^{3}\sum_{k=1}^{3} \sigma_{lk} \mathbf{e}_k n_l \ . \tag{12.16}$$

Einsetzen von (12.16) in (12.15) und Umformung des Flächenintegrals mit Hilfe des GAUSSschen Satzes (12.7) liefert

$$\int_V \Big[\sum_{l=1}^{3} \big(\mathbf{r} \times \sum_{k=1}^{3} \sigma_{lk}\mathbf{e}_k\big)_{,l} + \mathbf{r} \times \mathbf{f}\Big]dV = \mathbf{0} \ . \tag{12.17}$$

Da die Einheitsvektoren $\mathbf{e}_k$ konstant sind, ergeben sich die partiellen Ableitungen

$$\mathbf{r}_{,l} = \big(\sum_{k=1}^{3} x_k \mathbf{e}_k\big)_{,l} = \mathbf{e}_l \ , \qquad \mathbf{e}_{k,l} = \mathbf{0} \ , \tag{12.18}$$

so dass aus (12.17)

$$\int_V \Big[\sum_{l=1}^{3} \big(\mathbf{e}_l \times \sum_{k=1}^{3} \sigma_{lk}\mathbf{e}_k\big) + \mathbf{r} \times \sum_{k=1}^{3} \big(\sum_{l=1}^{3} \sigma_{lk,l} + f_k\big)\mathbf{e}_k\Big]dV = \mathbf{0} \tag{12.19}$$

folgt. Der Inhalt der rechten runden Klammer verschwindet, da in (12.13) der Summationsindex k durch l und der freie Index l durch k ersetzt werden dürfen. Für beliebige Volumina kann folglich (12.19) nur mit

$$\sum_{l=1}^{3} \big(\mathbf{e}_l \times \sum_{k=1}^{3} \sigma_{lk}\mathbf{e}_k\big) = \mathbf{0} \tag{12.20}$$

erfüllt werden. Die Kreuzprodukte gleicher Basisvektoren sind $\mathbf{0}$, die der restlichen ergeben mit (12.20)

$$(\sigma_{23} - \sigma_{32})\mathbf{e}_1 + (\sigma_{31} - \sigma_{13})\mathbf{e}_2 + (\sigma_{12} - \sigma_{21})\mathbf{e}_3 = \mathbf{0} \tag{12.21}$$

bzw. die in den Koordinaten des Spannungstensors formulierte lokale Momentenbilanz

$$\sigma_{kl} = \sigma_{lk} \, , \qquad k, l = 1, 2, 3 \, . \tag{12.22}$$

Die in (12.22) ausgedrückte Gleichheit der zugeordneten Schubspannungen war auch schon in (2.5) und (2.22) auf der Grundlage des Hebelgesetzes von ARCHIMEDES angegeben worden. Bei ihrer Herleitung aus der globalen Momentenbilanz (12.15) wurde zwar die der globalen Kräftebilanz (12.8) bzw. (12.11) äquivalente lokale Kräftebilanz (12.13) benutzt. Das Ergebnis (12.22) konnte aber nicht aus der Kräftebilanz allein gewonnen werden. Es sei auch betont, dass der Körper, für dessen Gleichgewicht außer der Erfüllung der lokalen Kräftebilanz (12.13) auch die Befriedigung der lokalen Momentenbilanz (12.22) gefordert wird, ein in Koordinaten, hier kartesischen Koordinaten, wohldefiniertes Volumenelement ist, welches der postulierten Kontinuitätsannahme genügt. Im Gegensatz dazu enthält die immer noch in vielen elementaren Lehrbüchern dargelegte Punktmechanik keinen mathematisch korrekten Übergang von den diskreten Punkten zum Kontinuum und ist deshalb mit den Grundgleichungen der Elastizitätstheorie nicht vereinbar.

Die Umformung der globalen Kräftebilanz (12.11) in die lokale Kräftebilanz (12.13) führte infolge der Anwendung der GAUSSschen Satzes auf partielle Differenzialgleichungen. Der dabei infolge der Differenziation entstandene Informationsverlust muss noch behoben werden. Zu diesem Zweck werden auf glatten Flächen mit sprungartigen Variablen- oder Eigenschaftsänderungen statische Sprungbedingungen (auch als Übergangsbedingungen bezeichnet) formuliert, welche am Körperrand in statische Randbedingungen übergehen. Hierzu betrachten wir den Querschnitt eines durch Koordinatenflächen begrenzten, im Grenzübergang scheibenförmigen Volumenelementes mit der Dicke δb, das von einer Sprungfläche $S - S$ durchzogen wird (Bild 12.1). Diese Sprungfläche trennt Körperbereiche (2) von Körperbereichen (1) mit unterschiedlichen Materialeigenschaften.

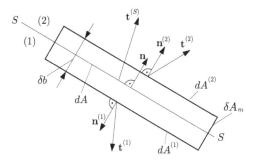

Bild 12.1. Zu den statischen Sprungbedingungen

Die Mantelfläche δA_m schneidet aus der Sprungfläche ein Flächenelement der Größe dA mit dem Einheitsnormalenvektor $\mathbf{n}$ heraus, welcher von (1) nach (2) zeigt. Flächenkräfte, die an der Mantelfläche δA_m angreifen sowie Volumenkräfte, gehen bei dem von $dA \to 0$ unabhängigen Grenzübergang $\delta b \to 0$ nach null, und die Deckflächenelemente $dA^{(1)}$ bzw. $dA^{(2)}$, zu denen die Einheitsnormalenvektoren $\mathbf{n}^{(1)}$ bzw. $\mathbf{n}^{(2)}$ gehören, nehmen die Größe dA an.

An dem Sprungflächenelement dA greife gegenüber (12.1) noch die Flächenkraft $\mathbf{t}^{(S)}$ an, an den Deckflächenelementen $dA^{(1)}$ und $dA^{(2)}$ jeweils die Flächenkraft $\mathbf{t}^{(1)}$ bzw. $\mathbf{t}^{(2)}$. Dann ergibt die mit den Flächenkräften (Spannungsvektoren) und dem Flächenelement dA gebildete Kräftebilanz

$$\mathbf{t}^{(S)}dA + \mathbf{t}^{(2)}dA + \mathbf{t}^{(1)}dA = \mathbf{0} \ , \qquad \mathbf{t}^{(S)} + \mathbf{t}^{(2)} + \mathbf{t}^{(1)} = \mathbf{0} \ . \tag{12.23}$$

Als Beispiele für Sprungflächenkräfte können die elementar berechnete Zugspannungsänderung infolge des Längskraftsprunges im Beispiel 1.2 mit $A_1 = A_2$ und die radiale Flächenkraft σ_0 aus Bild 10.2 dienen. Sprunghafte Eigenschaftsänderungen entstehen häufig durch gebietsweise unterschiedliche elastische Konstanten.

Im Folgenden bleiben Sprungflächenkräfte außerhalb der Betrachtungen. Dann ergibt sich aus der lokalen Kräftebilanz (12.23) die Beziehung

$$-\mathbf{t}^{(1)} = \mathbf{t}^{(2)} \ , \tag{12.24}$$

welche manchmal als Reaktionsprinzip bezeichnet wird.
Mit den Zerlegungen

$$\mathbf{t}^{(1)} = \sum_{k=1}^{3} t_k^{(1)} \mathbf{e}_k \ , \qquad \mathbf{t}^{(2)} = \sum_{k=1}^{3} t_k^{(2)} \mathbf{e}_k \tag{12.25}$$

entsteht aus (12.24) noch

$$-t_k^{(1)} = t_k^{(2)} \ , \qquad k = 1, 2, 3 \ . \tag{12.26}$$

Dies kann wegen (12.9) und der entgegengesetzten Orientierung der Einheitsnormalenvektoren der Flächenelemente $dA^{(1)}$ und $dA^{(2)}$ gemäß Bild 12.1 $-n_k^{(1)} = n_k^{(2)} = n_k$ auch als

$$-t_l^{(1)} = \sum_{k=1}^{3} -\sigma_{kl}^{(1)} n_k^{(1)} = \sum_{k=1}^{3} \sigma_{kl}^{(1)} n_k = \sum_{k=1}^{3} \sigma_{kl}^{(2)} n_k = t_l^{(2)} \ , \qquad l = 1, 2, 3 \tag{12.27}$$

geschrieben werden.

Befindet sich die Sprungfläche am Rand des betrachteten Köpers, so führen die Gleichungen (12.26) bzw. (12.27) auf die statischen Randbedingungen, die hier Kraftrandbedingungen sind. Mit gegebenen Flächenkraftkoordinaten $\bar{t}_k = t_k^{(2)}$ und nach Weglassen des Index (1) in (12.27) entsteht dann

$$\sum_{k=1}^{3} \sigma_{kl} n_k = \bar{t}_l\,, \qquad l = 1,2,3\,. \tag{12.28}$$

Pro Oberflächenpunkt sind i. Allg. drei Angaben möglich, im ebenen Sonderfall nur zwei. Punkte, in denen die Oberfläche nicht glatt ist, stellen eine Ausnahme von dieser Regel dar. Die in die Randbedingungen eingehenden Kraftverteilungen müssen zusammen mit allen übrigen am Körper angreifenden Lasten die globalen Bilanzen (12.1) und (12.2) erfüllen.

Wir betrachten als Anwendungsfall die Rechteckscheibe im ebenen Spannungszustand nach Bild 12.2.

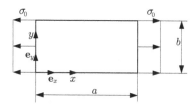

Bild 12.2. Rechteckscheibe im ebenen Spannungszustand

Statt einer Körperoberfläche steht jetzt eine Randkontur für die Aufstellung der Randbedingungen zur Verfügung. An allen Teilrändern sind vollständige Informationen über die äußeren Flächenkräfte bzw. Linienkräfte pro Scheibendicke oder Spannungsvektoren gegeben. Im Einzelnen gilt für die Auswertung von (12.28) an den jeweiligen Rändern:

$$x = 0,\ 0 \le y \le b\ :\qquad n_x = -1,\quad n_y = 0,\quad \bar{t}_x = -\sigma_0,\quad \bar{t}_y = 0,$$
$$\sigma_{xx} n_x = \bar{t}_x, \qquad\qquad \underline{\sigma_{xx} = \sigma_0,}$$
$$\sigma_{xy} n_x = \bar{t}_y, \qquad\qquad \underline{\sigma_{xy} = 0.}$$

$$x = a,\ 0 \le y \le b\ :\qquad n_x = 1,\quad n_y = 0,\quad \bar{t}_x = \sigma_0,\quad \bar{t}_y = 0,$$
$$\sigma_{xx} n_x = \bar{t}_x, \qquad\qquad \underline{\sigma_{xx} = \sigma_0,}$$
$$\sigma_{xy} n_x = \bar{t}_y, \qquad\qquad \underline{\sigma_{xy} = 0.}$$

$$y = 0,\ 0 \le x \le a\ :\qquad n_x = 0,\quad n_y = -1,\quad \bar{t}_x = 0,\quad \bar{t}_y = 0,$$
$$\sigma_{yx} n_y = \bar{t}_x, \qquad\qquad \underline{\sigma_{yx} = 0,}$$
$$\sigma_{yy} n_y = \bar{t}_y, \qquad\qquad \underline{\sigma_{yy} = 0.}$$

$$y = b, \ 0 \leq x \leq a \ : \quad n_x = 0, \quad n_y = 1, \quad \bar{t}_x = 0, \quad \bar{t}_y = 0,$$

$$\sigma_{yx} n_y = \bar{t}_x, \qquad \underline{\sigma_{yx} = 0},$$

$$\sigma_{yy} n_y = \bar{t}_y, \qquad \underline{\sigma_{yy} = 0}.$$

An den vorliegenden Rändern parallel zu den kartesischen Koordinatenlinien stellen die Spannungsvektor- oder Flächenkraftkoordinaten einen Teil der Koordinaten des Spannungstensors dar. Die statische Randbedingung, die auch als Gleichheit

$$t_k^{(2)} = \bar{t}_k \tag{12.29}$$

der festzulegenden Spannungsvektorkoordinaten $t_k^{(2)}$ und der gegebenen Spannungsvektorkoordinaten $\bar{t}_k$ ausgedrückt werden kann, ist deshalb an der jeweiligen Koordinatenfläche unmittelbar ablesbar. Hierbei muss nur die Orientierung der eingetragenen Zählpfeile gegebener Flächenkräfte bezüglich der Zählpfeildefinition der Spannungstensorkoordinaten (s. z. B. Bild 2.2a) beachtet werden.

In obigem Zusammenhang wird häufig eine verkürzte, aber missverständliche Sprechweise verwendet. Sie besagt, dass z. B. die Ränder $y = 0$ und $y = b$ in Bild 12.2 spannungsfrei sind, obwohl dort die Normalspannung $\sigma_x = \sigma_0$ verschieden von null ist (!). Es empfiehlt sich deshalb, besser die Spannungsvektorkoordinaten, welche gegeben sind, zu benennen und das Wort „Kraftrandbedingungen" anstelle des Terms „Spannungsrandbedingungen" zu benutzen.

12.2 Kinematische Beziehungen

Die in Abschnitt 2.4 bereitgestellten kinematischen Zusammenhänge zwischen den Verschiebungen und Verzerrungen

$$\varepsilon_{kl} = \frac{1}{2}(u_{k,l} + u_{l,k}) \,, \qquad (...)_{,k} = \frac{\partial(...)}{\partial x_k} \,, \qquad k, l = 1, 2, 3 \tag{12.30}$$

gelten lokal. Sie stellen lineare partielle Differenzialgleichungen dar.

An einer Sprungfläche muss wegen der angenommenen Kontinuität des Körpers der Verschiebungsvektor stetig sein, d. h. in Koordinaten gilt

$$u_k^{(1)} = u_k^{(2)} \,. \tag{12.31}$$

Liegt die Sprungfläche am Körperrand und sind dort die Verschiebungen $u_k^{(2)} = \bar{u}_k$ gegeben, so hat die kinematische Randbedingung mit der Schreibweise $u_k^{(1)} = u_k$ die Form

$$u_k = \bar{u}_k \,, \tag{12.32}$$

wobei maximal drei Informationen $\bar{u}_k$ vorliegen können.

Starrkörperbewegungen eines Körpers verursachen definitionsgemäß keine Verzerrungen. Deshalb können gegebene Verzerrungsfelder die Lage eines Körpers im Raum nicht bestimmen. Hierzu sind in Abhängigkeit von den schon vorgegebenen Verschiebungsrandbedingungen zusätzliche Verschiebungsfestlegungen zu treffen.

Wir betrachten als Anwendungsfall eine Scheibe im ebenen Spannungszustand. Diese sei am gesamten Rand festgehalten und durch ein ebenes Temperaturfeld $\Delta T(x,y)$ gemäß Bild 12.3 belastet.

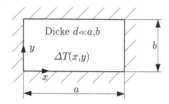

Bild 12.3. Eingespannte Rechteckscheibe unter Temperaturbelastung

Es liegen reine Verschiebungsrandbedingungen vor. Für das ebene Problem lauten sie:

$$x = 0, \quad 0 \leq y \leq b : \qquad u_x = 0, \quad u_y = 0 ,$$
$$x = a, \quad 0 \leq y \leq b : \qquad u_x = 0, \quad u_y = 0 ,$$
$$y = 0, \quad 0 \leq x \leq a : \qquad u_x = 0, \quad u_y = 0 ,$$
$$y = b, \quad 0 \leq x \leq a : \qquad u_x = 0, \quad u_y = 0 .$$

Starrkörperverschiebungen werden in der Anordnung nach Bild 12.3 verhindert. Diese könnten bei einer nicht vorhandenen Lagerung der Rechteckscheibe auftreten. Ihre Unterdrückung bei gleichzeitigem Erhalt der bestehenden Spannungs- und Verzerrungsfelder würde eine statisch bestimmte Lagerung erfordern.

Mit (12.28) und (12.32) sind auch gemischte Randbedingungen möglich. An einem Oberflächenpunkt, wo schon in einer bestimmten Richtung z. B. eine Verschiebungskoordinate vorgegeben wurde, kann nicht in der selben Richtung noch eine Spannungsvektorkoordinate festgelegt werden und umgekehrt. Die Summe der statischen und kinematischen Informationen an jedem Punkt der Körperoberfläche beträgt im Raum drei und im ebenen Fall zwei. Punkte, in denen die Oberfläche nicht glatt ist, sind von dieser Regel ausgenommen.

Beispiel 12.1

Die Lager der Scheibe nach Bild 12.4 bestehen aus einer reibungsfreien Führung F und einem gelenkigen Loslager B.

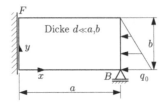

Bild 12.4. Rechteckscheibe im ebenen Spannungszustand

Die Scheibe unterliegt infolge einer linearen Randflächenkraftverteilung einem ebenen Spannungszustand. Gesucht sind die Randbedingungen.

Lösung:
Am Rand $x = 0$, $0 \leq y \leq b$ liegen gemischte Randbedingungen vor, an den übrigen Rändern Kraftrandbedingungen.

$$x = 0, \quad 0 \leq y \leq b : \quad u_x = 0, \quad \sigma_{xy} = 0 \, ,$$
$$x = a, \quad 0 \leq y \leq b : \quad \sigma_x = -q_0(1 - y/b), \quad \sigma_{xy} = 0 \, ,$$
$$y = 0, \quad 0 \leq x \leq a : \quad \sigma_y = 0, \quad \sigma_{yx} = 0 \, ,$$
$$y = b, \quad 0 \leq x \leq a : \quad \sigma_y = 0, \quad \sigma_{yx} = 0 \, .$$

Der Punkt $(a, 0)$ bereitet keine Schwierigkeiten, da die zunächst denkbare vertikale Lagerkraft bei B wegen der Erfüllung der vertikalen Kräftebilanz verschwinden muss. Zur Verhinderung von Starrkörperbewegungen ist dort $u_y(a, 0) = 0$ zu setzen. □

Beispiel 12.2
Für eine Rechteckscheibe unter homogenem Eigengewicht ϱg und tangentialer Flächenkraft $\tau(y)$ nach Bild 12.5 sind die Randbedingungen gesucht.

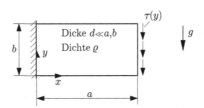

Bild 12.5. Rechteckscheibe unter homogenem Eigengewicht und tangentialer Flächenkraft

Lösung:
An der Einspannung herrscht Verschiebungsfreiheit:

$$x = 0, \quad 0 \leq y \leq b : \quad u_x = 0, \quad u_y = 0 \, .$$

Die übrigen Ränder unterliegen Kraftrandbedingungen:

$$x = a, \quad 0 \le y \le b : \quad \sigma_x = 0, \quad \sigma_{xy} = -\tau(y) \ ,$$
$$y = 0, \quad 0 \le x \le a : \quad \sigma_y = 0, \quad \sigma_{yx} = 0 \ ,$$
$$y = b, \quad 0 \le x \le a : \quad \sigma_y = 0, \quad \sigma_{yx} = 0 \ .$$

Das Eigengewicht geht nicht in die Randbedingungen ein. Die gegebene tangentiale Flächenkraft $\tau(y)$ muss an den Kanten die lokale Momentenbilanz erfüllen, d. h. $\tau(0) = \tau(b) = 0$. $\qquad\square$

Beispiel 12.3
Für die dreieckförmige Scheibe unter Normaldruck p_0 nach Bild 12.6 sind die Randbedingungen gesucht.

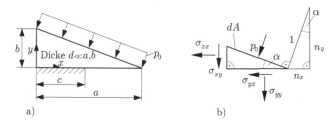

Bild 12.6. Dreieckförmige Scheibe unter konstantem Normaldruck p_0

Lösung:
An der Einspannung verschwindet der Verschiebungsvektor, d. h.

$$y = 0, \quad 0 \le x \le c : \quad u_x = 0, \quad u_y = 0 \ .$$

Der verbleibende Teil des unteren Randes und der linke Rand sind kräftefrei.

$$y = 0, \quad c < x \le a : \quad \sigma_y = 0, \quad \sigma_{yx} = 0 \ ,$$
$$x = 0, \quad 0 \le y \le b : \quad \sigma_x = 0, \quad \sigma_{xy} = 0 \ .$$

Am schrägen Rand kann auf (12.28) und Bild 12.6b zurückgegriffen werden.

$$0 \le x \le a \ , \quad y = b(1 - x/a) : \quad n_x = \sin\alpha, \quad n_y = \cos\alpha \ ,$$

$$\bar{t}_x = \sigma_{xx} n_x + \sigma_{yx} n_y = -p_0 n_x \ ,$$
$$\bar{t}_y = \sigma_{xy} n_x + \sigma_{yy} n_y = -p_0 n_y \ .$$

Das unterbestimmte Gleichungssystem für σ_{xx}, $\sigma_{xy} = \sigma_{yx}$ und σ_{yy} ist auch durch direkte Anwendung der lokalen Kräftebilanz auf das dreieckförmige

Scheibenelement aus Bild 12.6b ablesbar:

$$\leftarrow \; : \quad \sigma_{xx}dA\sin\alpha + \sigma_{yx}dA\cos\alpha + p_0 dA\sin\alpha = 0 \; ,$$

$$\downarrow \; : \quad \sigma_{xy}dA\sin\alpha + \sigma_{yy}dA\cos\alpha + p_0 dA\cos\alpha = 0 \; .$$

Kürzen mit dA sowie Einsetzen von $n_x = \sin\alpha$ und $n_y = \cos\alpha$ bestätigt das erste Ergebnis.   □

Beispiel 12.4
Am Rand $x = a$ der Scheibe nach Bild 12.7 befindet sich ein reibungsfrei geführter starrer Stempel, der durch eine Einzelkraft F zentrisch gedrückt wird.

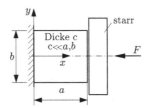

Bild 12.7. Scheibe mit starrem Stempel unter zentrischer Einzelkraft

Gesucht sind die Randbedingungen für den ebenen Spannungszustand.
Lösung:
An der Einspannung liegen reine Verschiebungsrandbedingungen vor:

$$x = 0 \; , \quad |y| \le b/2 \; : \quad u_x = 0 \; , \quad u_y = 0 \; .$$

Oberer und unterer Rand sind kräftefrei, d. h.

$$y = \pm b/2 \; , \quad 0 \le x \le a \; : \quad \sigma_{yy} = 0 \; , \quad \sigma_{yx} = 0 \; .$$

Am rechten Rand gelten gemischte Randbedingungen, d. h.

$$x = a \; , \quad |y| \le b/2 \; : \quad \sigma_{xy} = 0 \; , \quad u_x = -\bar{u}_{x0} \; .$$

Die konstante Horizontalverschiebung $-\bar{u}_{x0}$ zeigt in Richtung der Einzelkraft und ist zunächst unbestimmt. Die globale Kräftebilanz

$$\int_{-b/2}^{b/2} \sigma_{xx}(a,y)c\,dy = -F$$

liefert die fehlende Bestimmungsgleichung für $\bar{u}_{x0}$.   □

Beispiel 12.5

Ein schlanker Kreiszylinder besteht aus dem Kernmaterial 1 mit dem Elastizitätsmodul E_1 und der Temperaturdehnzahl α_1 sowie aus dem Hüllmaterial 2 mit dem Elastizitätsmodul E_2 und der Temperaturdehnzahl α_2 (Bild 12.8).

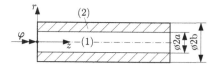

Bild 12.8. Schlanker inhomogener Kreiszylinder unter Temperaturbelastung

Beide Materialien, die auf der zylinderförmigen Sprungfläche vom Radius a fest aufeinander haften, haben die gleiche Querdehnzahl ν. Die Verbundkonstruktion wird durch ein homogenes Temperaturfeld ΔT belastet. Gesucht sind die Rand- und Übergangsbedingungen für die elementare Lösung.

Lösung:

An der Sprungfläche $r = a$ haben die Elastizitätsmoduln und Temperaturdehnzahlen unterschiedliche Werte. Ihre beim Einsetzen von (9.16a) in (9.11) ausgeführte Differenziation nach dem Radius r ist bei $r = a$ nicht erlaubt. Die elementare Lösung erfolgt deshalb getrennt in den Bereichen (1) und (2). Wegen der Rotationssymmetrie gelten folgende Rand- und Übergangsbedingungen für die Verschiebungs- und Spannungsvektorkoordinaten:

$$r = 0 \; : \quad u_r = 0$$
$$r = a \; : \quad u_r^{(1)} = u_r^{(2)} \; , \quad \sigma_r^{(1)} = \sigma_r^{(2)}$$
$$r = b \; : \quad \sigma_r^{(2)} = 0 \; .$$

Die Stetigkeit der Axialverschiebung $u_z^{(1)} = u_z^{(2)}$ an der Sprungfläche $r = a$ wird durch die im gesamten Verbundzylinder herrschende konstante Axialdehnung $\varepsilon_{0z} = \varepsilon_z^{(1)} = \varepsilon_z^{(2)}$ gewährleistet. Zur Bestimmung von ε_{0z} steht die globale Kräftebilanz

$$2\pi \int\limits_0^a \sigma_z^{(1)} r\,dr + 2\pi \int\limits_a^b \sigma_z^{(2)} r\,dr = 0$$

zur Verfügung.

Starrkörperbewegungen werden verhindert, wenn die Axialverschieblichkeit eines Zylinderachspunktes unterdrückt wird. So kann z. B. die Forderung $u_z(r = 0, z = 0) = 0$ gestellt werden. □

Abschließend sei darauf hingewiesen, dass Einzellasten an Rändern i. Allg. durch statisch äquivalente stetige Flächenkraftverteilungen zu ersetzen sind, wobei die Abmessungen des Verteilungsgebietes wesentlich kleiner als die charakteristischen Abmessungen des Körpers sein müssen. Analoges gilt auch für punktförmige Lagerungen. In eingeschränkten Fällen, in denen die Spannungsverteilungen bis auf einzelne Parameter schon festliegen, können Einzellasten durch die Bestimmung dieser Parameter mittels der globalen Bilanzen berücksichtigt werden wie z. B. beim Zugstab nach (1.4), Torsionsstab nach (3.4) oder Balken nach (4.15) und (4.16).

12.3 Linear-elastische Materialgleichungen

In der klassischen Kontinuumsmechanik werden die Materialgleichungen grundsätzlich durch lokale kinematische und statische Variable ausgedrückt. Dem entsprechen die bisher verwendeten isotropen linear-elastischen Gleichungen des HOOKEschen Gesetzes (2.52) bis (2.54), (2.59). Die in der Technik verwendeten linear-elastischen Materialien weisen häufig Anisotropien (Richtungsabhängigkeiten) ihrer elastischen Konstanten auf. Beispiele hierfür sind Verbundwerkstoffe auf Faser-Matrix-Basis, technologisch erzeugter Texturen oder Einkristalle. Die allgemeinste linear-elastische Anisotropie wird durch den Ansatz

$$\sigma_{kl} = \sum_{m=1}^{3} \sum_{n=1}^{3} E_{klmn} \varepsilon_{mn} \,, \qquad k, l = 1, 2, 3 \qquad (12.33)$$

erfasst, in dem die 81 Materialkonstanten die Koordinaten des Elastizitätstensors darstellen. Wegen der Symmetrien $\sigma_{kl} = \sigma_{lk}$ und $\varepsilon_{kl} = \varepsilon_{lk}$ verbleiben nur 36 unabhängige elastische Konstanten. Diese Zahl wird durch die i. Allg. annehmbare Existenz einer spezifischen elastischen Verzerrungsenergie auf 21 Materialparameter reduziert. Technologische oder kristallografische Informationen gestatten eine weitere Verringerung der Anzahl unabhängiger elastischer Konstanten. Der Elastizitätstensor der isotropen polykristallinen Metalle besitzt mit zwei unabhängigen Materialparametern die geringste mögliche Anzahl.

Für theoretische Betrachtungen ist es zweckmäßig, bei der allgemeinen Beziehung (12.33) zu bleiben.

12.4 Elastostatische Randwertaufgaben

In Körperbereichen, wo die verwendeten Variablen die erforderlichen Stetigkeitseigenschaften besitzen, beschreiben die lokal geltenden statischen Bilanzen, Verschiebungsverzerrungsbeziehungen und Materialgleichungen zusammen mit den statischen und kinematischen Randbedingungen elastostatische

Randwertaufgaben (Feldprobleme). Dies wird durch die folgende zusammenfassende Übersicht nochmals verdeutlicht:

Kräftebilanz
$$\sum_{k=1}^{3} \sigma_{kl,k} + f_l = 0, \qquad (12.13)$$

Momentenbilanz
$$\sigma_{kl} = \sigma_{lk}, \qquad (12.22)$$

kinematische Beziehungen
$$\varepsilon_{kl} = \frac{1}{2}(u_{k,l} + u_{l,k}), \qquad (12.30)$$

Materialgleichungen
$$\sigma_{kl} = \sum_{m=1}^{3} \sum_{n=1}^{3} E_{klmn} \varepsilon_{mn}, \qquad (12.33)$$

statische Randbedingungen
$$\sum_{k=1}^{3} \sigma_{kl} n_k = \bar{t}_l, \qquad (12.28)$$

kinematische Randbedingungen
$$u_k = \bar{u}_k . \qquad (12.32)$$

Die ersten vier Beziehungen gelten im Körpervolumen. Sie enthalten 18 Gleichungen für 9 Spannungstensorkoordinaten σ_{kl}, 6 Verzerrungstensorkoordinaten ε_{kl} und 3 Verschiebungsvektorkoordinaten u_k. Alle freien Indizes nehmen die Werte $1, 2, 3$ an.

Die an jedem Punkt der Körperoberfläche zu formuliernden statischen Randbedingungen (12.28) und kinematischen Randbedingungen (12.32), die sich nicht widersprechen dürfen, müssen an jedem Randpunkt hinsichtlich ihrer Anzahl summarisch genau drei ergeben, im ebenen Fall zwei. Bei eindimensionalen Problemen verbleibt an jedem Randpunkt nur eine Randbedingung. Spezielle lineare elastostatische Randwertaufgaben waren in den Kapitel 1, 3, 4, 5 und 9 formuliert und gelöst worden.

12.5 Elastokinetische Anfangsrandwertaufgaben

Die bisher behandelten Probleme waren statischer Natur. Bauteile und Konstruktionen müssen auch bei Bewegung zuverlässig funktionieren. Unter dieser Bedingung sind die Trägheitswirkungen infolge Beschleunigung der in den materiellen Körpern verteilten Massen in der Beanspruchungsanalyse zu berücksichtigen. Dies wurde bereits in dem einfachen Beispiel 9.2 demonstriert. Im allgemeinen Fall ist von den drei Grundgesetzen der Kontinuumsmechanik auszugehen, die in einem unbeschleunigten, nicht rotierenden Bezugssystem (auch Inertialsystem oder raumfestes Bezugssystem) für den Körper nach dem Freischneiden formuliert werden. Sie führen zusammen mit den kinematischen Beziehungen und den Materialgleichungen auf elastokinetische Anfangsrandwertaufgaben (Feldprobleme).

Ein jetzt beliebig deformierbarer materieller Körper befinde sich im Ablauf der Zeit t zu einem festen Zeitpunkt t_0, z. B. $t_0 = 0$, unbelastet in einem raumfesten Bezugssystem (Bild 12.9). Seine materiellen Punkte nehmen die spezielle Konfiguration K_0 mit dem Volumen V_0 und der Oberfläche A_0 ein. Das gesamte Volumen V_0 des Körpers zum Zeitpunkt t_0 wird lückenlos von differenziellen Volumenelementen ausgefüllt, welche in der angenommenen kartesischen Beschreibung durch Schnitte von Scharen aufeinander senkrechter Koordinatenebenen entstehen. Diese Voraussetzung wurde schon in den Abschnitten 2.3 und 12.1 benutzt. Abschnitt 2.3 enthielt auch bereits die Bemerkung, dass der Körper lückenlos auszufüllen ist, und deshalb z. B. kugelförmige Volumenelemente unbrauchbar sind.

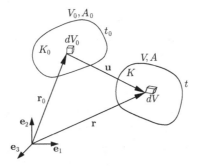

Bild 12.9. Deformierbarer Körper im raumfesten Bezugssystem

Wir betrachten jetzt ein solches materielles Volumenelement, das sich zum Zeitpunkt t_0 an einem Raumpunkt mit dem zeitunabhängigen Ortsvektor $\mathbf{r}_0$ befindet und die Größe dV_0 besitzt. Wird der Körper belastet (Lasten sind im Bild 12.9 nicht eingezeichnet), so bewegt und verformt sich der Körper in die Konfiguration K zur aktuellen Zeit t mit dem Volumen V und der Oberfläche A. Dabei verursacht die Verformung des Volumenelementes an den Elementflächen Flächenkräfte (Spannungsvektoren), welche die Kontinuität mit der Nachbarschaft des Elementes bewahren. Das materielle Volumenelement, welches anfänglich die Größe dV_0 besaß und sich am Raumpunkt $\mathbf{r}_0$ befand, hat jetzt die Größe dV und die Raumposition $\mathbf{r} = \mathbf{r}(\mathbf{r}_0, t)$.

Wir führen die Geschwindigkeit, mit der das materielle Volumenelement bewegt wird, als Differnzialquotient des Ortsvektors $\mathbf{r}$ nach der Zeit t mit der abkürzenden Bezeichnung

$$\dot{\mathbf{r}} = \frac{\partial \mathbf{r}(\mathbf{r}_0, t)}{\partial t} \qquad (12.34)$$

ein. Die Beschleunigung wird damit zu

$$\ddot{\mathbf{r}} = \frac{\partial^2 \mathbf{r}(\mathbf{r}_0, t)}{\partial t^2} \ . \tag{12.35}$$

Die nach (12.34) gebildete partielle Zeitableitung wird auch als materielle Zeitableitung bezeichnet.

Das erste Grundgesetz der Kontinuumsmechanik sagt aus, dass die Masse m des Körpers und alle Teilkörpermassen, darunter das Differenzial dm, bei mechanischen Vorgängen erhalten bleiben bzw. sich im Zeitablauf nicht ändern:

$$\dot{m} = 0 \ , \qquad (dm)^{\cdot} = 0 \ . \tag{12.36a,b}$$

Für starre Körper stellt die in (12.36) ausgedrückte Massebilanz eine Trivialität dar.

Mit der Annahme stetiger Massenverteilung in allen Konfigurationen kann das Massendifferenzial dm durch die Dichte ϱ_0 und das Volumendifferenzial dV_0 zur Zeit $t_0 = 0$ oder wegen (12.36b) durch die Dichte ϱ und das Volumendifferenzial dV zur Zeit $t > 0$ ausgedrückt werden:

$$dm = \varrho_0 dV_0 = \varrho dV \ . \tag{12.37}$$

In Erweiterung der Gleichgewichtsbilanzen (12.1) und (12.2) wird in der Kinetik deformierbarer Körper die Erfüllung der Impulsbilanz (zweites Grundgesetz der Kontinuumsmechanik)

$$\mathbf{F}_R = \left(\int\limits_m \dot{\mathbf{r}} \, dm \right)^{\cdot} \tag{12.38}$$

und der Drehimpulsbilanz (drittes Grundgesetz der Kontinuumsmechanik)

$$\mathbf{M}_G = \left(\int\limits_m \mathbf{r} \times \dot{\mathbf{r}} \, dm \right)^{\cdot} \tag{12.39}$$

gefordert. Wegen der Hinzunahme der Massenbilanz zu den beiden Impulsbilanzen ergeben sich für die Kontinuumsmechanik beliebig verformbarer Körper, darunter auch Fluide, drei Bilanzen (Grundgesetze).

Die Grundgesetze (12.38) und (12.39) gelten wie (12.36a) für beliebige Körper und Körperteile.

Wegen (12.37) ergibt sich aus (12.38) die Beziehung

$$\mathbf{F}_R = \left(\int\limits_{V_0} \dot{\mathbf{r}} \varrho_0 dV_0 \right)^{\cdot} = \int\limits_{V_0} \ddot{\mathbf{r}} \varrho_0 dV_0 = \int\limits_V \ddot{\mathbf{r}} \varrho dV = \int\limits_m \ddot{\mathbf{r}} \, dm \tag{12.40}$$

und aus (12.39) wegen $\dot{\mathbf{r}} \times \dot{\mathbf{r}} = \mathbf{0}$ die Gleichung

$$\mathbf{M}_G = \left(\int_{V_0} \mathbf{r} \times \dot{\mathbf{r}} \varrho_0 dV_0 \right)^{\cdot} = \int_{V_0} (\mathbf{r} \times \dot{\mathbf{r}})^{\cdot} \varrho_0 dV_0 = \int_V \mathbf{r} \times \ddot{\mathbf{r}} \varrho dV = \int_m \mathbf{r} \times \ddot{\mathbf{r}} dm \ .$$
(12.41)

Die Bilanzen (12.38) und (12.39) stimmen formal mit den Bilanzen (2.66) und (2.67) für die starren Körper in der Kinetik überein. Sie sind aber in der Form (12.40) und (12.41) auch für verformbare Körper gültig.

In Bild 12.9 bezeichnet $\mathbf{u} = \mathbf{r} - \mathbf{r}_0$ den Verschiebungsvektor. Wegen der zeitlichen Konstanz des Ortsvektors $\mathbf{r}_0$ ist damit Beschleunigung als

$$\ddot{\mathbf{r}} = \ddot{\mathbf{u}}$$
(12.42)

schreibbar.

Wie in der beschleunigungsfreien Festigkeitslehre beschränken wir uns in Vereinfachung der Situation von Bild 12.9 auf hinreichend kleine Verschiebungen, die eine geometrische Linearisierung erlauben (s. a. Abschnitt 2.4), d. h. wir setzen nach Bildung der Zeitableitungen $\mathbf{r} \approx \mathbf{r}_0$, $V \approx V_0$, $A \approx A_0$ und $\varrho \approx \varrho_0$. Des Weiteren werden nur die in Abschnitt 12.1 nach der Umformung der globalen zu lokalen Bilanzen noch zugelassenen Lastdichten, nämlich Flächen- und Volumenkräfte, berücksichtigt. Dann nimmt die Impulsbilanz (12.40) mit (12.42) und der linken Seite von (12.8) anstelle von $\mathbf{F}_R$ die Form

$$\int_A \mathbf{t} dA + \int_V \mathbf{f} dV = \int_V \ddot{\mathbf{u}} \varrho dV$$
(12.43)

an, und aus der Drehimpulsbilanz (12.41) entsteht mit (12.42) und der linken Seite von (12.15) anstelle von $\mathbf{M}_G$

$$\int_A \mathbf{r} \times \mathbf{t} dA + \int_V \mathbf{r} \times \mathbf{f} dV = \int_V \mathbf{r} \times \ddot{\mathbf{u}} \varrho dV \ .$$
(12.44)

Für die Umformung der globalen Bilanzen (12.43) und (12.44) in lokale ist offensichtlich nur die Volumenkraft $\mathbf{f}$ in den statischen Bilanzen (12.8) und (12.15) durch die Differenz $\mathbf{f} - \varrho \ddot{\mathbf{u}}$ zu ersetzen. Der Term $-\varrho \ddot{\mathbf{u}}$ stellt die Trägheitskraft pro Volumeneinheit dar. Als Ergebnis entstehen die lokale Impulsbilanz

$$\sum_{k=1}^{3} \sigma_{kl,k} + f_l = \varrho \ddot{u}_l \ , \qquad l = 1, 2, 3$$
(12.45)

und die lokale Drehimpulsbilanz in Form der schon in der Statik vorliegenden Symmetrie des Spannungstensors (12.22).

Die statischen Sprung- bzw. Randbedingungen (12.27) bzw. (12.28) bleiben gültig. Die kinematischen Beziehungen (12.30), die kinematischen Stetigkeits- bzw. Randbedingungen (12.31) bzw. (12.32) und die Materialgleichungen (12.33) können ebenfalls übernommen werden.

Wegen der Zeitableitung zweiter Ordnung in (12.45) sind noch zu festen Zeit- punkten im Körpervolumen V mit den kinematischen Randbedingungen ver- trägliche Verschiebungs- und Verschiebungsgeschwindigkeitsverteilungen an- zugeben, z. B. als Anfangsbedingungen zur Zeit $t = 0$:

$$u_k(x_l, 0) = u_k^V(x_l) \,, \qquad \dot{u}_k(x_l, 0) = v_k^V(x_l) \,. \tag{12.46}$$

Die Verschiebungsfelder $u_k^V(x_l)$ und Geschwindigkeitsfelder $v_k^V(x_l)$ im Kör- pervolumen V zum betreffenden Zeitpunkt müssen bekannt sein.

Beispiel 12.6

Ein einseitig eingespannter schlanker kreiszylindrischer Stab besitze die Dich- te ϱ und den Elastizitätsmodul E (Bild 12.10).

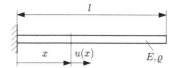

Bild 12.10. Zur Längsschwingung des Stabes

Gesucht sind die Differenzialgleichung der Längsschwingung und die dazu- gehörigen Randbedingungen.

Lösung:

Wir gehen von einer einachsigen homogenen über dem Querschnitt verteilten Spannung σ in x-Richtung aus. Dann liefert die lokale Impulsbilanz (12.45) wegen der Abwesenheit statischer Volumenkräfte und für Stabbeschleunigun- gen in x-Richtung

$$\frac{d\sigma}{dx} = \varrho \ddot{u} \,.$$

Nach dem HOOKEschen Gesetz (1.13) gilt

$$\sigma = E\varepsilon \,,$$

wobei die Längsdehnung $\varepsilon(x)$ der Beziehung (1.31)

$$\varepsilon(x) = \frac{du(x)}{dx}$$

genügt.

Im vorliegenden Beispiel hängt die Verschiebung sowohl vom Ort x als auch von der Zeit t ab. Dies drücken wir in den Differenzialquotienten durch partielle Ableitungssymbole aus. Die drei Gleichungen ergeben dann

$$E\frac{\partial^2 u(x,t)}{\partial x^2} - \varrho\frac{\partial^2 u(x,t)}{\partial t^2} = 0 \,,$$

d. h. eine partielle lineare homogene Differenzialgleichung.

Das linke Stabende ist unverschieblich, das rechte kräftefrei. Damit lauten die Randbedingungen

$$x = 0 \, : \quad u = 0 \,, \qquad\qquad x = l \, : \quad \sigma = E\frac{\partial u}{\partial x} = 0 \quad \text{bzw.} \quad \frac{\partial u}{\partial x} = 0 \,.$$

Die homogene Differenzialgleichung und die homogenen Randbedingungen beschreiben freie Längsschwingungen des Stabes.   □

Kapitel 13
Historische Anmerkungen

13

13

13 Historische Anmerkungen

Wie in der Einführung erwähnt, schließt die Festigkeitslehre an die Statik an. Für die Beibehaltung der Ruhe der Körper sind die Gleichgewichtsbilanzen der Kräfte und der Momente zu erfüllen. Im allgemeiner Fall beliebiger Bewegungen der Körper treten an die Stelle der beiden Gleichgewichtsbilanzen die kinetischen Bilanzen. Das sind die Impulsbilanz und die Drehimpulsbilanz. Sie können durch Einfügen der spezifischen Trägheitskraft pro Volumeneinheit in die Gleichgewichtsbilanzen gewonnen werden. Dies wurde in Abschnitt 12.5 dargelegt und für die Biegeschwingung (Unterabschnitt 4.5.3), die rotierende Scheibe (Unterabschnitt 9.2.2) und die Stablängsschwingung (Abschnitt 12.5) beispielhaft demonstriert. Ähnliches gilt auch für kinetische Schnittreaktionen (s. Unterabschnitt 2.3.7 der „Kinetik"; im Folgenden beziehen sich die in Anführungszeichen gesetzten Titel „Kinetik" und „Statik" auf die entsprechenden Bände meiner „Einführung in die Technische Mechanik"). Die in der Festigkeitslehre auftretenden Variablen Verschiebung, Verzerrung, Spannung und eventuell Temperatur sowie die Materialparameter sind wenigstens stückweise stetige Funktionen der stetigen Variablen für Orts- und Zeitangaben. Die Ortsangaben werden durch die aktuellen Ortsvektoren der materiellen Punkte festgelegt. Letztere bilden das Kontinuum des jeweiligen Körpers. Die Körper, welche die zu untersuchenden technischen Objekte idealisiert abbilden, besitzen geometrische Abmessungen, Oberfläche und Volumen. Flächen, Linien und Punkte sind spezielle Sonderfälle dieser Körper. Die Modelle der in Frage kommenden Lasten, welche die Umgebung auf den Körper ausübt, werden, wie in der „Statik" schon gezeigt, mit Bezug auf die Körpergeometrie festgelegt.

Das Lehrkonzept des vorliegenden Buches ist kontinuumsmechanischer Natur. Es stützt sich auf der Anschauung zugängliche Erfahrungstatsachen und daraus mathematisch abgeleitete Folgerungen. Hinsichtlich der historischen Quellen für die Kontinuumsmechanik kann zunächst auf das Standardwerk [1] verwiesen werden, in dem die logischen Zusammenhänge im Vordergrund stehen (Zahlen in eckigen Klammern beziehen sich auf das Literaturverzeichnis zu Kapitel 13). Die historisch vertiefte Erörterung der für die allgemeine Mechanik als Grundlage dienenden und deshalb besonders wichtigen kinetischen Bilanzen ist in [2] und speziell für die Drehimpulsbilanz in [3] zu finden.

Das Ziel des vorliegenden Kapitels besteht darin, für die Bilanzen die seit Langem bekannten wesentlichen Quellen [4, 6–12] im Original bzw. in der Übersetzung zu zitieren und dadurch die in den genannten Quellen enthaltenen fundamentalen Aussagen möglichst unverändert wiederzugeben. Diese Quellen belegen, dass NEWTONs Beiträge zur Mechanik allein nicht, wie oft behauptet, die Grundlage der Mechanik ergeben. Sie ermöglichen es dem Leser außerdem, sich eine eigene Meinung darüber zu bilden, welche weiteren unverzichtbaren Ideen die Entwicklung der Grundlage der Mechanik mit bestimmt haben.

13.1 Zur Geschichte der statischen Bilanzen

Die in der Statik benötigten Linienlängen, Flächeninhalte und Volumina wurden in einzelnen Fällen schon seit dem Altertum bestimmt. Beispielsweise schätzte ARCHIMEDES in seiner Kreismessung [4], S. 110–115 den Kreisumfang durch regelmäßige ein- und umbeschriebene Vielecke mit jeweils lückenloser Aufteilung in bekannte Teillängen ab. Auf ähnliche Weise ist auch der Inhalt der Kreisfläche gewinnbar. Das Vorgehen entspricht der Berechnung bestimmter Integrale, mit denen heutzutage u. a. die Linienlängen, Flächeninhalte und Volumina ermittelt werden. Aus diesen Resultaten ergeben sich bekanntlich bei Voraussetzung homogener Verteilung von Masse und Erdbeschleunigung die entsprechenden Gewichtskräfte.

ARCHIMEDES war auch in der Lage, den Schwerpunkt von (als homogen angenommenen) Flächen zu ermitteln (s. [4], S. 1–11, 26–41: „Vom Gleichgewichte der Ebenen; oder von den Schwerpunkten derselben"). Dies ist gleichbedeutend mit der wiederholten Bestimmung von Größe und Lage der resultierenden Kraft einer Anordnung paralleler Kräfte, wobei sich die Lage im Einklang mit dem Hebelgesetz ergibt. Das Hebelgesetz besagt nach [4], S. 3, Satz 6: „Kommensurable Größen sind im Gleichgewichte, wenn sie ihren Entfernungen umgekehrt proportionirt sind". Aus dem Begleittext einschließlich Figur 5 geht hervor, dass „kommensurable Größen" als Gewichtskräfte G_1 und G_2 und die „Entfernungen" als Abstände h_1 und h_2 der Wirkungslinien der Gewichtskräfte zum Unterstützungspunkt des Hebels verstanden werden können. Das Hebelgesetz lautet dann

$$G_1 : G_2 = h_2 : h_1 \tag{13.1}$$

oder

$$G_1 \cdot h_1 = G_2 \cdot h_2 \ . \tag{13.2}$$

Es drückt in der Form (13.2) die Gleichheit der Momente der Kräfte aus, wobei der Begriff des Momentes der Kraft das Produkt aus Kraft und Abstand der Wirkungslinie der Kraft zu einem Bezugspunkt enthält. Der Bezugspunkt ist hier der Unterstützungspunkt des Hebels. Die Abstände h_1 und h_2 werden auch als Hebellängen bezeichnet. Der Hebel als gerade Linie stellt die Abstraktion eines starren Körpers dar.

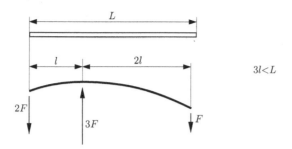

Bild 13.1. Gleichgewicht des verformten Hebels

Die Gültigkeit des Hebelgesetzes ist durch einfache Experimente nachweisbar (s. z. B. [5], Bild 110 auf S. 162). Sie bleibt auch für verformbare Körper bestehen, wenn im Gleichgewichtszustand die aktuellen Längen des verformten Körpers bzw. Hebels in (13.1) oder (13.2) eingesetzt werden. Das zeigt beispielhaft Bild 13.1, wo ein unbelasteter Stab der Länge L nach Belastung mit drei Einzelkräften $2F$, $3F$ und F sich als Balken im verformten Zustand im Gleichgewicht befindet. Beim Belasten krümmte sich der Balken, und die Hebellängen verkürzten sich.

Unterstellt man ARCHIMEDES die Erkenntnis, dass für das Hebelgleichgewicht noch die Unterstützungskraft der Summe der angreifenden Kräfte gleichen muss, so führt dies insgesamt zu je einer Komponentengleichung für die Kräfte und die Momente der Kräfte gemäß (2.15) und (2.16) der „Statik". Die Erweiterung dieses Ergebnisses auf den allgemeinen statischen Fall erfordert das Konzept des Kräfteparallelogramms bzw. des Vektors und der Vektorzerlegung. Das Kräfteparallelogramm wurde von STEVIN (1548–1620), [6], S. 142–143 angegeben. Es stützt sich wie das Hebelgesetz auf einfache Experimente (s. z.B. [5], S. 76–78). Die analytische Auswertung des Kräfteparallelogramms mit Hilfe der Trigonometrie war zu STEVINs Zeit möglich. Die beiden Vektorgleichungen für das Kräftegleichgewicht und das Momentengleichgewicht des starren Körpers sind als statischer Sonderfall der Bewegungsgleichungen des starren Körpers von EULER in [7] (Originalarbeit S. 221–225) bzw. in [8] (Übersetzung S. 581–584) enthalten. Sie stimmen mit den Gleichungen (6.14) und (6.15) der „Statik" überein, wenn dort die Einzelmomente weggelassen werden, und gelten erfahrungsgemäß auch für verformbare Körper.

13.2 Zur Geschichte der kinetischen Bilanzen

In seinem späten Werk zur Mechanik behandelt GALILEI (1564–1642), [9] Probleme der Festigkeit geringfügig verformbarer Körper und der Kinematik starrer Körper.

Im dritten Teil von [9] behauptet er (s. S. 159): „Wenn ein Körper von der Ruhelage aus gleichförmig beschleunigt fällt, so verhalten sich die in gewissen Zeiten zurückgelegten Strecken wie die Quadrate der Zeiten." GALILEI beschreibt auch (s. S. 162–163) Experimente für das geradlinige Rollen von Kugeln auf schiefen Ebenen. Er kommt wieder zu dem Ergebnis, dass „die Strecken sich verhalten wie die Quadrate der Zeiten: und dieses zwar für jedwede Neigung der Ebene, d. h. des Kanales, in dem die Kugel lief". Als Ursache der gleichförmigen Beschleunigung sieht GALILEI die wirkende konstante Gewichtskraft. Der Unterschied im Proportionalitätsfaktor für die reine Translationsbewegung beim Fall und für die Translationsbewegung auf der geneigten Ebene mit gleichzeitiger Drehbewegung beim Rollen bleibt außerhalb der vorgenommenen Auswertungen.

Das gewonnene quadratische Bewegungsgesetz für die gleichförmig beschleunigte Translation starrer Körper (experimentelle Nachweise s. z. B. [5], S. 40–42) benutzt GALILEI im vierten Teil von [9] zur Beschreibung der zusammengesetzten Translationsbewegung, nämlich des Wurfes starrer Körper. Hierzu spricht er den das Trägheitsprinzip enthaltenden Satz aus (s. S. 217–218): „Wenn ein Körper ohne allen Widerstand sich horizontal bewegt, so ist aus allem Vorhergehenden, ausführlich Erörterten bekannt, daß diese Bewegung eine gleichförmige sei und unaufhörlich fortbestehe auf einer unendlichen Ebene: ist letztere hingegen begrenzt und ist der Körper schwer, so wird derselbe, am Ende der Horizontalen angelangt, sich weiter bewegen, und zu seiner gleichförmigen unzerstörbaren Bewegung gesellt sich die durch die Schwere erzeugte, so daß eine zusammengesetzte Bewegung entsteht, die ich Wurfbewegung (projectio) nenne und die aus der gleichförmig horizontalen und aus der gleichförmig beschleunigten zusammengesetzt ist." Als Ergebnis stellt GALILEI fest: „Ein gleichförmig horizontaler und zugleich gleichförmig beschleunigter Bewegung unterworfener Körper beschreibt eine Halbparabel." Diese Behauptung für die Zusammensetzung zweier translatorischer Bewegungen eines Körpers wird durch einfache Versuche bestätigt (s. z. B. [5], S. 59–61).

Den obigen Ausführungen, die keine Aussagen über Drehbewegungen enthalten, lag ein mit der festen Erdoberfläche verbundenes Bezugssystem zugrunde, das auch bei der Interpretation der folgenden Zitate unterstellt wird.

Zunächst wird wieder die translatorische Bewegung von Körpern betrachtet. Wegen des Trägheitsprinzips besteht eine gleichförmig geradlinige translatorische Bewegung ohne einwirkende Ursache fort, d. h., bei einer Änderung dieser Bewegung ist nach der möglichen Ursache hierfür zu fragen. Als solche nennt NEWTON (1643–1727) in seinem „Vorwort des Autors an den Leser" von [10] ganz allgemein die Kraft. Er sagt in diesem Zusammenhang über die von ihm als „rational" bezeichnete Mechanik: Die rationale Mechanik wird „eine exakt dargelegte und bewiesene Wissenschaft von den Bewegungen sein, die aus irgendwelchen Kräften resultieren, und von den Kräften, die für irgendwelche Bewegungen erforderlich sind". Die Statik und ihre bis dahin bekannten Prinzipien bleiben unerwähnt. NEWTON benutzt aber den in der Statik seit STEVIN bekannten Kraftvektor nun für kinetische Situationen, s. [10], S. 34. Für die Interpretation seines zweiten „Axioms oder Bewegungsgesetzes" in [10], S. 33 sind einige der von ihm vorangestellten Definitionen und dabei gegebene Erläuterungen wesentlich.

Die erste Definition lautet nach [10], S. 23: „Die Materiemenge ist das Maß für eine Materie/ansammlung/, das sich aus deren Dichte und Volumen miteinander verbunden ergibt" (gemeint ist das Produkt von Dichte und Volumen; die schräge eckige Klammer zeigt einen erläuternden Zusatz des Übersetzers und Herausgebers an). Im anschließenden Text schreibt NEWTON: „Ich meine ferner im folgenden mit den Ausdrücken „Körper" bzw. „Masse" ohne jeden Unterschied diese /Materie/menge." Geometrische Abmessungen kommen hier im Zusammenhang mit dem Begriff „Körper" nicht vor.

Die zweite Definition besagt: „Die Bewegungsgröße /einer Materieansammlung/ ist das Maß für /deren/ Bewegung, das sich aus /deren/ Geschwindigkeit und Materiemenge miteinander verbunden ergibt." Im folgenden Text erklärt NEWTON: „Die Bewegung/sgröße/ eines Ganzen ist die Summe der Bewegung/sgrößen/ in seinen einzelnen Teilen, und folglich ist in einem zweimal größeren Körper mit einer gleich großen Geschwindigkeit die doppelte und /in einem zweimal größeren Körper/ mit einer doppelt so großen Geschwindigkeit die vierfache /Bewegungsgröße/."

Mit der zweiten Definition und der damit verbundenen Erklärung ergibt sich die Bewegungsgröße als Produkt von Geschwindigkeit und Körpermasse. Wegen der fehlenden Abmessungen des bewegten Objektes müssen zur eindeutigen Festlegung der Geschwindigkeit weitere Voraussetzungen getroffen werden. Eine diesbezügliche mögliche Annahme hat der junge EULER [11] eingeführt (s. die „Allgemeine Bemerkung" im ersten Kapitel der Übersetzung von [11], § 98, S. 31–32). Sie besteht in dem vorläufigen, noch eingeschränkten Modell der Punktmasse (oder des Massenpunktes). Die Punktmasse besitzt beim Gebrauch durch EULER wie ein geometrischer Punkt keine Abmessungen, aber eine Masse. Die Untersuchung der Bewegung von Körpern endlicher Größe verschiebt EULER „wegen des Mangels der genügenden Principien" auf später (s. [12], [7]). NEWTONs Bewegungsgröße der Punktmasse gleicht dem Produkt aus der Geschwindigkeit und der Größe der Masse der Punktmasse. Damit wird das für die Kinetik besonders wichtige zweite „Axiom oder Bewegungsgesetz" von NEWTON interpretierbar. Es lautet nach [10], S. 33: „Die Änderung einer Bewegung/sgröße/ ist der eingeprägten Bewegungskraft proportional und erfolgt entlang der Geraden, entlang welcher diese Kraft eingeprägt wird". Das Wesen der eingeprägten Kraft besteht hier darin, Vektoreigenschaften zu besitzen und in das Axiom einzugehen. Den letzteren Fakt erklärt NEWTONs vierte Definition in [10], S. 24: „Eine eingeprägte Kraft ist eine auf einen Körper ausgeübte Einwirkung, um seinen Zustand entweder des Ruhens oder des Sich-geradlinig-gleichförmig-Bewegens zu verändern". Die Statik, in der Änderungen des Bewegungszustandes von Körpern nicht stattfinden, bleibt außerhalb der Betrachtung.

Für die Anwendung des zweiten NEWTONschen Axioms auf die Bewegung der in der Statik schon betrachteten starren Körper wird allerdings noch eine Voraussetzung benötigt. Denn diese Körper, die jetzt masse- bzw. trägheitsbehaftet sind, besitzen wie in der elementaren Geometrie auch Abmessungen. Die (zeitabhängige) Geschwindigkeit eines solchen Körpers ist nur dann durch die Geschwindigkeit eines einzelnen Körperpunktes eindeutig bestimmt, wenn der Körper eine rein translatorische, d. h. drehbewegungsfreie, Bewegung ausführt. Als Beispiel für eine beschleunigte translatorische Bewegung kann der freie Fall eines anfänglich drehbewegungsfreien Körpers im Erdschwerefeld dienen. Das spezifische Gewicht ist für Körper, die sich nahe der Erdoberfläche befinden, in sehr guter Näherung über eine Konstante, die Erdbeschleunigung, proportional zur Massendichte. Schwerpunkt und Massenmittelpunkt des Körpers können in dieser Näherung als identisch angesehen werden. Die Wirkungslinie der gesamten Körpergewichtskraft geht durch den Schwerpunkt. EULER [12] schlussfolgert im Kapitel „Von der fortschreitenden Bewegung starrer Körper" seiner „Abhandlung über die Bewegung starrer Körper" für starre Körper, dass jede nach den Regeln der Starrkörperstatik äquivalente resultierende Kraft mit einer Wirkungslinie durch den Schwerpunkt ebenfalls eine rein translatorische Beschleunigung verursacht. Die Beschleunigung im raumfesten Bezugssystem ergibt sich aus der resultierenden Kraft, geteilt durch die mittels Integration erhaltene gesamte Körpermasse. Im Übrigen bleiben hier offensichtlich reine Momente von Kräftepaaren noch unberücksichtigt. Mit obiger Voraussetzung kann NEWTONs Bewegungsgesetz für die gleichmäßig beschleunigte translatorische Bewegung eines Körpers beim freien Fall analytisch ausgewertet werden. Das Ergebnis bestätigt GALILEIs Aussage über den quadratischen Zusammenhang zwischen Fallweg und Fallzeit.

Für die Anwendung seiner abgeleiteten Ergebnisse auf reale Körper weist EULER darauf hin, dass die Starrheit wenigstens näherungsweise erfüllt sein muss und die Festigkeit der Körper nicht überschritten werden darf.

Die Behandlung der allgemeinen Bewegung eines starren Körpers, die außer der Translation auch eine Drehung berücksichtigt, erfordert eine wesentliche Ergänzung der obigen Ergebnisse. Diese hat der reife EULER geliefert [7] (Originalarbeit S. 221–225) bzw. [8] (Übersetzung S. 581–584). Er wendet wieder beide Bilanzen der Statik auf die jetzt beliebige Bewegung eines starren Körpers an, lässt aber nun zu, dass die Wirkungslinie der resultierenden Kraft nicht durch den Schwerpunkt geht und Momente von Kräftepaaren auftreten können. Er bildet das Produkt aus der Masse eines Elementes und der Beschleunigung des Elementes als elementare „beschleunigende" Kraft. Für den translatorischen Bewegungsanteil setzt EULER die Summe der „antreibenden" Kräfte gleich dem Integral der elementaren „beschleunigenden" Kräfte, in raumfesten kartesischen Koordinaten der EULERschen Notation

$$\int d\mathrm{M}\left(\frac{\mathrm{dd}x}{\mathrm{d}t^2}\right) = i\mathrm{P} \;, \quad \int d\mathrm{M}\left(\frac{\mathrm{dd}y}{\mathrm{d}t^2}\right) = i\mathrm{Q} \;, \quad \int d\mathrm{M}\left(\frac{\mathrm{dd}z}{\mathrm{d}t^2}\right) = i\mathrm{R} \;. \quad (13.3)$$

Hier bedeuten:

M – Körpermasse, t – Zeit,

x, y und z – aktuelle Koordinaten des Massenelementes $d\mathrm{M}$,

P, Q und R – Koordinaten der resultierenden Kraft in x-, y- und z-Richtung,

$\dfrac{\mathrm{dd}x}{\mathrm{d}t^2}$, $\dfrac{\mathrm{dd}y}{\mathrm{d}t^2}$ und $\dfrac{\mathrm{dd}z}{\mathrm{d}t^2}$ – Koordinaten der Beschleunigung des Massen-

elementes $d\mathrm{M}$ in x-, y- und z-Richtung,

i – Konstante, die von der Wahl der Einheiten abhängt und für SI-Einheiten gleich eins ist.

Die Körpermasse unterliegt keiner Veränderung, die Körperform keiner Beschränkung. Die Kräfte sind beliebig.

Das Integralzeichen bezieht sich im Hinblick auf die Ersetzung des Massenelementes $d\mathrm{M}$ durch ein dichtebehaftetes Volumenelement auf die kartesischen Koordinaten, welche „nur die anfängliche Stellung des Körpers betreffen und auf keine Weise von der Zeit abhängig sind".

Hinzu kommt noch eine Aussage über den rotatorischen Bewegungsanteil bezüglich dreier raumfester kartesischer Bezugsachsen, die nach den Koordinaten x, y und z benannt seien. Es müssen „alle Momente der beschleunigenden Kräfte in Bezug auf die drei festen Axen, zusammengenommen den Momenten gleich sein, welche aus den antreibenden Kräften in Bezug auf dieselben Axen abgeleitet werden".

Für die x-Achse entstehen die zwei elementaren Momente der „beschleunigenden" Kräfte

$$z\,d\mathrm{M}\left(\frac{\mathrm{dd}y}{\mathrm{d}t^2}\right) \quad \text{und} \quad -y\,d\mathrm{M}\left(\frac{\mathrm{dd}z}{\mathrm{d}t^2}\right) \;.$$

Deren Summe, d. h. ihr Integral, ist der Summe S aller Momente der „antreibenden" Kräfte bezüglich der x-Achse gleichzusetzen. Es entsteht unter Einbeziehung der oben erläuterten Konstanten i nach [7]

$$\int z d\mathrm{M} \left(\frac{\mathrm{d}\mathrm{d}y}{\mathrm{d}t^2} \right) - \int y d\mathrm{M} \left(\frac{\mathrm{d}\mathrm{d}z}{\mathrm{d}t^2} \right) = i\mathrm{S} \qquad (13.4\mathrm{a})$$

und analog für die beiden Achsen y und z

$$\int x d\mathrm{M} \left(\frac{\mathrm{d}\mathrm{d}z}{\mathrm{d}t^2} \right) - \int z d\mathrm{M} \left(\frac{\mathrm{d}\mathrm{d}x}{\mathrm{d}t^2} \right) = i\mathrm{T} , \qquad (13.4\mathrm{b})$$

$$\int y d\mathrm{M} \left(\frac{\mathrm{d}\mathrm{d}x}{\mathrm{d}t^2} \right) - \int x d\mathrm{M} \left(\frac{\mathrm{d}\mathrm{d}y}{\mathrm{d}t^2} \right) = i\mathrm{U} \qquad (13.4\mathrm{c})$$

mit den Bezeichnungen T und U für die entsprechenden Momentensummen der „antreibenden" Kräfte. (Im Subtrahend von (13.4c) wurde das in der Formel des Originals von [7] offensichtlich irrtümlich angegebene z durch das im Originaltext korrekte x ausgetauscht.)
Die voneinander unabhängigen kinetischen Bilanzen (13.3) und (13.4) dürfen wie die statischen Bilanzen auf beliebig verformbare Körper und beliebige Körperteile angewendet werden. Allerdings müssen im letztgenannten Fall die Wechselwirkungen der Körperteile untereinander spezifiziert werden. Diese Maßnahme ähnelt der Bestimmung der Lasten, mit welcher die Umgebung auf den ganzen Körper wirkt. Für starre Körperteile sind statische Äquivalenzbetrachtungen noch erlaubt, nicht aber für verformbare Körper und Körperteile.
Der Gleichungssatz (13.3) stellt die Impulsbilanz in Koordinatenform dar. Er ist mit der Vektorform (12.40) aus Abschnitt 12.5 bzw. mit der Vektorform (2.66) aus der „Kinetik" vergleichbar.
Der Gleichungssatz (13.4) gibt die Drehimpulsbilanz in Koordinatenform wieder. Er ist mit der Vektorform (12.41) aus Abschnitt 12.5 bzw. mit der Vektorform (2.67) aus der „Kinetik" vergleichbar, wenn dort die Einzelmomente weggelassen werden und das entgegengesetzte Vorzeichen der benutzten Definition für die Momente der „antreibenden Kräfte" berücksichtigt wird.
Aus obigen Darlegungen ist ersichtlich, dass EULER durch Zusammenführen der statischen Bilanzen und des NEWTONschen Bewegungsgesetzes auf Basis des Kontinuumskonzepts die allgemeingültigen kinetischen Bilanzen für starre Körper und damit für die Mechanik deformierbarer Körper nachvollziehbar gewonnen hat.
Das gekoppelte nichtlineare Gleichungssystem (13.3) und (13.4) ist sehr komplex. Experimentelle Bestätigungen existieren deshalb nur für einfache Sonderfälle (s. z. B. [5]). Die lange währende vielfältige Anwendung der beiden kinetischen Bilanzen im technischen Bereich hat jedoch bisher zu keinen

Widersprüchen mit der Erfahrung geführt, so dass die beiden Bilanzen als gesicherte Grundlage der Technischen Mechanik anzusehen sind.

Literaturverzeichnis zu Kapitel 13

1. TRUESDELL, C., TOUPIN, R. A.: The Classical Field Theories. In: Flügge, S. (Hrsg.): Handbuch der Physik, Bd. III/1. Springer-Verlag, Berlin 1960

2. TRUESDELL, C.: Essays in the History of Mechanics. Springer-Verlag, Berlin 1968

3. TRUESDELL, C.: Die Entwicklung des Drallsatzes, ZAMM 44 (1964) 149–158

4. ARCHIMEDES von Syrakus: Vorhandene Werke, aus dem Griechischen übersetzt und mit Erläuterungen und kritischen Anmerkungen begleitet von Ernst Nizze. Verlag Carl-Löffler, Stralsund 1824

5. RECKNAGEL, A.: Physik-Mechanik. VEB Verlag Technik, Berlin 1960

6. STEVIN, S.: Byvough der Weeghconst, Van het Tauwicht (1608). In: Devreese, J. T., Vanden Berghe, G.: 'Magic is No Magic' The Wonderful World of Simon Stevin. WIT Press, Southampton 2008

7. EULER, L.: Nova methodus motum corporum rigidorum determinandi. Novi Commentarii Acad. Sci. Imper. Petrop. 20 (1775) 208–238

8. EULER, L.: Nova methodus motum corporum rigidorum determinandi. Novi Commentarii Acad. Sci. Imper. Petrop. 20 (1775) 208–238. In: Wolfers, J. Ph. (Hrsg.): Leonhard Euler's Theorie der Bewegung fester oder starrer Körper, C.A. Koch's Verlagshandlung, Greifswald 1853

9. GALILEI, G.: Unterredungen und mathematische Demonstrationen über zwei neue Wissenszweige, die Mechanik und die Fallgesetze betreffend. Erster bis sechster Tag (1638). Aus dem Italienischen und Lateinischen übersetzt und herausgegeben von A. von Oettingen. Verlag Harri Deutsch, Thun 1995

10. NEWTON, I.: Die mathematischen Prinzipien der Physik, übersetzt und herausgegeben von Volkmar Schüller. Verlag Walter de Gruyter, Berlin 1999

11. EULER, L.: Mechanica sive motus scientia analytice exposita. T. 1. Ex Typographia Academiae Scientiarum, Petropoli 1736. In: Wolfers, J. Ph. (Hrsg.): Leonhard Euler's Mechanik oder analytische Darstellung der Wissenschaft von der Bewegung. Erster Theil. C. A. Koch's Verlagshandlung, Greifswald 1848

12. EULER, L.: Theoria motus corporum solidorum seu rigidorum. Rostochii et Gryphiswaldiae litteris et impensis 1765. In: Wolfers, J. Ph. (Hrsg.): Leonhard Euler's Theorie der Bewegung fester oder starrer Körper, C. A. Koch's Verlagshandlung, Greifswald 1853

Ausgewählte Literatur

(Es werden die dem Autor bekannten Auflagen genannt. Diese sind gegebenenfalls durch spätere oder frühere Auflagen ersetzbar.)

Ergänzende Grundlagenlehrbücher

Bronstein, I.N., Semendjajew, K.A., Musiol, G., Mühlig, H.: Taschenbuch der Mathematik. Verlag Harri Deutsch, Frankfurt a.M. 2001

Czichos, H. (Hg.): Hütte. Die Grundlagen der Ingenieurwissenschaften. Springer-Verlag, Berlin 1989

Balke, H.: Einführung in die Technische Mechanik/Statik. Springer-Verlag, Berlin 2007

Balke, H.: Einführung in die Technische Mechanik/Kinetik. Springer-Verlag, Berlin 2006

Bruhns, O., Lehmann, T.: Elemente der Mechanik I/Einführung, Statik. Verlag Vieweg, Braunschweig 1993

Bruhns, O., Lehmann, T.: Elemente der Mechanik II/Elastostatik. Verlag Vieweg, Braunschweig 1994

Szabo, I.: Einführung in die Technische Mechanik. Springer-Verlag, Berlin 2003

Sayir, M.B., Dual, J., Kaufmann, S.: Ingenieurmechanik 1/Grundlagen und Statik. B.G. Teubner, Wiesbaden 2004

Sayir, M.B., Dual, J., Kaufmann, S.: Ingenieurmechanik 2/Deformierbare Körper. B.G. Teubner, Wiesbaden 2004

Parkus, H.: Mechanik der festen Körper. Springer-Verlag, Wien 1966

Gummert, P., Reckling, K.-A.: Mechanik. Verlag Vieweg, Braunschweig 1987

Kühhorn, A., Silber, G.: Technische Mechanik für Ingenieure. Hüthig Verlag, Heidelberg 2000

Ziegler, F.: Technische Mechanik der festen und flüssigen Körper. Springer-Verlag, Wien 1998

Weiterführende Lehr- und Fachbücher

Elastizitätstheorie und Festigkeitslehre

Kreißig, R., Benedix, U.: Höhere Technische Mechanik. Springer-Verlag, Wien 2002

Göldner, H., u. a.: Lehrbuch Höhere Festigkeitslehre, Bd. 1/Grundlagen der Elastizitätstheorie. VEB Fachbuchverlag, Leipzig 1984

Göldner, H., u. a.: Lehrbuch Höhere Festigkeitslehre, Bd. 2. VEB Fachbuchverlag, Leipzig 1985

Göldner, H., Autorenkollektiv: Arbeitsbuch Höhere Festigkeitslehre/Elastizitätstheorie, Plastizitätstheorie, Viskoelastizitätstheorie. VEB Fachbuchverlag, Leipzig 1978

Szabo, I.: Höhere Technische Mechanik. Springer-Verlag, Berlin 2001

Hahn, H.G.: Elastizitätstheorie. B.G. Teubner, Stuttgart 1985

Timoshenko, S., Goodier, J.N.: Theory of Elasticity. McGraw-Hill, New York 1951

Timoshenko, S.: Theory of Plates and Shells. McGraw-Hill, New York 1940

Mang, H., Hofstetter, G.: Festigkeitslehre. Springer-Verlag, Wien 2004

Wlassow, W.S.: Dünnwandige elastische Stäbe, Bd. 1. VEB Verlag für Bauwesen, Berlin 1964

Wolmir, A.S.: Biegsame Platten und Schalen. VEB Verlag für Bauwesen, Berlin 1962

Neuber, H.: Kerbspannungslehre. Springer-Verlag, Berlin 1958

Lurje, A.I.: Räumliche Probleme der Elastizitätstheorie. Akademie-Verlag, Berlin 1963

Mußchelischwili, N.I.: Einige Grundaufgaben zur mathematischen Elastizitätstheorie. VEB Fachbuchverlag, Leipzig 1971

Stein, E., Barthold, F.-J.: Elastizitätstheorie. In: Mehlhorn, G. (Hg.): Der Ingenieurbau. Ernst & Sohn, Berlin 1997

Ogden, R.W.: Non-Linear Elastic Deformations. Ellis Horwood, Chichester 1984

Stabilitätsprobleme

Huseyin, K.: Nonlinear theory of elastic stability. Noordhoff International Publishing, Leyden 1975

Pflüger, A.: Stabilitätstheorie der Elastostatik. Springer-Verlag, Berlin 1975

Britvec, S.J.: The Stability of Elastic Systems. Pergamonn Press, New York 1973

Britvec, S.J.: Stability and Optimization of Flexible Space Structures. Birkhäuser Verlag, Basel 1995

Wriggers, P.: Nichtlineare Finite-Element-Methoden. Springer-Verlag, Berlin 2001

Hutchinson, J.W.: Plastic Buckling. In: C.-S. Yih (Ed.): Adv. Appl. Mech. Vol. 14. Academic Press, New York 1974

Festigkeitshypothesen und Bruchmechanik

Sähn, S., Göldner, H.: Bruch- und Beurteilungskriterien in der Festigkeitslehre. Fachbuchverlag, Leipzig 1993

Sähn, S., Göldner, H.: Arbeitsbuch Bruch- und Beurteilungskriterien in der Festigkeitslehre. Fachbuchverlag, Leipzig 1992

Gross, D.: Bruchmechanik. Springer-Verlag, Berlin 1996

Kuna, M.: Numerische Beanspruchungsanalyse von Rissen. Vieweg+Teubner, Wiesbaden 2008

Kanninen, M.F., Popelar, C.H.: Advanced Fracture Mechanics. Oxford University Press, New York 1985

Liebowitz, H.: Fracture, Vol. I–VI. Academic Press, New York 1968–1971

Suresh, S.: Fatigue of materials. Cambridge University Press, Cambridge 1994

Inelastisches Materialverhalten und Kontinuumsmechanik

Göldner, H.: Lehrbuch Höhere Festigkeitslehre, Bd. 2. VEB Fachbuchverlag, Leipzig 1985

Kreißig, R.: Einführung in die Plastizitätstheorie. Fachbuchverlag, Leipzig 1992

Hill, R.: The Mathematical Theory of Plasticity. Clarendon Press, Oxford 1950

Backhaus, G.: Deformationsgesetze. Akademie-Verlag, Berlin 1983

Becker, E., Bürger, W.: Kontinuumsmechanik. B.G. Teubner, Stuttgart 1975

Betten, J.: Kontinuumsmechanik. Springer-Verlag, Berlin 1993

Eringen, A.C.: Mechanics of Continua. Robert E. Krieger Publishing, New York 1980

Krawietz, A.: Materialtheorie. Springer-Verlag, Berlin 1986

Truesdell, C., Toupin, R.A.: The Classical Field Theories. In: Flügge, S. (Hg.) Handbuch der Physik, Bd. III/1. Springer-Verlag, Berlin 1960

Truesdell, C., Noll, W.: The Non-Linear Field Theories of Mechanics. Springer-Verlag, Berlin 1992

Haupt, P.: Continuum Mechanics and Theory of Materials. Springer-Verlag, Berlin 2000

Bertram, A.: Elasticity and Plasticity of Large Deformations. Springer-Verlag, Berlin 2005

Geschichte der Mechanik

Timoshenko, S.P.: History of Strength of Materials. Dover Publications, New York 1983

Szabo, I.: Geschichte der mechanischen Prinzipien. Birkhäuser Verlag, Basel 1996

Truesdell, C.: Essays in the History of Mechanics. Springer-Verlag, Berlin 1968

Index